中华人民共和国科学技术部
2006
中国科学技术发展报告
2006 CHINA SCIENCE AND TECHNOLOGY DEVELOPMENT REPORT

科学技术文献出版社

编委会

编写组

组　长：王晓方　王　元

副组长：申茂向　杨起全　郭铁成　赵志耘

成　员：（按姓氏笔画排序）

丁坤善　马　缨　王　革　王书华　王奋宇　王俊峰　包献华
巨文忠　玄兆辉　田保国　龙开元　刘　敏　刘冬梅　刘树梅
刘琦岩　吕　静　孙　诚　孙福全　何光喜　何馥香　宋卫国
张　缨　张九庆　张杰军　李　津　李　哲　沈文京　苏　靖
陈　成　陈颖健　周　平　周文能　房汉廷　姜桂兴　赵　刚
徐　芃　徐　峰　高志前　高昌林　崔玉亭　常玉峰　续超前
黄　伟　龚钟明　彭春燕　程广宇　程如烟　程家瑜　董丽娅
魏勤芳

序 言

2006年初召开的全国科学技术大会，做出了大力增强我国自主创新能力，全面推进创新型国家建设的战略决策，标志着我国科技事业进入了一个新的发展阶段。各地、各部门以科学发展观为指导，认真贯彻科技大会精神，抓紧落实《国家中长期科学和技术发展规划纲要（2006—2020年）》（以下简称《规划纲要》）各项任务，采取切实举措，形成了全社会重视自主创新、支持自主创新的大好局面。

2006年是落实《规划纲要》和实施“十一五”科技规划的开局之年，在党中央和国务院的领导下，科技界围绕走中国特色的自主创新道路，努力建设创新型国家这一主题，开拓创新，真抓实干，成绩斐然。一是科技资源持续增加。2006年全社会R&D总支出占GDP的比重达到1.42%，中央和地方政府科技拨款稳步增加，中国科技人力资源稳步增长，R&D人员达到150.2万人年，仅次于美国。二是科技创新能力不断增强。我国科技论文被国际三大检索系统收录的总数已居世界前列，特别是SCI收录的中国科学家论文数已与英、德、日三国相当；专利授予量比上年增长25.2%；近年来，在载人航天工程、超级计算机、集成电路装备、超级稻育种技术、新药创制等一批关乎经济社会发展的技术领域取得重大突破。三是技术交易和产业化发展迅猛。高新技术开发区健康快速发展，高技术产业总产值实现4.2万亿元。四是科技工作稳步推进。在国务院领导下，重大专项实施方案编制工作总体进展顺利；纲要配套政策已经颁布，实施细则陆续出台，促进自主创新的政策环境明显改善；国家各项科技计划全面启动并顺利实施，基础研究、前沿技术研究、社会公益研究和农村科技工作得到加强；以企业为主体的技术创新体系建设取得重大进展；宏观科技管理改革取得初步成效；实施以我为主的国际科技合作和科学普及工作也有新的发展。

科技工作之所以能与时俱进，取得巨大的成就，关键在于我们坚定不移地执行党中央、国务院的重大决策，以科学发展观为指导，从创新型国家全局出发，把自主创新作为战略基点摆在全部科技工作的突出位置，把体制改革和创新作为科技发展的根本动力，把优化环境作为科技工作的基本任务，把加强宏观科技管理作为推进科技工作的关键措施，把解决发展中的重大瓶颈问题作为科技工作的优先任务，着眼科技持续发展，超前部署基础研究和前沿高技术研究，有效利用全球科技资源，在开放的国际环境中推进自主创新，统筹协调全国科技力量，充分调动部门、地方及社会各方面的积极性，形成科技工作万马奔腾的良好局面。

《中国科学技术发展报告（2006）》围绕落实《规划纲要》，重点介绍"十一五"期间中国科学技术发展的总体布局，全面阐述国家科学技术发展的重大决策、政策，客观反映2005年和2006年所取得的重大科技成就和进展，对全面评估和认识中国的科技工作尤其是自主创新能力，具有十分重要的意义。

经过多年的努力，我国科技事业有了很大的发展，科技创新能力不断提高，与发达国家的差距迅速缩小，科技对经济社会发展的支撑能力大大增强，适应社会主义市场经济的国家创新体系初步形成，我国科技事业正处于历史上最好的发展时期。不久前，举世瞩目的中国共产党第十七次全国代表大会胜利召开。党的十七大把增强自主创新能力，建设创新型国家摆在更加突出的重要位置，进一步指明了科技工作的方向。我们要以十七大精神为指导，在以胡锦涛同志为总书记的党中央领导下，把思想和认识统一到十七大精神上，把智慧和力量凝聚到十七大确定的各项任务上，勇于创新，锐意进取，大力提升自主创新能力，为经济又好又快发展、为改善民生做出切实贡献，不断开创科技事业发展的新局面。

科学技术部部长 萬鋼

二〇〇七年十二月七日

2006
中国科学技术发展报告
2006 CHINA SCIENCE AND TECHNOLOGY DEVELOPMENT REPORT

前 言

《中国科学技术发展报告》是一部由中华人民共和国科学技术部编写的系列出版物。报告主要描述中国科学技术发展战略、政策、体制改革的进展和国家科技计划的主要安排与实施，介绍中国在主要领域的科学技术发展情况，宣传中国科技战线贯彻落实科学发展观，实施科教兴国战略和可持续发展战略，建设创新型国家所取得的成就，让社会公众更多地了解和理解中国科技发展的全局。

《中国科学技术发展报告（2006）》是中国科学技术发展系列报告的第2卷。本书以落实《国家中长期科学和技术发展规划纲要（2006—2020年）》为主线，全面描述了“十一五”期间中国（指中国大陆，不含香港、澳门和台湾）科学技术发展的战略部署、目标和重点任务，准确阐述了国家科学技术发展的重大决策、政策，客观反映了2005年和2006年各领域开展的一系列科技行动、取得的重大科技成就和主要进展。本书采用简明文字和图表，从国家、地方、行业、企业等多个层面，对中国科学技术发展进行了比较系统地描述和总结。

该书共十六章。与《中国科学技术发展报告（2005）》相比，该书将国家科技计划体系，科技投入与科技金融，科技人力资源，科技条件建设，能源、资源、环境科技进步，高技术产业与高新区发展，科普事业发展等分别设为独立的一章进行描述。

我们希望，本书能成为所有想了解中国科学技术发展和科技工作的人们，特别是各级政府行政人员、政策与管理人员、科技工作者，以及国外政府和有关国际组织参考的一部具有权威性、全面性和客观性的重要文献。

在本书的编写过程中，我们得到了各级政府、行业协会、学术团体、科研机构、高等学校、企业等相关单位和专家的大力协助与支持，在此一并表示衷心的感谢。

编写组

2007年7月

目 录

第一章　综述

第二章　国家科技计划体系

第六章　科技条件建设

第七章　基础研究

第八章 前沿技术

第九章 农村科技进步

第十四章 区域科技发展与地方科技工作

第十五章 国际科技合作

第十六章 科普事业

附录 主要科技指标

2006
中国科学技术发展报告
2006 CHINA SCIENCE AND TECHNOLOGY DEVELOPMENT REPORT

第一章
综 述

2006年是全面落实全国科学技术大会精神和《国家中长期科学和技术发展规划纲要（2006—2020年）》（以下简称《规划纲要》）部署的开局年，是国家对“十一五”科学技术发展做出重大部署的一年。2006年，中国科技发展呈现出新的形势，取得了重大的进展和成就，进入了一个活跃和加快发展的重要阶段。

第一节 实施《规划纲要》建设创新型国家

2006年，全国科学技术大会胜利召开，确定了走自主创新道路、建设创新型国家的战略决策。各部门积极制定《规划纲要》配套政策及其实施细则，各地方纷纷出台相关政策及措施，认真贯彻落实《规划纲要》和全国科学技术大会精神，全社会形成激励自主创新、建设创新型国家的良好氛围。

一、全国科学技术大会胜利召开

全国科学技术大会于2006年1月9—11日在北京胜利召开。这是党中央、国务院在新世纪召开的第一次全国科学技术大会，是中国全面建设小康社会的伟大事业进入关键发展阶段的一次重要会议，对中国科学技术的发展具有里程碑意义。

◎ 大会的历史背景

进入新世纪，中国进入全面建设小康社会、加速推进社会主义现代化建设的关键时期。经济全球化趋势深入发展和新科技革命提供了重要的发展机遇。同时，日趋激烈的国际竞争、经济社会发展中存在的深层次矛盾和问题也带来了新的更大挑战，人口、资源和环境的瓶颈性约束日益加剧，科技创新能力不足已成为制约经济社会发展的主要矛盾。提高自主创新能力是中国科技发展的紧迫要求，也是经济社会发展和现代化建设的紧迫要求。经过几十年的艰苦努力，中国经济

图 1-1　2006 年 1 月 9 日，全国科学技术大会在北京人民大会堂隆重开幕

和科技实力已经有了很大的提升，许多高科技领域成绩斐然，在众多领域已经具备一定的自主创新能力，生物、纳米、航天等重要领域的研究开发能力已跻身世界先进行列。中国已建立了比较完整的学科布局，与市场经济相适应的国家创新体系已初步形成。这些都为中国增强自主创新能力、建设创新型国家奠定了必要的基础。因此，增强自主创新能力、建设创新型国家，是对世界科技进步与创新规律的深刻认识，是面对新形势、应对新挑战的必然选择，是符合中国根本利益的战略决策。在这一历史背景下，党中央做出了走中国特色自主创新道路、建设创新型国家的战略决策，并在“十一五”开局的关键时期召开了此次全国科学技术大会。此次大会是继 1978 年全国科学大会、1995 年全国科技大会和 1999 年技术创新大会后的又一次盛会。

◎ 大会的重要精神

大力提高自主创新能力，为经济和社会的发展提供强有力的科技支撑，是这次大会的中心议题。会议的主要任务是：分析形势，统一思想，总结经验，明确任务，部署实施《规划纲要》，动员全党全社会坚持走中国特色自主创新道路，为建设创新型国家而努力奋斗，进一步开创全面建设小康社会、加快推进社会主义现代化的新局面。

建设创新型国家，核心就是把增强自主创新能力作为发展科学技术的战略基点，走出中国特色自主创新道路，推动科学技术的跨越式发展；把增强自主创新能力作为调整产业结构、转变增长方式的中心环节，建设资源节约型、环境友好型社会，推动国民经济又好又快发展；把增强自主创新能力作为国家战略，贯穿到现代化建设各个方面，激发全民族创新精神，培养高水平创新人才，形成有利于自主创新的体制机制，大力推进理论创新、制度创新、科技创新，不断巩固和发展中国特色社会主义伟大事业。

◎ **大会的深远影响**

这次大会已经成为全面贯彻落实科学发展观、加速推进科技事业发展和现代化建设的动员大会，标志着全党全社会对科技进步和创新重要性的认识达到了一个新高度，标志着中国实施科教兴国战略跃升到一个新起点。

走中国特色自主创新道路、建设创新型国家，是中国经济社会发展战略的重大调整。把自主创新确立为国家战略，明确到2020年进入创新型国家行列，标志着中国经济社会发展战略的重大调整。在中国现代化建设新的进程中，自主创新将贯穿于经济社会发展中的战略主线，成为推进经济结构调整和转变经济增长方式的根本动力。

走中国特色自主创新道路、建设创新型国家，将引发广泛而深刻的社会变革。科学技术作为第一生产力的作用将得到充分发挥，知识的生产和应用将成为创造国民财富和推动社会发展的基本手段。协调互动、运转高效的国家创新体系成为国家发展的重要制度基础和组织保障，推动科学技术的迅速发展和向现实生产力的迅速转化。人才资源成为第一资源，通过最大限度地发挥人的积极性、能动性和首创精神，每个社会成员将成为自主创新的积极参与者和受益者。

走中国特色自主创新道路、建设创新型国家，将使中国科学技术进入繁荣发展的新时期。科技工作既要优先解决制约国民经济社会发展的重大问题，又要超前部署引领未来发展的基础研究和前沿技术；既要推进科技事业整体水平的提升，又要关注局部跃升的重大带动作用；既要注重科技自身的发展，又要为科技发展提供良好的体制保障。

二、贯彻落实《规划纲要》和全国科学技术大会精神

为号召全社会认真贯彻落实《规划纲要》，中共中央、国务院做出了《关于实施科技规划纲要增强自主创新能力的决定》（以下简称《决定》），并组织制定《规划纲要》配套政策及实施细则，从战略层面和政策层面切实推动《规划纲要》的贯彻落实。

◎ **发布《决定》**

《决定》强调，实施《规划纲要》，建设创新型国家，是全面落实科学发展观、开创社会主义

现代化建设新局面的重大战略举措，是全党全社会的共同事业。指出实施《规划纲要》，体制机制是关键。建立以企业为主体、市场为导向、产学研相结合的技术创新体系。为确保《规划纲要》顺利实施，必须从财税、金融、政府采购、知识产权保护、人才队伍建设等方面制定一系列政策措施，加强经济政策和科技政策的相互协调，形成激励自主创新的政策体系。《决定》强调，增强自主创新能力，建设创新型国家，是我们党在新的历史条件下提高执政能力的必然要求。要求各级领导干部务必站在时代的前列，解放思想、实事求是、与时俱进，全面落实科学发展观，深化改革、扩大开放，大力实施科教兴国战略和人才强国战略，出色完成建设创新型国家的各项任务。

◎ 制定《规划纲要》配套政策及实施细则

国务院于2006年2月26日发布了《实施〈国家中长期科学和技术发展规划纲要（2006—2020年）〉的若干配套政策》（以下简称《配套政策》）。《配套政策》包括了科技投入、税收激励、金融支持、政府采购、引进消化吸收再创新、创造和保护知识产权、人才队伍、教育与科普、科技创新基地与平台、加强统筹协调等10个方面共计60条政策。为确保《配套政策》落到实处，在国务院统一部署下，科技部、国家发改委、教育部等部门分工合作，研究制定99条《配套政策》实施细则。截至2006年，大部分实施细则已经形成政策文件，其中40项政策细则已发布实施。这些实施细则的陆续出台，将对中国经济科技发展产生重大影响。

◎ 积极落实全国科技大会精神

各部门、各地方积极行动，采取实际措施，切实落实全国科技大会精神。国务院各有关部门加快部署，加强对自主创新的支持。财政部在2006年安排科技投入716亿元，比上年增加19.2%，并建立和完善激励企业自主创新的财税制度；国家发改委安排预算内投资，加大对引进技术和设备的消化吸收和再创新的支持力度；国资委决定建立健全企业技术开发体系，将自主创新纳入大型国有企业领导人业绩考核指标体系；商务部决定安排专项经费，建设一批出口创新基地，打造一批高科技自主品牌；国家开发银行与科技部签署了贷款总额为500亿元的《“十一五”期间支持自主创新开发性金融合作协议》，重点支持国家重大专项和重大科技项目的研究与开发，推动建立支持自主创新的投融资机制。教育部、国防科工委、信息产业部以及中国科学院、中国工程院、中国科协、国家基金委等，都围绕提高自主创新能力提出了切实举措。

为更好地贯彻落实全国科技大会精神，2006年有31个省（自治区、直辖市）召开了科技（创新）大会。各省区市结合本地区实际，研究制定了“十一五”科技发展规划。上海、福建、安徽、江西、广东、广西等23个省区市同时还制定了本地区的中长期科技发展规划。全国已有18个省区市明确做出了大幅度增加财政科技投入的决定，如辽宁、山东、湖北、湖南等省份的2006年财政科技投入都比上年增长100%以上。各地方也在结合自己的实际，制定一些可操作性的措施，如北京市重点研究鼓励创新型服务业和加强知识产权保护的政策，深圳市将《深圳经济特区科技创新促进条例》列入2006年的立法计划。

第二节
“十一五”科技发展总体布局

2006年，国家制定了“十一五”科学技术发展规划，明确了未来五年中国科技发展的思路、目标、重点任务和保障措施。同时，为落实《规划纲要》各项任务，要求进一步深化科技管理体制改革，树立新的管理理念，探索新的管理办法，形成新的组织机制，建立新的管理制度。

一、《国家“十一五”科学技术发展规划》

《国家“十一五”科学技术发展规划》（以下简称《“十一五”科技规划》）与《国民经济和社会发展第十一个五年规划》的总体部署相衔接，切实落实《规划纲要》确定的近期目标、任务和重要举措，明确了2006—2010年科学技术事业发展的指导方针、发展目标、主要任务和重大措施。《“十一五”科技规划》具有六个方面的特点：一是突出自主创新的主线；二是突出和谐发展、科学发展的要求；三是突出对基础研究的稳定支持；四是突出以企业为主体；五是突出科技管理改革和体制创新；六是突出自主创新的能力建设与环境建设。

◎ 科技发展思路与目标

《“十一五”科技规划》提出了“一条主线、五项突破、六个统筹”的科技发展总体思路。按照《规划纲要》确定的发展目标，《“十一五”科技规划》提出，“十一五”末要基本建立适应社会主义市场经济体制、符合科技发展规律的国家创新体系，形成合理的科学技术发展布局，力争在若干重点领域取得重大突破和跨越发展。全社会研究开发（R&D）投入占GDP的比例达到2%，对外技术依存度降到40%以下，国际科学论文被引用数进入世界前10位，本国人发明专利年度授权量进入世界前15位，科技进步对经济增长的贡献率达到45%以上，高技术产业增加值占制造业增加值的比重超过18%，科技人力资源总量达到5000万以上，显著提高从业人员中科学家、工程师的比例，每万名劳动人口中从事R&D活动的科学家和工程师全时当量达到14人年，使中国成为自主创新能力较强的科技大国，为进入创新型国家行列奠定基础。

专栏 1-1

《"十一五"科技规划》的一条主线、五项突破、六个统筹

"一条主线"，就是以自主创新为主线。"五项突破"，就是要力争在以下五个方面实现重大突破：一是突破约束经济社会发展的重大技术瓶颈；二是突破制约中国科技持续创新能力提高的薄弱环节；三是突破限制自主创新的体制、机制性障碍；四是突破阻碍自主创新的政策束缚；五是突破不利于自主创新的社会文化环境制约。"六个统筹"，就是要统筹处理好以下科技工作中的六个重大关系：一是统筹科技创新和制度创新；二是统筹科技创新全过程；三是统筹项目、人才、基地的安排；四是统筹安排工业、农业与社会发展领域的科技创新活动；五是统筹区域科技发展；六是统筹军民科技资源。

根据"十一五"科技和经济社会发展的要求，未来五年中国科技发展将重点着眼于提升五个方面的自主创新能力：面向国民经济重大需求，加强能源、资源、环境领域的关键技术创新，提升解决瓶颈制约的突破能力；以获取自主知识产权为重点，加强产业技术创新，显著提升农业、工业、服务业等重点产业的核心竞争能力；加强多种技术的综合集成，提升人口健康、公共安全和城镇化与城市发展等社会公益领域的科技服务能力；适应国防现代化和应对非传统安全的新要求，提高国家安全保障能力；超前部署基础研究和前沿技术研究，提升科技持续创新能力。

为实现"进入创新型国家行列"的宏伟目标，"十一五"期间中国还将致力于奠定三方面的基础：进一步完善中国特色国家创新体系，为建设创新型国家奠定科技体制基础；初步建成满足科技创新需求的科技基础设施与条件平台，为建设创新型国家奠定科技条件基础；造就一支规模大、素质高的创新人才队伍，为建设创新型国家奠定科技人才基础。

◎ 重点任务及保障措施

"十一五"期间，中国科技工作在两个层面进行了重点部署：一是集中力量组织实施一批重大专项，加强关键技术攻关，超前部署前沿技术，稳定支持基础研究，支撑和引领经济社会持续发展；二是加强科技创新的基础能力建设，进一步深化科技体制改革，完善自主创新的体制机制，为科技持续发展提供制度保障和良好环境。

围绕这一部署，具体提出了八项任务：瞄准战略目标，实施重大专项；面向紧迫需求，攻克关键技术；把握未来发展，超前部署前沿技术和基础研究；强化共享机制，建设科技基础设施与条件平台；实施人才战略，加强科技队伍建设；营造有利于自主创新的良好环境，加强科学普及和创新文化建设；突出企业主体，全面推进中国特色国家创新体系建设；加强科技创新，维护国防安全。

为保障各项任务的落实，《"十一五"科技规划》制定了八项措施：加强组织领导和统筹协调；大幅度增加科技投入；落实促进自主创新的各项激励政策；深入实施知识产权和技术标准战略；形成新型对外科技合作机制；完善科技法律法规体系；推进科技计划管理改革和建立有效的规划实施机制。

二、调整国家科技计划

为落实《规划纲要》和适应新形势发展的要求，科技部对国家科技计划体系和资源配置重点进行了调整。

◎ 调整国家科技计划体系

围绕落实《规划纲要》的目标任务，优化调整科技工作的布局，建立了由重大专项和基本计划组成的新的国家科技计划体系。

重大专项是为了实现国家目标，通过核心技术突破和资源集成，在一定时限内完成的重大战略产品、关键共性技术或重大工程，是国家科技发展的重中之重。

基本计划是国家财政稳定持续支持科技创新活动的基本形式，包括国家基础研究计划、国家科技支撑计划、国家高技术研究发展计划、国家科技基础条件平台建设、政策引导类科技计划等。其中，基础研究计划突出原始创新，由国家自然科学基金和国家重点基础研究发展计划（“973计划”）构成，主要定位分别为自由探索性基础研究和国家目标导向的战略性基础研究；科技支撑计划以原科技攻关计划为基础，进一步加强对国民经济和社会发展的全面支撑作用，加强集成创新，突出公益技术研究和产业关键共性技术开发；高技术研究发展计划（“863计划”）突出战略性、前瞻性和前沿性，统筹前沿技术研究开发与集成应用；科技基础条件平台建设突出资源共享，以研究实验基地、大型科学仪器设备、自然科技资源、科学数据和科技文献等建设为主要内容，为提高科技持续创新能力提供支撑；政策引导类计划要有明确的政策导向和措施，重点加大对企业自主创新、高技术产业化、面向农业农村的科技成果转化和推广等的引导和支持。

◎ 调整资源配置方向

在国家科技计划经费大幅增长的同时，主要从四个方面调整了计划的资源配置结构：一是确保重大专项的顺利实施。重大专项在组织专家进行全面深入的技术、经济等可行性论证下，根据国家发展需要和实施条件的成熟度，统筹落实专项经费，以专项计划的形式逐项启动实施；二是重点部署基础研究和前沿技术研究。大幅度增加基础研究经费，调整了基础研究的经费支持方式，在统筹项目、人才和基地建设的基础上，对高水平的基础研究基地和队伍给予了相对稳定的支持。超前部署一批前沿技术，选择信息、生物和医药、新材料等前沿技术领域作为发展重点，安排了38个专题、29个重大项目和若干重点项目；三是加强关键共性技术和社会公益研究，加大了对能源、环境、人口健康等制约经济社会发展瓶颈问题的攻关力度，将农业及社会公益科技经费与工业科技经费的比例由过去的3∶7调整到5∶5，并把科技基础条件平台专项作为基本计划；四是国际合作经费显著增加。

第三节 科技发展重大进展

2006年是极为重要的一年，全社会关注自主创新、支持自主创新的局面初步形成，科技工作成绩斐然，科技事业发展较快，科技创新能力进一步提高，科技对经济社会发展的支撑能力不断增强，科技发展取得一些重要的进展。

一、科技资源持续增加

◎ 科技投入

2006年，全国科技经费支出达到5757亿元，比2005年增加19%。研究与试验发展（R&D）经费支出3003.1亿元，比2005年增长22.6%，占国内生产总值的1.42%。2006年全社会R&D投入中，企业R&D投入占总投入的69.1%，政府投入为24.7%。从执行部门看，企业仍然是R&D活动的主体，约占总经费的71.1%（图1-2）。从研究的活动类型看，中国R&D经费在基础研究、应用研究

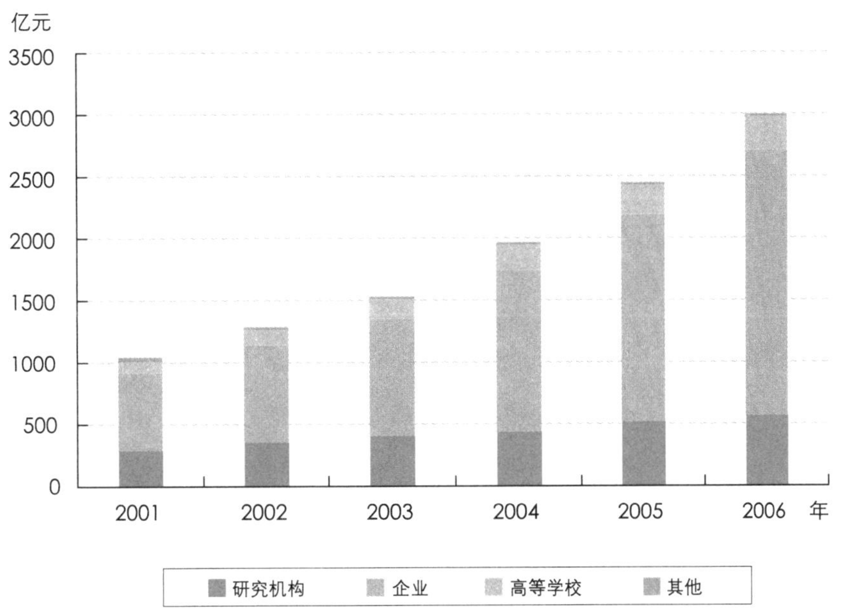

图1-2 中国R&D经费按执行部门分布（2001—2006年）

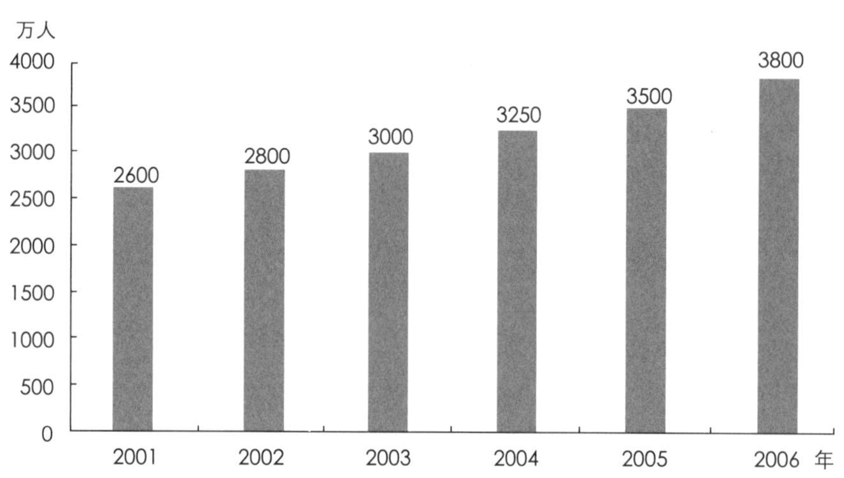

图 1-3　中国科技人力资源增长状况（2001 — 2006 年）

和实验开发三者之间的分布结构近年趋于平稳，2006 年分别为 5.2%、16.8% 和 78.0%。

◎ 科技人才队伍

中国科技人才队伍稳步壮大，规模在世界上居于领先地位，科技人才储备总量较为充足。中国科技人力资源稳步增长，2006 年达到 3800 万人（图 1-3）。2006 年，中国 R&D 人员达到 150 万人年，仅次于美国，居世界第二位。

中国高等教育快速发展，提高了中国科技人力资源的供应能力。2006 年，包括普通高等院校、成人高等院校和网络学院在内共招收本科生 381.8 万人、专科生 461.9 万人，分别是 2000 年招收量的 3.3 倍和 4.5 倍；全国共招收研究生 39.8 万人，是 2000 年的 3 倍。高等教育毛入学率已经从 2000 年的 12.5% 提高到 2006 年的 22%。各类高等教育总规模 2006 年底达到 2500 万人。

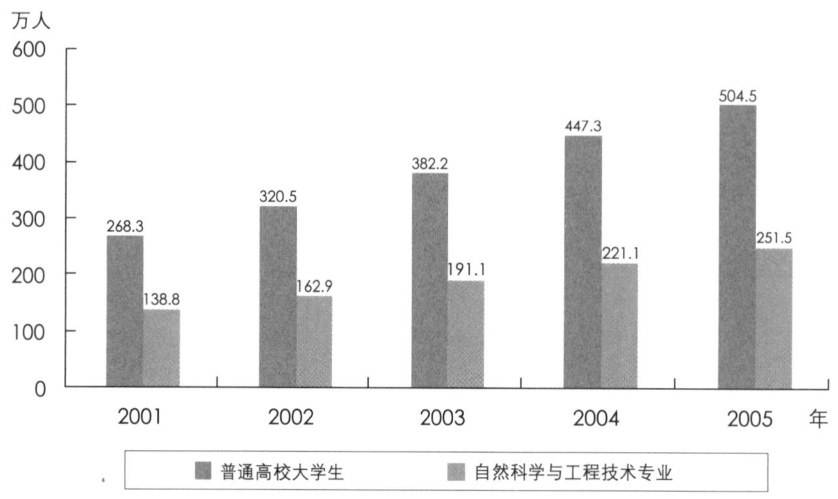

图 1-4　中国高等院校大学生及自然科学与工程技术专业招生数量（2001 — 2005 年）

“十五”期间自然科学与工程技术专业毕业生大幅度增长，2005年普通高等院校自然科学与工程技术领域本专科毕业生达到152.8万人，其中工学为109.1万人；医学为20.3万人；理学和农学分别为16.5万人和7.0万人，为国民经济各行业输送了大量的科技人才。

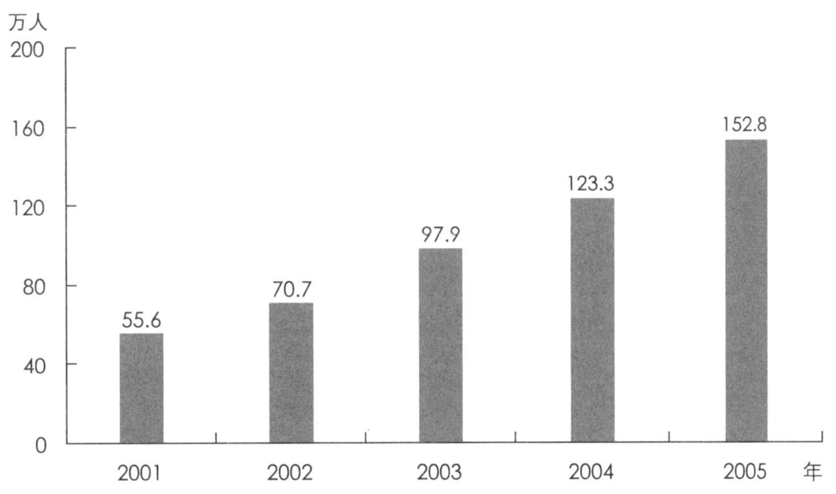

图1-5　中国高等院校自然科学与工程技术专业大学生毕业生数量（2001—2005年）

出国留学生是中国重要的潜在科技人力资源。1978—2006年，各类出国留学人员总数为90.4万人，留学回国人员总数为22.2万人。

二、科技创新能力显著提高

◎ 科技产出

科技产出水平不断提高，形成了支撑经济社会发展的良好科技基础。2006年，国家知识产权

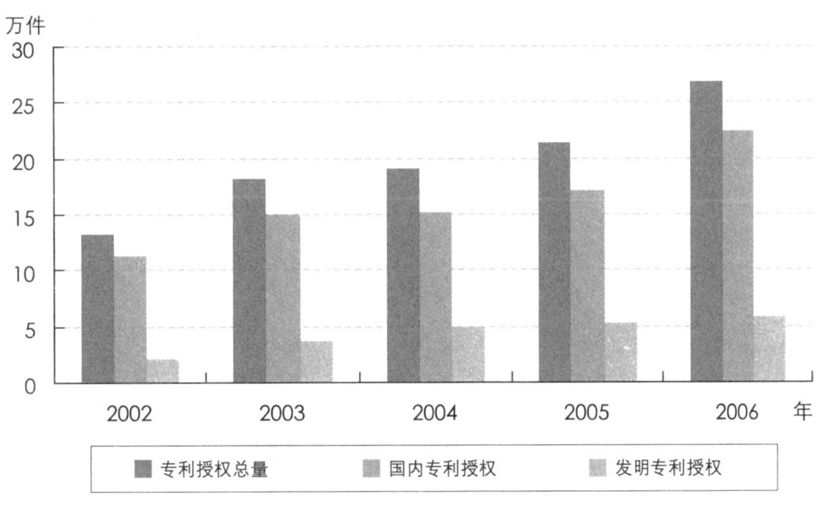

图1-6　中国专利授权量增长情况（2002—2006年）

局共授予专利268002件，比上年增长25.2%。其中，国内专利223860件，比上年增长30.4%；发明专利57786件，比上年增长8.4%，占授权总量的比重为21.6%。

中国科技论文被国际三大检索系统收录的总数已居世界前列，其中纳米领域的论文数量已处在前两位，引用数也居世界前列。2006年，中国学者在《Cell》（细胞）杂志上以第一作者及合作发表7篇论文。

◎ 重大科技成果

中国基础研究成果显著，众多领域取得突破。研究了氟加氢化学反应的全量子态分辨的分子束反应散射，解决了30多年来国际化学研究的难题；北京正负电子对撞机重大改造工程储存环成功实现束流积累，储存环和直线加速器工作稳定，束流性能良好；在国际上首次成功地实现了两粒子复合系统量子态的隐形传输，并第一次成功地实现了对六光子纠缠态的操纵；世界上新一代超导托卡马克核聚变实验装置已在中国首先建成并正式投入运行；将超晶格概念推广到介电材料，研制成周期、准周期和二维调制结构介电体超晶格；金属配合物中多重键的反应性研究，开拓了一系列可应用于药物合成和精细化学品合成的技术。

中国在高新技术领域产生了一批重大成果，科技支撑和引领经济的作用进一步显现。“中国下一代互联网示范工程”建成并稳定运行，这是全球规模最大的纯IPv6互联网主干网；“长征四号

图1-7 “长征四号乙”运载火箭成功将“遥感卫星一号”送入预定轨道

乙”运载火箭，成功将“遥感卫星一号”送入预定轨道；“超薄浮法玻璃成套技术与关键设备在电子玻璃工业化生产的开发应用”项目，为中国液晶显示器行业赶超世界先进水平奠定了基础；“超精密特种形状测量技术与装置”项目对大型超精密仪器加工装备和超精密工作母机等大型高端装备整体技术水平的跨越式提升将起到直接推动作用。

为建设和谐社会提供科技支撑，社会公益研究和社会事业领域科技发展日益受到重视。发现了特大型整装海相气田——普光气田；“治疗用乙型肝炎疫苗”顺利完成Ⅰ期临床研究，正在开展Ⅱ期临床研究，并已申请国家发明专利和国际发明专利；在国际上率先获得了具有部分自交可育性的小麦与冰草间杂种，并创造了一批携带冰草优异基因的新种质；研发了“肺克隆体内纯化筛选”、“体内、外交替培养”和“定向（肺或淋巴结）逐级筛选”等技术，发现了一些新的转移靶分子，筛选了多种药物；建立了转移性人肝癌模型系统并在肝癌转移研究中得到应用。

◎ 科技基础条件

中国科技基础条件已经形成了包括研究实验基地、大型科学仪器、自然科技资源、科学数据以及科技文献等各类资源的保障体系。部分领域科技基础条件接近世界先进水平，初步建成科技资源共享服务机制。截至2006年底，正在运行的国家重点实验室197个，国家实验室（筹）6个，省部所属重点实验室1100余个，覆盖中国基础研究的大部分重点学科领域；有97个符合国家野外站标准的试点站纳入了国家野外观测研究站序列进行管理和支持；大型科学仪器设备已具备一定规模，50万元以上的仪器设备总价值已经超过150亿元。大型科学仪器协作共用网已建成并开通了长三角、泛珠三角、华中等区域门户网站；通过气象、地震、测绘、林业和农业、海洋、国土资源、区域等12个科学数据共享中心（网）的建设，为科研活动提供了基础数据支持。

三、技术交易和高技术产业化发展迅猛

◎ 技术交易

2006年，技术市场合同交易额继续稳步增长，全国技术合同成交金额为1818.18亿元，较上年增长了17.2%。平均每份技术合同成交金额大幅增加，达到88.32万元，比上年增长了50.9%，成为自技术市场统计以来平均每份技术合同交易额最高的年份。技术开发合同成交总量仍位居四类合同之首。以重点工程、重大专项、计算机网络服务为主的技术服务合同增长显著，增幅达32%，成交总额居第二位；平均每份技术转让合同成交金额较上年大幅提高，达到276.7万元。

技术市场继续成为各级政府科技计划项目商品化、产业化的主渠道。2006年，共有22327项

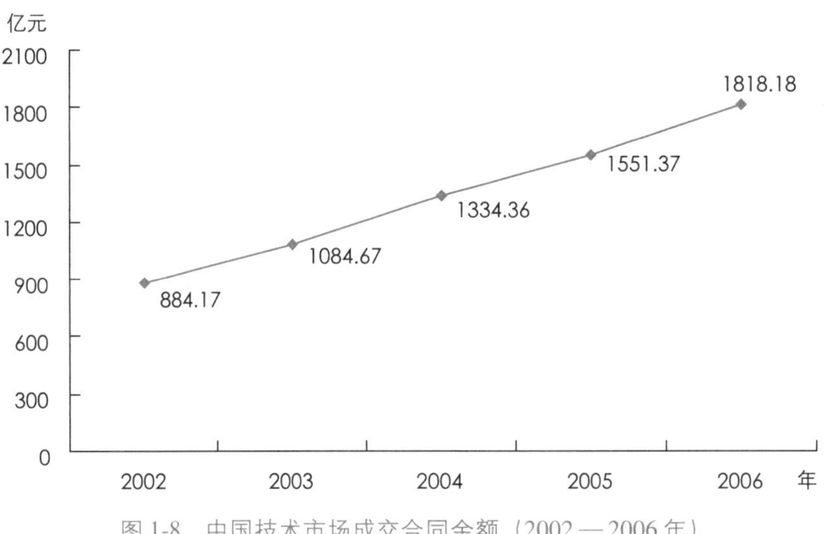

图 1-8　中国技术市场成交合同金额（2002—2006 年）

政府各级科技计划项目成果进入技术市场，通过技术市场进行转移、转化，成交金额408.5亿元，较上年增长了70%，占技术合同成交总金额的比例逐年增长，达到22.46%。其中，国家计划项目成果成交4320项，成交金额最高，为137.93亿元；省、自治区、直辖市及计划单列市计划项目5639项，成交金额111.23亿元；部门计划项目6081项，成交金额55亿元；地市县计划项目6287项，成交金额104.3亿元。

企业输出技术交易额仍位居各类卖方机构之首。企业签订技术合同130125项，交易额1528.03亿元，较上年增幅66.27%，占技术合同成交总金额的84.04%。同时，企业也是最大的技术吸纳方。2006年，企业购买技术成交金额为1524.8亿元，较上年增长30.2%，占总成交金额的83.9%。其中，内资企业成交金额居首位，为1179.9亿元，占企业购买技术交易总额的77.4%。

◎ 高技术产业化

2006年，高技术产业总产值实现41996亿元，比上年同期增长22.2%，增速低于全国规模以上工业的25.3%的增长速度。高技术产业新产品产值8493亿元，比上年同期增长20.7%，增速低于全国规模以上工业的32.4%的增长速度。出口交货值23476亿元，比上年同期增长33.1%，增速略高于全国规模以上工业的22.9%的增长速度。

高技术产品进出口总额突破5000亿美元，比上年增长27.1%，其中出口额2814.5亿美元，进口额2473.0亿美元，分别比上年增长29.0%和25.1%。高技术产品良好的增长势头带动了我国商品贸易整体结构的进一步优化，高技术产品的出口额和进口额占全部商品出口额和进口额的比重分别达到29.0%和31.2%。与“十五”初期相比，高技术产品的出口额与进口额分别增长了6倍和4倍，占全部商品出口与进口的比重也分别提高了11.5和4.9个百分点。从高新技术产品的技术领

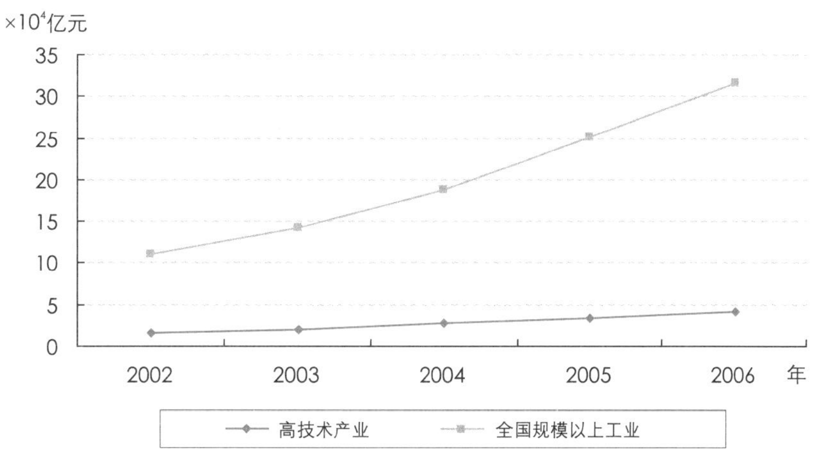

图 1-9 高技术产业与全国规模以上工业总产值增长状况（2002—2006 年）

域分布来看，计算机与通信技术产品的出口额占高技术产品全部出口的比重接近4/5。从高技术产品进出口的主体来看，外资企业依然居于主导地位，占出口和进口总额的比重分别达到 88.1% 和 79.8%（图 1-10，图 1-11）。

2006年，53个国家高新区工业增加值达到8520.5亿元，同比增长24.9%，比全国增幅高6.7个百分点，占全国工业增加值的9.3%；营业总收入实现43319.9亿元，同比增长25.9%；出口创汇全

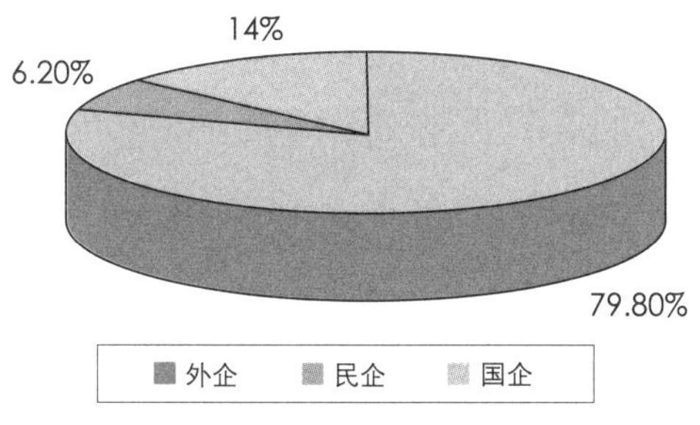

图 1-10 2006 年高技术产品进口的主体结构

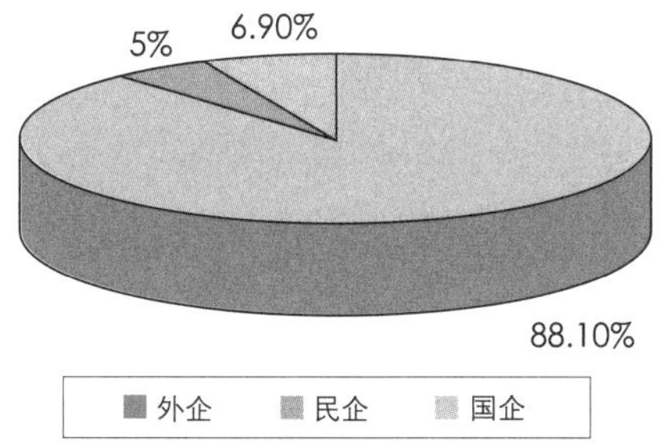

图 1-11 2006 年高技术产品出口的主体结构

年实现1360.9亿美元，同比增长21.9%；企业全年税收收入为1977.1亿元，占全国全部税收收入的5.7%。

四、科技工作稳步推进

◎ 重大专项和基本科技计划

重大专项的启动实施主要根据国家发展需要和实施条件的成熟程度，按照成熟一个、启动一个的原则进行，同时根据国家战略需求和发展形势的变化，进行动态调整。各重大专项领导小组遵照国务院的总体部署，积极组织力量，进行实施方案的研究编制。到2006年末，16个重大专项的实施方案编制工作已取得显著进展。核心电子器件、高端通用芯片及基础软件产品，新一代宽带无线移动通信，重大新药创制，极大规模集成电路制造装备与成套工艺，转基因生物新品种培育，大型油气田及煤层气开发等重大专项已经完成实施方案初稿编制工作。高档数控机床及基础制造装备，水体污染控制与治理，艾滋病和病毒性肝炎等重大传染病防治，大型先进压水堆与高温气冷堆核电站等4个重大专项已经启动实施方案编制工作。国防领域的重大专项按照有关规定开展前期研究和实施方案的编制。

2006年，各基本科技计划以落实《规划纲要》重点任务为主旨，全面部署，稳步推进，顺利完成了计划和预算执行工作。其中，支撑计划首批安排了147项重大和重点项目、1409个课题，涉及《规划纲要》重点领域及其优先主题的各个方面，共安排经费73.5亿元。“863计划”（民口）启动10个领域，安排38个研究专题、21个重大项目和31个重点项目，2841个课题，覆盖了《规划纲要》中所列的前沿技术领域，安排经费61.7亿元。“973计划”在农业、能源、资源环境、人口与健康、材料、综合交叉与前沿领域部署重大项目67项，同时启动重大科学研究计划，部署了40个项目，其中蛋白质研究10项，量子调控研究10项，纳米研究13项，发育与生殖研究7项。国家科技基础条件平台建设专项滚动支持了33个项目，并启动了医药卫生科学数据共享网平台建设项目，共安排经费7.5亿元。同时，对政策引导类计划进行了整合，主要包括星火（含农转资金、科技富民强县等）、火炬（含创新基金等）、新产品、软科学等，共拨款18.05亿元。其他专项工作（重点实验室、基础性工作、科研院所开发专项等）共拨款3.03亿元。

◎ 以企业为主体、市场为导向、产学研相结合的技术创新体系建设

科技部会同国资委、全国总工会联合实施了“技术创新引导工程”，首选103家企业开展创新型企业试点；科技部联合国家发改委、财政部、海关总署、税务总局等开展国家认定企业技术中心工作，在具备条件的企业和部分转制科研院所建立一批国家工程技术研究中心、工程实验室和

国家重点实验室，引导支持软件、材料、标准等若干重点领域形成产学研联盟。

继续深化科研机构改革。应用开发类院所建立开放合作的运行机制，为实行固定人员与流动人员相结合的用人制度提供政策保障。扩大开发类院所在科技经费、人事制度等方面的决策自主权，提高科技资源整合能力，增强院所自主发展能力。对完成转制的开发类院所创新能力进行评价，作为国家调整和支持科研院所发展的重要依据。在国家支撑计划中增加对转制院所的研发投入。积极推进社会公益类科研机构分类改革，提高公益类科研机构为全社会提供公共技术产品和公益服务的能力，完善公益类科研机构的布局，加快形成公益类科研体系，投入稳定增加。

加强国家高新区产业化和环境建设。科技部会同国家统计局，调整国家高新区自主创新的统计指标及评价体系；会同中组部，开展了高新区人才建设工作；选择北京、上海、深圳、西安、武汉、成都等地，开展了建设国际一流高新区试点工作。

◎ 科技宏观管理体制改革

科技计划在执行和项目管理上更多地发挥部门、地方、企业和专业机构的作用。在项目立项上充分听取部门、地方的意见，广泛征集科技需求；在项目的组织实施上主要委托部门、地方和大企业集团，对于有明确产品目标或面向产业发展的项目，要求由企业牵头或参与组织实施。支撑计划首批启动的项目中，科技部委托部门、地方、企业组织实施的共120项，占全部项目的82%，

图 1-12　位于深圳高新技术产业园区的深港产学研基地（IER）

其中95%以上的项目都有企业参与，1/3由企业为牵头承担单位。“973计划”4个重大科学计划全部委托中国科学院、教育部组织实施。科技部还会同财政部设立了公益性行业科研专项资金，加大对部门（行业）支持力度。科技管理部门把工作的重点转移到了战略研究、规划和政策制定、环境建设等方面。

调整科技计划管理方式，初步形成了计划管理新体制。一是建立国家科技计划信息管理平台。实行网上申报、立项、评审，建立科技计划信息公开公示制度，形成行为规范、运转协调、公正透明、廉洁高效的计划管理模式。二是建立和完善科技计划管理监督制约机制。制定了加强科技计划管理与健全监督机制的意见，规范计划管理各个环节的职责和任务。引入第三方评估监理机制，加强对计划实施绩效和管理绩效的考评。三是改革科技计划成果鉴定制度。进一步规范科技计划项目的验收，逐步取消政府对科技成果的鉴定，对科技奖励制度进行配套改革。

为避免科研项目重复交叉，加强科技统筹协调。通过建立部门联席会议制度，加强了部门之间、军与民之间、各类规划和计划以及重大项目的沟通和协调。建立省部会商制度，科技部已与12个省市签署了合作协议，围绕地方和区域重大科技需求，突出综合集成，与地方联合实施重大科技行动。

建立国家科学数据、科技信息共享机制。针对科技资源难以共享、多头管理、重复立项、重大项目缺乏协调等问题，采取切实措施，提高科技资源的利用效率。科技部会同各有关部门，扩大实验设备、科技数据、自然资源等各类科技资源的共享；建立覆盖相关部门的国家科研项目信息数据库，严堵多头申请、交叉和重复立项；制定科技项目统筹协调管理办法，形成科技计划的年度报告制度。

从制度上遏制学术不端行为，进一步促进科学道德和学风建设。科技部制定了《国家科技计划项目评估评审行为准则与督察办法》、《关于严肃财经纪律、规范国家科技计划课题经费使用和加强监管的通知》、《国家科技计划实施中科研不端行为处理办法(试行)》等政策文件，并与教育部、中国科学院、中国工程院、国家自然科学基金委、中国科协等部门合作，建立科技工作者行为准则，查处重大科技造假事件。

◎ 国际科技合作

中国不断推进国际科技合作，国际交流日益密切，合作方式日趋多样，为提高自主创新能力提供较好的支撑。首先，政府从政策层面入手，为国际科技合作顺利开展提供了制度保障。2006年，科技部颁布了《“十一五”国际科技合作实施纲要》，对新时期国际科技合作工作进行了部署。新时期国际科技合作工作以提高中国自主创新能力为中心，服务于社会主义现代化建设和国家外交工作两个大局，努力在拓展合作领域、创新合作方式和提高合作成效三个方面取得新的突破。在合作目标上，从一般性国际科技合作向以需求为导向的国际科技合作转变。在合作方式上，从注重项目合作向整体推进“项目－人才－基地”相结合转变。在合作内容上，从一般的技术引进向“引进来”与“走出去”相结合的国际科技合作转变。在合作主体上，从以政府和科研机构为主向政府引导、多方共同参与的格局转变。在任务确立上，从自下而上的立项机制向自上而下的立项机制转变。

中国积极参与国际大科学、大工程计划，正式加入世界瞩目的人类开发新能源的宏伟计划——国际热核聚变实验堆计划（ITER计划），启动了由中国政府发起的首个国际大科学计划“中医药国际科技合作计划”，启动实施了“可再生能源和新能源国际科技合作计划”，组织建设了大亚湾反应堆中微子实验装置。依托有优势的大学、科研机构和企业，建立高水平的国际科技合作基地。科技部与天津市人民政府共建“滨海国家生物医药国际创新园”，与信息产业部、商务部、山东省政府共建“山东济南国家信息通信国际创新园”，形成引进、消化吸收、再创新的国际科技合作新模式。

◎ 科技普及工作

科技普及能力建设进一步加强，科技普及经费投入有所增长，科普志愿者队伍建设取得很大进展，科技普及设施逐步完善，科技普及活动的公众参与程度逐步提高。2005年，全国人均科普

图 1-13　上海航宇科普中心（SAEC）

经费使用额达到0.85元，比2004年增加了0.2元。财政对各级科协的科普经费补助达8.6亿元，比2004年增长了29.2%。在传统科普场馆建设的同时，相关部门积极推动建设科普信息资源的共享交流平台。例如，在科技部和财政部的大力支持下，中国科协联合中国科学院、教育部共同建设中国数字科技馆，为社会公众、尤其是青少年提供丰富的网络科普服务；2004—2005年，中国公众参加过科技培训的比例为30.8%，参加过科技咨询的比例为30.4%，参加过科普讲座的比例为23.9%，参加过科技周（节、日）和科普宣传车活动的比例为11.9%和11.6%。

中国科技普及工作深入基层，形式多样，取得了预期的效果，在全社会逐步形成“学科学，用科学”的良好氛围。例如，2006年科技活动周以“携手建设创新型国家”为主题，以科学发展观为统领，贯彻落实全国科技大会精神，以增强自主创新能力为手段，以大力宣传《规划纲要》和《全民科学素质行动计划纲要》为特色，在全国举办了大规模的群众性科技活动。

总之，2006年，全国科技界为贯彻落实科技大会精神和《规划纲要》的部署，开拓创新，真抓实干，开拓了自主创新的大好局面，科技工作成绩卓著。

第二章
国家科技计划体系

"十一五"期间，国家科技计划紧紧围绕"十一五"国家经济社会发展目标，以《规划纲要》为指导，以提高自主创新能力为主线，积极发挥国家科技计划的引导和带动作用，广泛动员全国科技界、产业界参与不同类型国家科技计划的实施，为解决经济社会发展中的瓶颈制约问题，提升产业竞争力，维护国家安全，构建和谐社会提供有力支撑。

第一节 国家科技计划体系总体部署

"十一五"期间，国家科技计划体系以落实《规划纲要》任务为重点，加强原始创新、集成创新，实现科技创新的重大发展，培育新的生长点；瞄准国民经济和社会发展中迫切需要解决的突出问题，突破瓶颈制约，提升产业竞争力。

一、基本框架

"十一五"期间，各类国家科技计划以促进自主创新为核心，充分发挥国家科技计划对创新活动的导向作用；紧密结合国民经济和社会发展"十一五"规划，将《规划纲要》中一些紧迫的、急需在近期部署的任务在"十一五"计划中安排和落实，发挥科技对经济和社会发展的支撑和引领作用。通过加强宏观管理，提高管理水平和效率，构建出符合社会主义市场经济体制和科技发展要求的"权责明确、定位清晰、结构合理、运行高效"的国家科技计划体系。将原来"3+2"模式的计划体系调整为重大专项和基本计划两大部分。重大专项是体现国家战略目标，由政府支持并组织实施的重大战略产品开发、关键共性技术攻关或重大工程建设。基本计划包括主体计划和政策引导类计划。主体计划包括国家基础研究计划、国家科技支撑计划、国家高技术研究发展计划、国家科技基础条件平台建设。政策引导类计划主要包括星火、火炬、技术创新引导工程、新产品等。

此次改革和调整突出了重大专项，旨在组织实施《规划纲要》提出的16个重大专项，力争在若干重点领域集中突破，实现科技创新的局部跨越式发展。同时，为了改变对重大公益技术支持不足的现状，重新整合攻关计划、公益专项等资源，设立了科技支撑计划，加大了对产业关键技术和重大公益科技项目的支持力度，为建设资源节约型和环境友好型社会提供支撑。

二、国家科技计划与《规划纲要》的关系

为了全面落实《规划纲要》提出的重大专项、重点领域及其优先主题、前沿技术、基础研究、科技基础条件平台建设等发展任务，政府对“十一五”国家所有科技计划进行了重新定位。

◎ 实施重大专项，带动跨越发展

围绕国家战略目标，《规划纲要》确定了16个重大专项，由政府支持并组织实施。“十一五”期间，重点组织实施一批国民经济和社会发展急需的、基础较好的重大专项，攻克一批具有全局性、带动性的重大关键技术，开发一批世界先进水平的重大战略产品和技术系统，培育一批战略性产业和具有国际竞争力的企业；建设几项标志性工程，提高中国的国际地位，增强民族自信心和自豪感；力争在若干重点领域集中突破，实现科技创新的局部跨越式发展。

◎ 实施科技支撑计划，解决突出问题，突破瓶颈制约

科技支撑计划围绕落实《规划纲要》确定的民口重点领域及其优先主题的相关任务，在原有国家科技攻关计划基础上，进一步加大对重大公益技术的研究开发支持力度，瞄准国民经济和社会发展中迫切需要解决的突出问题，结合重大工程建设和重大装备开发，重点解决涉及全局和跨行业、跨地区的重大技术问题，着力攻克一批关键技术，突破瓶颈制约，提升产业竞争力，促进社会和谐发展。同时，国家有关部门以提升行业的科技支撑能力和自主创新能力为主旨，“十一五”期间在农业、林业、水利、气象、地震、海洋、质检、环保、中医药、卫生等行业部署开展前瞻性、应急性、基础性研究。

◎ 实施高技术研究发展计划，突破前沿技术，引领未来发展

《规划纲要》以抢占未来战略制高点为目标，部署了8个领域共27项前沿技术任务。为此，“十一五”期间，国家高技术研究发展计划（“863计划”）将围绕前沿技术任务的要求，从跟踪为主调整为超前部署，以引领未来发展为重点，坚持战略性、前沿性、前瞻性，统筹安排前沿技术的研究开发和集成应用。通过加强对前沿技术的探索研究，突破一批核心的前沿技术；通过加强前沿技术的集成和创新，培育新的产业增长点，引领高技术产业与新兴产业发展。

◎ **实施国家自然科学基金项目和国家重点基础研究发展计划，加强原始创新**

《规划纲要》从学科发展、科学前沿问题、面向国家战略需求的基础研究和重大科学研究计划四个方面对中国未来基础研究任务进行了全面部署。国家自然科学基金以安排自由探索性基础研究为主，落实《规划纲要》确定的基础学科、交叉学科和新兴学科等学科发展和8项科学前沿问题；国家重点基础研究发展计划（“973计划”）以安排国家目标导向的战略性基础研究为主，组织实施《规划纲要》确定的面向战略需求的基础研究和重大科学研究计划。

◎ **实施科技基础条件平台建设，保障科技创新**

《规划纲要》确定的科技基础条件平台建设任务，是科技创新的必要条件和重要保障。“十一五”期间，国家科技基础条件平台建设按照“整合、共享、完善、提高”的方针，加强规划和顶层设计，通过择优新建、整合重组等方式，进一步完善布局，重点支持建设一批研究试验基地，围绕国家重大需求，突出新兴学科、交叉学科和空白领域，启动建设一批国家实验室，加强国家重点实验室、国家野外科学观测研究台站网络体系建设；建设基于科技条件资源信息化的数字科技平台，促进科学数据与文献资源共享；建设若干自然科技资源服务平台；建设国家标准、计量和检测技术体系等，为科技发展提供基础条件支撑。

◎ **实施政策引导类计划，营造创新环境和创新机制**

《规划纲要》提出加速高新技术产业化和先进实用技术的推广、扩大国际和地区的科技合作与交流等任务，“十一五”政策引导类计划以明确的政策导向，重点加大对企业自主创新、高技术产业化、面向农业农村的科技成果转化和推广等工作的支持，开展和实施星火、火炬、新产品等计划。

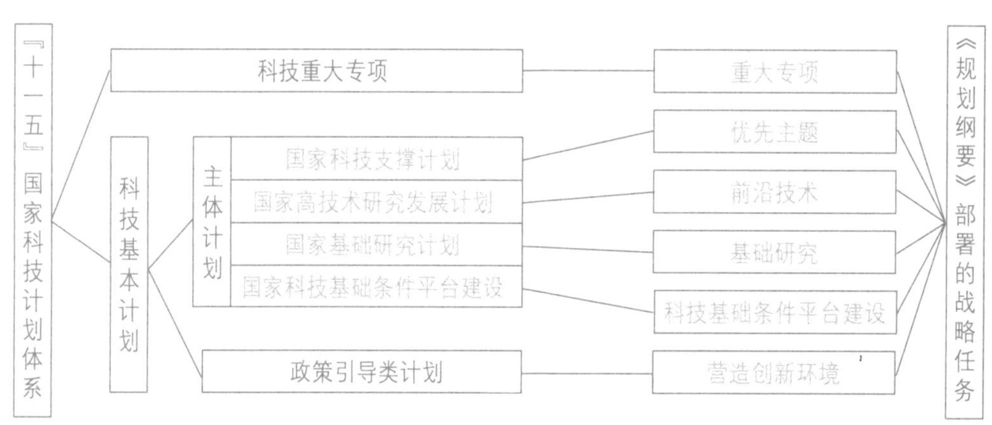

图2-1 “十一五”国家科技计划落实和安排《规划纲要》战略任务的情况

第二节 科技重大专项

科技重大专项是围绕国家战略目标而设立的对建设创新型国家有着特殊意义的项目，通过核心技术突破和资源集成，组织实施重大战略产品开发、关键共性技术攻关和重大工程建设，是未来15年中国科技发展的重中之重。重大专项目标明确，对经济社会发展和国家安全及科技自身发展影响巨大、带动性强，具有战略性和标志性意义。

一、总体部署

《规划纲要》对实施重大专项提出了五项原则：一是紧密结合经济社会发展的重大需求，培育能形成具有核心自主知识产权、对企业自主创新能力的提高具有重大推动作用的战略性产业；二是突出对产业竞争力整体提升具有全局性影响、带动性强的关键共性技术；三是解决制约经济社会发展的重大瓶颈问题；四是体现军民结合、寓军于民，对保障国家安全和增强综合国力具有重大战略意义；五是切合中国国情，国力能够承受。

根据上述原则，围绕发展高新技术产业、促进传统产业升级、解决国民经济发展瓶颈问题、提高人民健康水平和保障国家安全等方面，确定了核心电子器件、高端通用芯片及基础软件，极大规模集成电路制造技术及成套工艺，新一代宽带无线移动通信，高档数控机床与基础制造技术，大型油气田及煤层气开发，大型先进压水堆及高温气冷堆核电站，水体污染控制与治理，转基因生物新品种培育，重大新药创制，艾滋病和病毒性肝炎等重大传染病防治，大型飞机，高分辨率对地观测系统，载人航天与探月工程等16个重大专项，涉及信息、生物等战略产业领域，能源资源环境和人民健康等重大紧迫问题，

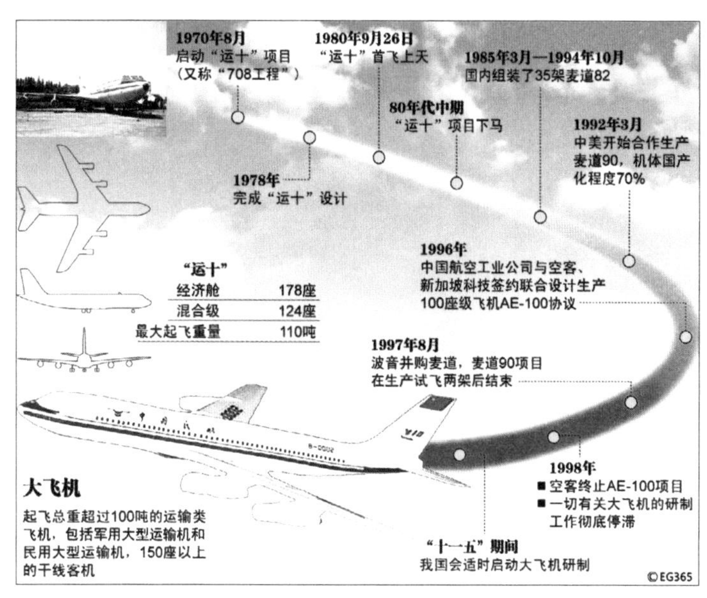

图 2-2 “十一五”期间中国将启动大型飞机研制项目

以及军民两用技术和国防技术。

二、组织管理

重大专项在国务院的统一领导下，突出各部门的联合协调和力量集成。每个专项都成立由相关部门和单位参加的领导小组，由有关部门、地方或企业等作为牵头单位组织实施。

◎ 建立重大专项领导体系、组织协调机构以及相应的工作机制

在国务院的统一领导下，国家科技教育领导小组负责统筹、协调和指导重大专项工作。

在2006年5月29日召开的国家科技教育领导小组第四次会议上，温家宝总理对重大专项实施工作做出了重要部署，确定了重大专项的组织领导体系，标志着重大专项的组织实施进入全面启动阶段。2006年8月18日，陈至立国务委员主持召开重大专项各领导小组成员会议，奠定了重大专项的组织和机制保障。

科技部作为国家主管科技工作的部门，会同国家发改委、财政部等有关部门，负责重大专项实施中的方案论证、综合平衡、评估验收和研究制定配套政策工作。三部门已建立了“三部门联席会议制度”，重大专项部际联络员制度等工作机制。科技部抽调力量，成立重大专项办公室，建立部内联络员制度，推动重大专项的实施。

◎ 启动重大专项实施管理相关规定的研究与制定

重大专项是中国“十一五”科技计划体制改革的亮点，其组织实施方式与基本计划存在显著不同。重大专项分为实施方案、组织实施、评估验收三个阶段。科技部组织力量开展调研活动，起草了相关的管理规定，为重大专项的组织实施奠定了基础。

针对2006年重大专项工作的重点，科技部会同国家发改委、财政部提出了在重大专项方案编制和论证中要重点把握的四条原则：一要突出重点，明确目标；二要注重继承，加强衔接；三要创新机制，保证成效；四要集思广益，科学决策。这些工作为各重大专项研究制定实施方案、做好论证工作的准备起到重要的指导作用。

第三节 国家基础研究计划

国家基础研究计划围绕国家战略需求和科技发展需求，统筹全面布局与重点部署，注重基础理论的源头创新，为国民经济和社会可持续发展提供科学基础。

一、总体思路

把握世界科学技术发展趋势，着眼长远，优化学科布局，推动学科均衡、协调和可持续发展，重点开展国家战略需求的基础研究。面向当前国民经济、社会发展和国家安全的重大需求，以基础理论的源头创新推动技术创新，形成自主知识产权，提高产业竞争力，服务国民经济建设。遵循基础研究规律，将国家重大需求和科学前沿相结合，解决我国经济、社会和科技自身发展中的重大关键科学问题。稳定一支高水平的国家基础研究队伍，组建高水平创新群体，培养优秀创新人才，造就一批能把握宏观战略方向和具有国际影响力的杰出科学家。力争在科学前沿领域取得一批原创性科学成果，在国际科学前沿占有一席之地。既要根据"择需"原则考虑整体布局，又要"择重、择优"，对重点领域强化部署，加大支持力度。面向前沿高科技战略领域超前部署基础研究，为新兴产业的发展提供知识储备，为我国可持续发展提供科学支撑，为建设创新型国家做出贡献。

二、发展目标

解决制约中国经济社会发展和国家安全中的重大科学问题，为中国可持续发展提供科学基础，为提高产业核心竞争力和优化产业结构提供科学支撑，为国家决策提供可靠的科学依据；在世界科学发展的主流方向和具有中国优势、特色的基础研究领域，取得一批在国际上产生重大影响的原始性创新成果，力争在若干重要领域取得突破，大幅提升基础研究整体水平和中国在国际科学界的地位；吸引、凝聚、培养创新人才，造就服务于国家战略目标的将帅人才和冲击国际科学前沿的创新团队；促进重点研究基地的建设，显著提升中国的自主创新能力和解决重大问题的能力。

三、总体布局

◎ 国家自然科学基金

国家自然科学基金项目充分发挥科学基金为其他科技计划孕育创新成果和培育创新人才的作用，按照科学规律，突出原始性创新，鼓励科学家的自由选题研究，积极促进学科均衡、协调和可持续发展，加大对交叉学科和新兴学科的支持，注重对具有创新潜力的非共识项目的支持，发现和培育创新人才和创新团队，提高科技的持续创新能力。

◎ 国家重点基础研究发展计划（"973 计划"）

为了落实《规划纲要》确定的面向国家重大战略需求、具有国家目标的基础研究任务，"十一五"期间，973 计划将围绕农业、能源、信息、资源环境、人口与健康、材料、综合交叉和重要科学前沿等领域，安排一批重大项目。同时，进一步凝练目标和重点，组织实施好蛋白质研究、量子调控研究、纳米研究、发育与生殖研究等4项重大科学研究计划，力争在解决中国经济社会发展中的重大科学问题方面取得一批具有重大影响的创新成果。

四、战略重点

根据基础研究的总体布局，国家基础研究计划的战略重点按照面向国家重大战略需求和把握科学发展趋势与学科发展前沿两个方面进行了重点安排。

◎ 学科发展和学科前沿

全面促进学科均衡协调发展。以支持优势学科与扶持薄弱学科并重，推进学科自身纵深发展和以学科交叉促进新兴学科发展并重，瞄准学科发展前沿与满足社会经济发展需求并重，努力实现中国基础研究学科体系的全面发展。对数学、物理学、化学、天文学、地球科学、生物学、农业科学、医学、力学、工程科学、信息科学、材料科学、能源科学、环境科学、海洋科学、空间科学、脑科学与认知科学、管理科学等18个学科的发展方向和重点进行了部署。

把握基础研究发展趋势，部署优先领域。瞄准重大科学前沿，鼓励学科交叉，推动优势学科领域的发展，同时针对国家重要战略需求，应对未来挑战，对量子调控、科学与工程计算、生命重要活动的定量与整合研究、纳米科学与技术基础研究、认知过程及信息处理、新材料物理特性及制备技术与器件基础、全球变化与地球系统、环境与生物相互作用、化学与生物医学界面上的重要科学问题、化石能源高效洁净利用和新能源探索、农业生物重要性状的功能基因组、社会系统与重大工程系统的危机/灾害控制、现代制造理论与技术基础等13个综合交叉领域以及一批具有基础性、战略性的优先领域做出前瞻性部署。

◎ 面向国家重大战略需求方面

农业领域：重点研究农业资源（土壤资源、水资源和养分资源）高效利用的科学基础，农业生物基因资源发掘和重要性状的功能基因组，农业战略性结构调整及区域农业布局的基础科学问题，农业可持续发展中的环境和生态问题，农业生物灾害（农业病虫草鼠害、农业动物重大疫病）预测、控制与生物安全，农产品（粮食、果蔬、畜禽、水产品）营养品质、农产品储藏和安全的基础科学问题。

能源领域：重点开展深部煤炭资源分布、安全开发和煤层气开发的有关基础研究，煤炭洁净高效利用的基础研究，研究石油、天然气资源高效开采和利用的新理论和新方法，我国大型电力系统有关的重大科学问题，氢能规模、无污染制备、输运和高密度存储的关键科学问题，探索大规模发展新能源（天然气水合物等）和可再生能源（太阳能、生物质能、风能等）途径的研究，探索大规模发展核裂变能的途径及相关科学问题、发展核聚变能的基础问题，提高能源利用效率的关键科学问题研究。

信息领域：重点开展微纳集成电路、光电子器件和集成微系统的基础研究，信息处理环境及科学计算的基础研究，泛在、可控的下一代信息网络的基础研究，信息获取的基础研究，高可信、高效率软件的基础研究，智能信息处理、和谐人机交互的基础研究，海量信息处理、存储及应用的基础研究，量子通信的基础研究，信息安全的基础研究。

资源环境领域：重点研究固体矿产资源勘查评价的重大科学问题，矿产资源集约利用的新理论、新技术和新方法，化石能源勘探开发利用的基础科学问题，全球变化与区域响应和适应，人类活动与生态系统变化及其可持续发展，区域环境质量演变和污染控制，区域水循环与水资源高效利用，特殊资源高质高效利用的基础研究，中国近海及海洋生态、环境演变和海洋安全，重大自然灾害形成机理与预测，地球各圈层相互作用及其资源环境效应。

人口与健康领域：重点开展重大传染病防控与诊疗的基础研究，重大非传染性疾病发病机制、诊疗与预防的基础研究，生殖与发育的基础研究，脑科学与认知科学，环境有害物质对健康影响的研究与生物安全，中医理论与中药现代化基础研究，新药创制的基础研究，重大疾病诊疗新技术的基础研究，人体正常生命活动的基础研究。

材料领域：重点研究基础材料改性优化的科学技术基础，新一代结构材料的结构与成形控制科学基础，信息功能材料及相关元器件的科学基础，新型储能和清洁高效能量转换材料的科学基础，纳米材料的重大科学问题，生物医用材料、环境净化材料与仿生材料的科学基础，材料的服役行为及与环境的相互作用，材料设计和新材料探索、表征与评价。

综合交叉领域：重点研究极端环境条件下制造的科学基础，城市化进程中的生态环境、交通与物流、社会安全相关科学问题，数学与其他领域的交叉，复杂系统、灾变形成及其预测控制，空间探测和对地观测相关基础研究，重大装备与重大工程中的基础科学问题，防灾减灾的基础研究，典型地区、行业循环经济系统的基本结构和功能，二氧化碳及硫、磷、氮、金属等重要元素的减排、分解与资源化的基础研究，科学实验与观测方法、技术和设备的创新。

重要科学前沿领域：对科学发展具有重要带动作用和重大影响的前沿研究；与相关学科交叉融合，可能形成新的学科生长点的前沿研究；能充分体现我国优势与特色，有利于迅速提升我国基础科学国际地位的前沿研究。

◎ 重大科学研究计划

通过实施蛋白质研究、量子调控研究、纳米研究、发育与生殖研究等四项国家重大科学研究计划，提高中国原始创新能力。

蛋白质研究：围绕基本生命活动机制、人类重大疾病产生机理与防治、重要生物性状调控机理，重点部署蛋白质组、基于模式生物的蛋白质功能和系统生物学、蛋白质研究方法学研究。凝聚一批海内外优秀人才，组建若干蛋白质科学领域国家级研究基地，形成我国蛋白质科学研究网络；在重要蛋白质结构解析和功能研究，人类肝脏蛋白质组研究，重要生物功能蛋白质表达与调控的分子机制等方面取得重大突破。

量子调控研究：探索全新的量子现象，发展量子信息学、关联电子学、量子通信、受限小量子体系及人工带隙系统，重点研究量子通信的载体和调控原理，量子计算，电荷－自旋－相位－轨道等关联规律以及新的量子调控方法，受限小量子体系的新量子效应，人工带隙材料的宏观量子效应，量子调控表征和测量的新原理和新技术基础。在与量子调控有关的量子现象的基本理论方面取得突破，在实验室初步实现基于这些现象的新量子调制技术。

纳米研究：重点研究纳米材料的可控制备、自组装和功能化，纳米材料的结构、优异特性及其调控机制，纳加工与集成原理，概念性和原理性纳器件，纳电子学，纳米生物和医学，分子聚集体和生物分子的光、电、磁学性质及信息传递，单分子行为与操纵，分子机器，纳米表征度量学等。建立纳米材料、纳米器件、纳米生物和医学研究体系，形成若干在国际上有带头作用的研究群体。研究开发纳米材料及器件的设计与制造技术，纳米级互补型金属氧化物半导体（CMOS）器件，纳米药物载体，纳米能源转换、环境净化和信息存储材料。

发育与生殖研究：开展生殖发育过程细胞分化与去分化、组织器官诱导形成和功能建立及机体衰老指令等重大科学问题研究。重点研究干细胞增殖、分化和调控，生殖细胞发生、成熟与受精，胚胎发育的调控机制，体细胞去分化和动物克隆机理，人体生殖功能的衰退与退行性病变的机制，辅助生殖与干细胞技术的安全和伦理等。在体细胞去分化和重获全能性、干细胞定向有序诱导分化，生殖健康，组织工程和动物克隆等方面实现重大突破。

第四节 国家高技术研究发展计划

“十一五”期间，国家高技术研究发展计划（“863 计划”）以提高中国高技术领域自主创新能力为宗旨，坚持战略性、前沿性和前瞻性，以前沿技术研究发展为重点，统筹部署高技术的集成应用，充分发挥高技术引领未来发展的先导作用。

一、总体思路

通过对前沿技术的探索和研究，力争在国家未来发展的重大需求和前沿技术的结合点上取得突破，为解决制约国民经济、社会发展和国家安全的瓶颈问题，提供新的方法和新的技术途径；掌握一批具有自主知识产权的核心技术和技术标准，加强高技术的集成，瞄准国家战略需求，形成战略产品和技术系统，带动高技术产业的跨越发展。通过高技术应用和产业化示范，培育新兴产业，促进和带动中国产业技术的升级和结构调整，加快中国经济增长从资源依赖型向创新驱动型转变，推动经济社会发展切实转入科学发展的轨道。

二、发展目标

一是在前沿技术方面取得一批具有重大影响的原始性创新成果，其中100项左右达到世界先进水平。在信息、生物、新材料和海洋等若干战略必争的领域赢得竞争主动权。

二是在制约中国经济和社会发展的瓶颈方面掌握一批核心技术，为显著提高资源利用效率，实现单位国内生产总值能源消耗比“十五”期末降低20%左右的目标，以及到2020年达到或接近世界先进水平提供技术支撑。

三是在技术集成方面形成一批重大战略产品和技术系统，其中50个左右达到世界先进水平。培育新的经济增长点，增加中国农业、制造业和交通等主要产业的高技术含量，提升产业竞争力。

四是为保障国家安全提供技术支撑。

五是培养和形成一批具有国际水平的研究团队和学术带头人，建设一批高技术研究开发基地，显著提升中国高技术的持续研发能力。

三、总体布局

为了全面落实《规划纲要》提出的前沿技术等任务，结合世界高技术发展趋势和中国现实国情，“十一五”期间，“863计划”将以信息技术、生物和医药技术、新材料技术、先进制造技术、先进能源技术、资源环境技术、海洋技术、现代农业技术、现代交通技术、地球观测与导航技术等高技术领域中的前沿技术的研究开发为重点，并通过项目、人才和基地的统筹，带动高技术研究发展的基地和平台建设。按照专题和项目两个方面进行安排，组织研究开发。专题鼓励在高技术前沿进行探索，以提高原始性创新能力、获取自主知识产权为目标；重大项目是围绕国家战略需求，以原型样机或重大技术系统为目标；重点项目是瞄准特定的技术方向，以核心技术或单项战略产品为目标。“十一五”期间，“863计划”重点安排38个专题和若干项目，重大项目成熟一个、启动一个，重点项目分批启动。

四、战略重点

◎ 信息技术

掌握一批可与发达国家相互交换或转让的前沿技术，进入全球信息技术的供应链并在重要环节形成竞争优势；突破一批信息领域的核心技术，推动以我为主的相关国际标准的制定，初步形成信息技术自主创新支撑体系；加强信息技术集成创新与应用，开发一批重大产品和系统，培育一批新的产业增长点，推动国民经济信息化和现代服务业发展，缩小数字鸿沟。

◎ 生物和医药技术

突破若干生物前沿技术，建立和完善具有中国特色的生物技术创新体系，全面提升中国生物技术的整体竞争力，使中国进入世界生物技术先进国家行列；以恶性肿瘤、心脑血管疾病、肝病、糖尿病、老年病与精神疾病等常见多发的重大疾病为重点，加强生物技术与临床资源的系统集成，攻克若干重大疾病预防和诊治的关键技术，显著提高人民健康水平；以医药、食品和工业发酵为突破口，强化生物技术向产业的应用辐射，支撑和引领生物产业的快速发展。

◎ 新材料技术

突破现代材料设计、评价、表征与先进制备加工技术，在纳米科学研究的基础上发展纳米材料与器件，开发智能材料与结构、高温超导材料、能源材料等特种功能材料，开发超级结构材料、新一代光电信息材料等先进材料，加强新材料的应用研究与技术集成，满足中国战略高技术研究、高技术产业发展对新材料的需求。

◎ 先进制造技术

瞄准先进制造技术发展的前沿，结合国民经济和国防建设的重大需求，从提高设计、制造和集成能力入手，研究先进制造的关键技术、单元产品与集成系统。推进制造业信息化、自动化，发展节能、降耗、环保、高效制造业，用高新技术和先进适用技术改造制造业，整体提升中国先进制造技术的研发水平和自主创新能力。

◎ 先进能源技术

针对能源供需矛盾突出、利用效率低、环境污染严重等问题，大力发展节能和煤炭高效利用、转化技术，积极发展新能源和可再生能源技术，促进能源多元化。掌握核能、氢能和燃料电池等

图 2-3 东海平湖油气田

战略高技术；攻克一批能源开发、利用和节能等重大关键技术与装备，形成一批新兴能源产业生长点，带动能源科技持续创新平台的建立。

◎ **资源环境技术**

按照“增加储量、高效开发、综合防治、改善环境”的原则，重点突破100项资源与环境关键技术；形成深部及复杂条件下油气和固体矿产高效勘探开发的技术能力；建立区域环境污染控制技术体系及综合防治模式，重点突破流域水污染防治关键技术和饮用水安全保障技术，开发具有自主知识产权的环境监测技术系统。提高资源节约型、环境友好型社会建设的技术支撑能力。

◎ **海洋技术**

本着深化浅海、开拓深远海的原则，重点围绕提高近海资源利用水平和深海战略性资源的储备，开发近海边际油田、深水油气田、天然气水合物和大洋海底资源勘探开发关键技术与重大装备；具备200海里经济专属区及西太平洋立体综合监测与监控的技术能力；研制50个海洋创新药物与海洋生物制品等高值产品；建立10个海洋高技术平台，发展一批海洋前沿高技术；实现从浅海向深海的战略性转移。

◎ **现代农业技术**

紧紧围绕农业可持续发展的战略需求，在农业生物技术、农业信息技术、农业智能化技术和现代食品生物工程技术等前沿技术的创新、重大产品的创制和技术系统的形成等方面实现重点突破。显著增强中国在农业高技术领域的自主创新能力和国际竞争力，为农业增长方式的根本转变和结构调整提供技术保障。

◎ **现代交通技术**

提高汽车等交通装备的自主创新能力，加强对引进技术的消化、吸收和再创新，掌握关键核心技术，实现自主品牌产品产业化；发展综合交通智能化技术，提高运网能力和运输效率，提供便捷的人性化交通运输服务；突破交通运输节能、环保和安全关键技术，增强交通运输安全保障能力；攻克高难度交通运输基础设施建设的关键技术。为交通运输持续健康发展提供技术保障。

◎ **地球观测与导航技术**

围绕国家综合地球观测系统、自主卫星导航系统、月球探测、载人航天等重大工程以及行业重大应用需求，研究开发遥感、地球空间信息系统、导航定位和先进传感等技术，建立若干国家级应用节点的地球观测网格体系，形成若干重大应用示范系统，大幅度提高国产空间信息处理软件的市场占有率。

第五节 国家科技支撑计划

国家科技支撑计划（简称“支撑计划”）是重点解决中国经济社会发展中的重大科技问题的科技计划，主要解决涉及全局性、跨行业、跨地区的重大科技问题，为我国经济社会协调发展提供科技支撑。

一、总体思路

支撑计划面向国民经济和社会发展需求，重点解决经济社会发展中的重大科技问题。“十一五”期间将以落实《规划纲要》重点领域及其优先主题的任务为目标，以重大公益技术及产业共性技术研究开发与应用示范为重点，结合重大工程建设和重大装备开发，加强集成创新和引进消化吸收再创新，重点解决涉及全局性、跨行业、跨地区的重大技术问题，着力攻克一批关键技术，突破瓶颈制约，提升产业竞争力，为中国经济社会协调发展提供支撑。

二、发展目标

经过5年的努力，在国民经济和社会发展的重点领域攻克一批重大公益技术和产业共性关键技术，获取一批具有自主知识产权的重大成果，培养造就一支高水平、高素质的科技创新队伍，形成一批具有国际水平的技术创新中心和示范基地，培育一批具有参与国际竞争能力的科技型企业，建立有效的产学研结合机制，使制约经济社会发展的重大瓶颈问题得到初步缓解，主要产业核心竞争力明显增强，公共服务领域科技水平全面提升，企业创新能力显著提高，为国家技术创新体系建设和经济社会发展提供全面支撑。

三、总体布局

支撑计划是在国家科技攻关计划的基础上设立的，本着继承与发展的原则，根据经济社会发展需求，将“十五”攻关计划的8个领域调整为能源、资源、环境、农业、材料、制造业、交通运输业、信息产业与现代服务业、人口与健康、城镇化与城市发展、公共安全及其他社会事业等11个领域，其中重点加强对资源、环境、人口与健康、公共安全、城镇化与城市发展等公益行业领域的支持，重点突出国家重大工程建设和重大引进消化吸收中急需解决的技术问题攻关。

支撑计划任务分为重大项目和重点项目两类。重大项目主要支持解决重大经济社会问题、形成重大战略产品、支撑国家重大工程建设或重大装备开发以及重大技术引进消化吸收等需求，对经济社会发展带动作用大、影响度高，需要在国家层面协调推动的跨行业、跨部门、跨区域项目。重点项目主要支持着眼于公益技术和产业共性关键技术突破，解决经济社会发展瓶颈制约问题，具有较强应用前景的项目；支持服务于国家区域发展战略，提升区域创新能力，支撑区域社会经济发展和区域性重大工程建设，解决区域性和地方的重大共性技术问题的项目。“十一五”期间，支撑计划将整合资源、集中经费，组织实施50项左右重大项目、300项左右重点项目，实现科技对国民经济和社会发展的有效支撑。

四、战略重点

“十一五”期间，支撑计划根据《规划纲要》的总体部署，将按照“整体设计、合理布局、突出重点、分批启动”的原则，突破一批急需解决的重大科技问题，着力在以下四个方面取得成效。

◎ 优先发展能源、资源与环境保护技术

加强能源技术与装备的开发，大力发展清洁能源，增加能源供应，缓解近期国家能源的供需

矛盾；提高水、油气和矿产等战略性资源勘探、开发、利用的技术水平，扩大现有资源储量；进一步加强生态保护与治理的技术研发与示范，强化废弃物资源化利用，积极发展环保产业技术，促进生态环境质量的改善。

◎ **加快农业技术升级**

重点发展农业高新技术，带动传统农业技术升级，提高农业综合生产能力；加快开发食品加工等技术，延长农业产业链，开拓农民增收和就业空间；大力发展循环农业技术，保障食品安全和农业生态安全；积极发展农村饮水安全、村镇住宅建设、高效清洁能源与农村社区整治等技术，针对性地解决新农村建设中面临的紧迫科技问题。

◎ **加强重点产业的关键共性技术攻关**

以装备制造为突破口，提升制造业自主设计、制造和集成能力，推进制造业信息化；积极发展绿色制造，开发若干新型制造工艺和重大材料与产品，带动传统产业的改造与升级；发展综合交通运输技术，掌握现代运输装备的核心技术，提高重大交通装备的自主创新和引进技术的消化吸收再创新能力；突破信息领域的核心技术，以及支撑现代服务业发展的关键技术，切实提高信息产业与现代服务业的自主创新能力和核心竞争力。

◎ **加强人口与健康、公共安全等社会发展领域的公益性技术研究**

攻克优生优育、重大疾病防治、中医药现代化等关键技术，全面提高人口素质和国民健康水平；围绕生产、食品、社会和生物安全问题，突破制约公共安全的关键技术，建立国家公共安全应急技术体系，提升国家应对公共安全灾害事故与突发公共事件能力；突破制约城镇化与城市发展的瓶颈技术，为建立资源节约、环境友好和居住适宜的新型城镇提供支撑。

第六节 国家科技基础条件平台建设

国家科技基础条件平台建设主要围绕《规划纲要》和《2004—2010年国家科技基础条件平台建设纲要》确定的重点建设任务，结合科技、经济和社会发展的客观需要，对科技基础条件资源进行总体规划和合理布局，构建和完善以国家研究实验基地、大型科学工程和设施、科学数据与信息平台、自然科技资源服务平台、国家标准、计量和检测技术体系等为主要内容的物质和信息保障系统。

一、总体思路

“十一五”期间，国家科技基础条件平台建设将按照“整合、共享、完善、提高”的方针，加强规划和顶层设计，通过择优新建、整合重组等方式，进一步完善布局，重点支持建设一批研究实验基地；围绕国家重大战略科技需求，突出新兴学科、交叉学科和空白领域，启动建设一批国家实验室，加强国家重点实验室、国家野外科学观测研究台站网络体系建设；建设基于科技条件资源信息化的数字科技平台，促进科学数据与文献资源共享；建设若干自然科技资源服务平台；建设国家标准、计量和检测技术体系等，为科技发展提供基础条件支撑。

二、发展目标

到2010年，建立与平台建设和管理相适应的政策法规和制度规范，初步形成以共享为核心的制度框架；建成资源丰富、面向社会开放的重要科技基础条件资源的信息平台，率先实现资源信息共享；建设和完善区域大型科学仪器设备协作共用网，推动全国仪器设备资源高效利用；新建一批大型科技基础设施，整合、优化各类重点实验室，初步形成国家研究实验基地；建成以20余个资源、环境等领域的观测、考察数据中心和科学数据网为主构成的科学数据共享平台；实现外文科技期刊网上资源种类占国际主要科技期刊资源的50%以上，实时服务系统延伸到县市；在自然科技资源领域，农作物、林木、微生物等种质资源保存率和利用率实现大幅度提高；建成全国统一规范的科技成果与技术交易信息平台，在能源、材料、制造业等重点行业建立共性技术服务平台，为国家支柱产业的创新和发展提供技术支撑。

三、战略重点

加强研究实验基地和大型科学仪器设备共享平台建设。重点建设全国大型科学仪器设备协作共用网、研究实验基地、野外科学观测研究台站体系、计量基标准体系及检测技术体系等。

加强自然科技资源共享平台。重点建设植物种质资源、微生物菌种资源、人类遗传资源、动物种质资源、标本类资源共享体系、实验动物遗传资源及实验细胞库、自然科技资源虚拟博物馆等。

开展科学数据共享平台建设。重点建设科学数据共享中心和科学数据共享网。

加强科技文献共享平台建设。开展科技图书文献信息保障系统、专利文献共享服务系统、标准文献共享服务系统等建设。

开展科技成果转化公共服务平台建设。加强科技成果信息服务体系、公益与行业共性技术转化平台、技术标准支撑体系等建设。

加强网络科技环境平台建设。重点建设国家科技基础条件平台应用服务支撑系统、网络计算应用系统、网络协同研究与工作环境、全国科普数字博物馆、全国科技信息服务网等建设。

第七节 政策引导类计划和专项

政策引导类计划是国家基本科技计划的重要组成部分，是加强地方科技工作，引导地方科技发展和企业技术创新的重要政策工具。政策引导类计划主要落实《规划纲要》确定的创新环境建设、科技成果转化和推广应用等任务，围绕促进自主创新，营造创新环境和创新机制，吸引国内外资源，推进科技成果的应用示范、辐射推广和产业化发展，加速高新技术产业化，促进地方和区域可持续发展。政策引导类计划由若干政策导向明确、政策措施可行的政策引导计划（简称引导计划）组成。目前，引导计划主要有星火、火炬、可持续发展、其他政策性工作和专项等。

一、星火

面向科技促进新农村建设，突出星火富民，立足县域，围绕“促进基层科技自主发展和引导科技要素深入基层”，以体制和机制创新引领农村科技成果转化应用，把科技要素植入广大农村，把自主创新融入广大农村，把科技恩惠撒向广大农村。

二、火炬

以提高企业自主创新能力为核心，以营造创新环境和促进产业化发展为主线，以发展科技型中小企业群体和创新集群为重点，实施火炬计划，促进技术市场发展，组织实施科技型中小企业创新基金，并与国家重点新产品计划、技术创新引导工程协同运作，促进高新技术成果商品化、产业化和国际化。

三、技术创新引导工程

为了推进企业成为技术创新主体，解决当前制约中国技术创新能力提升的薄弱环节，提升企业核心竞争力，2006年科技部、国资委、全国总工会决定联合实施“技术创新引导工程”。通过开展创新型企业试点工作，引导和支持若干重点领域形成产学研战略联盟、优先支持企业承担国家主体科技计划、加强企业研究开发机构和产业化基地建设、加强公共服务平台建设与创新服务体系建设、加强企业职工技能培训等一系列引导工程，优化资源配置，集成各方优势，引导形成一批拥有自主知识产权、自主品牌和持续创新能力的创新型企业，建立以企业为主体、市场为导向、产学研相结合的技术创新体系，引导增强战略产业的原始创新能力和重点领域的集成创新能力，为建设创新型国家提供有力支撑。

四、新产品

瞄准国家产业结构调整和经济增长方式转变的重大需求，在一些涉及国计民生的重大领域，加大对自主创新产品的支持力度，强化国家政策综合应用和引导，运用多种金融和财政手段，引导企业开发科技含量高、经济效益好、具有较强市场竞争力的科技产品，支持企业产品创新与品牌创建，提升产品核心竞争力和产业国际竞争力，引领产品更新换代。“十一五”期间，新产品计划将继续保持多部门政策联动，加强产学研结合；进一步完善和规范新产品计划管理体系，扩大新产品计划评审的地方备案制试点范围，建立健全新产品计划的科技评估体系。

五、可持续发展

以全面提升中国可持续发展能力、推进可持续发展事业为总体目标，以可持续发展实验区为重要载体，提高政府科学决策与管理能力，强化科技成果转化及集成应用，突出发展模式与机制创新。通过科技的支撑和引领，切实解决制约中国可持续发展的瓶颈问题，加快中国资源节约型、环境友好型社会以及社会主义和谐社会的建设进程。

六、软科学

对科技、经济和社会发展的重大战略性、前瞻性和全局性问题进行研究，组织若干重大调研任务，围绕国民经济与社会发展的重大问题组织决策支持研究，为政府管理与决策科学化提供理论与方法。培育一批具有国际水平的软科学研究人才和研究基地。

七、其他政策性工作和专项

落实《规划纲要》及配套政策的有关工作，以及未来随经济与科技社会发展需求而产生并符合政策引导类计划功能定位的其他应急性、综合性、基础性等专项工作，如国际科技合作和科普工作等。

通过国际科技合作专项，构建政府间和民间国际科技合作交流平台，形成一批国际科技合作研究基地、产业化合作研究开发中心；推动大科学工程国际合作，吸引海外人才、培养战略科学家；引进和利用国外科技资源，在中医药等重点领域开展国际合作，提高中国参与国际科技创新的能力，促进中国企业“走出去”。

第三章 国家创新体系与制度建设

2006年，国家出台了一系列促进自主创新的法律法规和政策措施如《配套政策》及实施细则，国家创新体系建设深入推进，企业、高校、科研院所的创新能力不断提高，军民结合的国防科技创新体系建设取得一定成效，科技中介服务体系发展迅速。

第一节 科技法律法规

构建促进科技创新的法律法规体系，是落实《规划纲要》，进一步提升中国自主创新能力的制度基础。修订《中华人民共和国科学技术进步法》，颁布《国家科技计划实施中科研不端行为处理办法(试行)》、《社会力量设立科学技术奖管理办法》等法律法规，进一步优化了中国科技发展的法律环境。

◎ 修订《科学技术进步法》

从2004年起，中国开始进行《科学技术进步法》修订。对《科学技术进步法》的修订工作，紧密围绕科技进步中存在的突出问题，结合《规划纲要》及《配套政策》，以提高中国自主创新能力为出发点，将奠定中国科技进步的法律制度基础。科技部组织了草案起草工作，2006年向国务院法制办公室提交了《科学技术进步法》修订草案。修订草案将由国务院审议后提交全国人大。

◎ 起草《国家自然科学基金条例》

为了规范国家自然科学基金的使用与管理，提高国家基金使用效益，促进自主创新，2004年国务院将制定《国家自然科学基金条例》正式列入立法计划开展了调研和起草工作，并征求了科技部、财政部等29家中央单位和北京、上海等30家地方政府以及部分高等学校、科研机构的意见。2006年9月全文公布了《条例》草案，公开征求社会各界意见。《条例》旨在健全制度，规范程序，明晰责任，强化监督，对科学基金管理进行全面、明确、具体的规范。

◎ **修订通过《合伙企业法》**

第十届全国人大常委会第二十三次会议于2006年8月27日修订通过《中华人民共和国合伙企业法》，自2007年6月1日起施行。增加“有限合伙企业”制度是此次修订的重点内容之一。有限合伙是承担无限责任的合伙人与承担有限责任的合伙人共同组成的合伙，这种合伙形式有利于将具有投资管理经验的机构和个人与投资者进行结合，为风险投资提供新的法律组织形式。

◎ **发布《国家科技计划实施中科研不端行为处理办法（试行）》**

2006年科技部第11号令发布该办法，适用于对科技部归口管理的国家科技计划项目的申请者、推荐者、承担者在科技计划项目申请、评估评审、检查、项目执行、验收等过程中发生的科研不端行为的查处。该办法对科研不端行为进行了界定，明确了科技部、行业科技主管部门和省级科技行政部门、国家科技计划项目承担单位是科研不端行为的调查处理机构。规定了调查、陈述和申辩等处理程序，以及处罚措施等。

◎ **修改《社会力量设立科学技术奖管理办法》**

2006年科技部发布第10号令修订《社会力量设立科学技术奖管理办法》。本次修订主要针对社会力量设奖的登记管理增加了相关程序性规定。明确了登记管理的机关及其管理权限，规定了社会力量设奖应当提交的文件，确定了有关评审原则、设奖条件、审查标准、资金来源、冠名规则等，使社会科技奖励纳入法制轨道。

◎ **其他科技立法工作**

各地方根据地方实际情况制定了地方性法规和规章，如湖北省科学技术普及条例，重庆市实验动物管理办法等，对相关科技工作给予规范和保障。

为进一步完善科技立法体系，科技部开展了相关立法研究，包括科研组织立法研究、科技类知识产权立法研究、科技成果转化法修订研究等。

第二节 《规划纲要》配套政策与实施细则

为贯彻《规划纲要》的指导方针、任务和目标，国务院制定了《配套政策》，并决定由各有关部门制定实施细则，以增强自主创新能力，激励企业成为技术创新主体。

一、《配套政策》

在国务院的领导下，《配套政策》的研究与制定工作于2005年6月启动，由科技部、国家发改委、财政部、人事部、中国人民银行等5个部门牵头，组织来自23个部门的200多位有关专家，历时6个月，在广泛调研并总结国际经验的基础上，经过政策专题分组研究、集中研究、草案起草、征求意见及部门协调等过程，形成了《实施〈国家中长期科学和技术发展规划纲要（2006—2020年）〉的若干配套政策》，于2006年初由国务院正式发布。

《配套政策》在科技投入、税收激励、金融支持、政府采购、引进消化吸收再创新、创造和保护知识产权、科技人才队伍建设、教育与科普、科技创新基地与平台、统筹协调等十个方面提出了60条相关政策。政策主要内容包括：确保财政科技投入的稳定增长，优化财政科技投入结构；以税收优惠鼓励企业加大研究开发投入；加强对自主创新的金融支持与服务；建立财政性资金采购自主创新产品制度；限制盲目、重复引进，支持企业以及产学研联合开展消化吸收再创新；掌握关键技术和重要产品的自主知识产权，推动形成技术标准，加强技术性贸易措施体系建设；支持企业培养、吸引和引进创新人才，改革和完善科研事业单位人事制度，建立激励自主创新的人才评价和奖励制度；充分发挥高校在自主创新中作用，大力发展和改革职业教育，推进素质教育，大力发展科普事业；加强实验基地、基础设施和条件平台建设，加大对公益类科研机构的稳定支持力度，加强企业和企业化转制科研机构自主创新基地建设；建立合理配置科技资源的统筹机制，建立政府采购、引进技术消化吸收再创新，以及促进“军民结合、寓军于民”的协调机制。

《配套政策》有多项重要的突破点。例如，在税收政策方面，提出允许企业按实际发生的技术开发费用的150%抵扣当年应纳税所得额，且实际发生的技术开发费当年抵扣不足部分，可按税法规定在5年内结转抵扣。在金融政策方面，提出国家开发银行在国务院批准的软贷款规模内，向高新技术企业发放软贷款，用于项目的参股投资；中国进出口银行设立特别融资账户，为高新技术企业的参股投资和项目投资提供资本金。在政府采购政策方面，对具有较大市场潜力并需要重点扶持的自主创新试制品或首次投向市场的产品，政府进行首购。在引进消化吸收再创新政策方面，提出了限制盲目、重复引进，重点工程项目中确需引进的重大技术装备，由项目业主联合制造企业制定引进消化吸收再创新方案，作为工程项目审批和核准的重要内容。这些政策对激励企业的自主创新必将产生重大而深远的影响。

二、《配套政策》实施细则

为使《配套政策》切实得到贯彻落实，根据国务院统一部署，国务院各有关部门分别牵头制定相应的实施细则。截至2006年底，已有40项实施细则颁布实行，涉及的主要内容有：技术开发费用税前抵扣等财税政策、支持技术创新的金融政策、国家科技计划（专项）经费管理办法、自主创新产品认定、科研基地建设与设施共享、科技服务体系、高层次创新人才工作规划、中央企业业绩考核、科研机构创新能力建设等。

表 3-1 主要《配套政策》实施细则概览

部 门	标 题	文 号	对应配套政策
财政部、科技部	《公益性行业科研专项经费管理试行办法》	财教【2006】219 号	第 4 条
财政部	《中央级公益性科研院所基本科研业务费专项资金管理办法（试行）》	财教【2006】288 号	第 4 条
财政部、科技部	《国家重点基础研究发展计划专项经费管理办法》	财教【2006】159 号	第 4、5、6 条
财政部、科技部	《国家科技支撑计划专项经费管理办法》	财教【2006】160 号	第 4、5、6 条
财政部、科技部、总装备部	《国家高技术研究发展计划（"863 计划"）专项经费管理办法》	财教【2006】163 号	第 4、6 条
国家发改委	《国家高技术产业发展项目管理暂行办法》	国家发改委令【2006】第 43 号	第 4、5、6 条
财政部、国家税务总局	《关于企业技术创新有关企业所得税优惠政策的通知》	财税【2006】88 号	第 7、8、9 条
财政部、海关总署、国家税务总局	《科技开发用品免征进口税收暂行规定》	财政部、海关总署、国家税务总局令第 44 号	第 10 条
财政部、海关总署、国家税务总局	《科学研究和教学用品免征进口税收规定》	财政部、海关总署、国家税务总局令第 45 号	第 10 条
科技部	《科技企业孵化器（高新技术创业服务中心）认定和管理办法》	国科发高字【2006】498 号	第 13 条
科技部	《国家大学科技园认定和管理办法》	国科发高字【2006】487 号	第 13 条
财政部、国家税务总局	《关于纳税人向科技型中小企业技术创新基金捐赠有关所得税政策问题的通知》	财税【2006】171 号	第 14 条

部　门	标　题	文　号	对应配套政策
银监会	《支持国家重大科技项目政策性金融政策实施细则》	银监发【2006】95号	第15条
国家开发银行	《国家开发银行高新技术领域软贷款实施细则》	开行发【2006】339号	第15条
中国进出口银行	《中国进出口银行支持高新技术企业发展特别融资账户实施细则》	进出银函【2006】120号	第16条
保监会、科技部	《关于加强和改善对高新技术企业保险服务有关问题的通知》	保监发【2006】129号	第16条
银监会	《关于商业银行改善和加强对高新技术企业金融服务的指导意见》	银监发【2006】94号	第16、17条
国务院办公厅转发发展改革委、财政部、人民银行、税务总局、银监会	《加强中小企业信用担保体系建设意见》	国办发【2006】90号	第17条
财政部	《关于进一步支持出口信用保险为高新技术企业提供服务的通知》	财金【2006】118号	第20条
科技部、国家发改委、财政部	《国家自主创新产品认定管理办法（试行）》	国科发计字【2006】539号	第22条
国家发改委、商务部、外交部、财政部、海关总署、国家税务总局、国家外汇管理局	《境外投资产业指导政策》	发改外资【2006】1312号	第27、28、29条
商务部、国家发改委、科技部、财政部、海关总署、税务总局、知识产权局、外汇局	《关于鼓励技术引进和创新，促进转变外贸增长方式的若干意见》	商服贸发【2006】13号	第27、28、29、31、10、15、21条
商务部、国家税务总局	《中国鼓励引进技术目录》	公告【2006】13号	第28条
科技部	《关于提高知识产权信息利用和服务能力推进知识产权信息服务平台建设的若干意见》	国科发政字【2006】562号	第33条
信息产业部、科技部、国家发改委	《我国信息产业拥有自主知识产权的关键技术和重要产品目录》	信部联科【2006】776号	第33条

部　门	标　题	文　号	对应配套政策
财政部、国家发改委、科技部、劳动保障部	《关于企业实行自主创新激励分配制度的若干意见》	财金【2006】383号	第40条
人事部	《博士后工作“十一五”规划》	国人部发【2006】114号	第40条
人事部	《博士后管理工作规定》	国人部发【2006】149号	第40条
人事部	《留学人员回国工作“十一五”规划》	国人部发【2006】123号	第40条
国资委	《中央企业负责人经营业绩考核暂行办法》	国务院国资委令【2006】第17号	第40条
海关总署	《中华人民共和国海关对高层次留学人才回国和海外科技专家来华工作进出境物品管理办法》	海关总署令【2006】第154号	第42条
教育部	《关于加强国家重点学科建设的意见》	教研【2006】2号	第45条
教育部	《国家重点学科建设与管理暂行办法》	教研【2006】3号	第45条
教育部	《国家公派出国留学选派办法》	教外留【2006】85号	第45条
教育部	《关于职业院校试行工学结合、半工半读的意见》	教职成【2006】4号	第46条
科技部	《关于科研机构和大学向社会开放开展科普活动的若干意见》	国科发政字【2006】494号	第48条
国家发改委	《关于建设国家工程实验室的指导意见》	发改办高技【2006】1479号	第49条
科技部	《关于依托转制院所和企业建设国家重点实验室的指导意见》	国科发基字【2006】559号	第49条
科技部	《关于进一步推动科研基地和科研基础设施向企业及社会开放的若干意见》	国科发基字【2006】558号	第53条

第三节
以企业为主体、产学研相结合的技术创新体系

《规划纲要》明确提出，把建立以企业为主体、市场为导向、产学研相结合的技术创新体系作为中国特色国家创新体系建设的突破口。2006年，科技部及有关部委在促进产学研结合的技术创新体系建设方面采取了一系列措施，取得了一定成效。

一、技术创新体系建设

国家各项科技计划尤其是科技支撑计划和政策引导类计划对促进企业技术创新，推进企业成为技术创新主体发挥了重要作用。2006年，科技部、国资委、全国总工会深入实施“技术创新引导工程”。“技术创新引导工程”的主要目标是：通过政策引导，形成一批拥有自主知识产权、自主品牌和持续创新能力的创新型企业，增强战略产业的原始性创新能力和重点领域的集成创新能力。针对高新技术企业、大中型骨干企业、科技型中小企业、企业化转制科研院所等不同类型企业的特点和发展要求，通过政策落实和计划支持等引导企业走创新发展道路。

“技术创新引导工程”主要有以下重点内容：开展创新型企业试点工作；引导和支持若干重点领域形成产学研战略联盟；优化科技资源配置，优先支持企业承担国家主体科技计划；加强企业研究开发机构和产业化基地建设；加强公共服务平台建设与创新服务体系建设；激励广大职工为企业技术创新建功立业。为推进“技术创新引导工程”，三部门先后发布了“技术创新引导工程”实施方案、创新型企业试点工作实施方案。各省市开展了各具特色的试点工作，加快推进以企业

专栏3-1

创新型企业试点工作

创新型企业试点工作是“技术创新引导工程”的重要内容。科技部、国资委、全国总工会首批确定了103家创新型试点企业，包括大中型骨干企业、民营科技企业、科技型中小企业和企业化转制科研院所等，其中民营科技企业占首批试点企业的近70%。三部门建立了创新型试点企业工作联合推动机制及地方参与机制。目前，全国已经有22个地方相继开展试点工作，10个地方选择确定了近千家试点企业，形成了上下联动的良好工作局面。

为主体的技术创新体系建设。

二、转制院所创新能力建设

1999年和2000年分两批转制的中央级开发类院所共376家，2005年仍以独立法人形式存在的科研院所309家，其余67家院所机构近年来已并入其他机构或进行了整合重组。2006年科技部组织了对309家转制院所创新能力的调查，对回函的254家院所的数据分析表明，人员队伍基本稳定，科技创新能力得到增强，经济规模迅速扩大、经济效益有所提高，对单位发展评价总体较好。

◎ 人员队伍稳中有升

从业人员总数，2000年至2003年曾逐年减少，2004年开始有所增长，2005年254家院所共有从业人员14.2万名，比2001年增长了1.4%。其中，从事研究开发、科技基础性工作、产业化的人员分别为4.9万人、1.5万人、6.2万人。

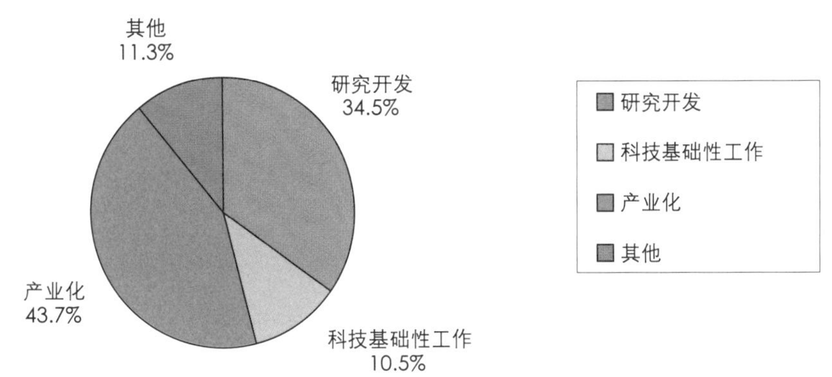

图3-1 转制院所从业人员构成比例

2005年，254个院所新聘用人员12968人，流出7320人。其中，具有本科学历以上的新聘用人员数均高于流出的同类人员数。2005年，流入、流出人员分别占当年从业人员总数的9.2%和5.2%。

◎ 创新能力得到增强

科技性收入明显增长。2005年，254家院所获得纵向科技性收入25.3亿元，比上年增长20.6%，比2001年增长52.4%；横向科技性收入为90.7亿元，比上年增长26.8%，比2001年增长77.1%。

主要科技产出指标均有所提高。2005年，254家院所完成科研项目5383项，比上年增长11.3%；专利申报2429项，比上年增长28.9%，比2001年增长130.5%；专利授权1381项，比上年增长15.5%，比2001年增长117.5%，其中发明专利授权954项，比上年增长17.6%。

发表论文7963篇，比往年有所增长。

◎ **经济效益明显提高**

2005年254家院所实现总收入588.8亿元，其中产业销售收入419.5亿元；出口创汇4.3亿美元；资产总额930.1亿元；净资产350.8亿元，比上年增长11.1%，比2001年增长33.1%；利润总额32.5亿元，比上年增长1.0%，比2001年增长43.8%；上缴税金32.8亿元。

在254家院所中，2005年总收入超过20亿元的有6家，10亿～20亿元的有6家，5亿～10亿元的有15家，2亿～5亿元的有35家，1亿～2亿元的有28家。出口超过1000万美元的有12家。

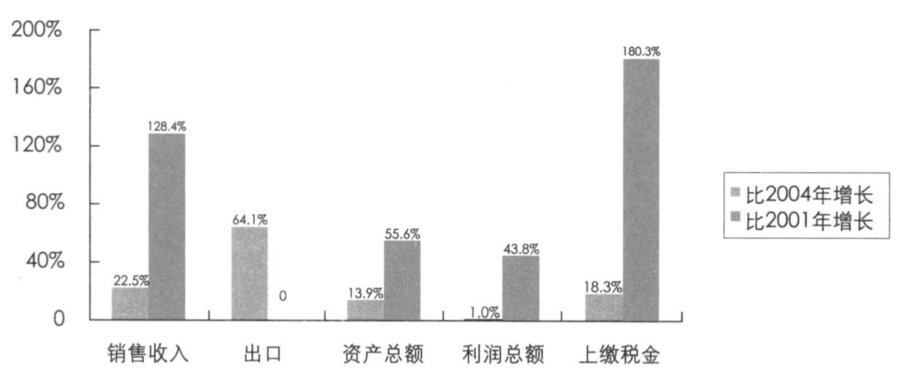

图3-2　2005年转制院所主要经济效益指标变化

第四节 高等学校与科研院所创新能力建设

加强高等学校和科研院所创新能力建设，推进科学研究与高等教育相结合，是国家创新体系建设的重要任务之一。2006年，高等学校通过“211”和“985” 等工程的重点建设，创新能力和基地建设取得重要进展；中国科学院和各类公益性科研院所等创新能力不断得到提升。

一、高等学校

高等学校在创新体系中起着重要的作用，高校科技人员是一支重要的研究力量。2006年，高校R&D人员超过24.2万人年，占全国总量的16.1%。高校的科技经费筹集额不断增长，专著、论文数和专利数等明显增加。

◎ 科技经费投入

2006年，全国高校共筹集科技经费528.0亿元，比上年增长14.5%。经费主要来自国家自然科学基金、973计划、863计划、国家科技支撑计划以及地方、部门和企事业单位委托项目等。其中政府资金287.8亿元，企业委托经费197.4亿元，分别比2005年增长14.4%、14.2%。2006年，高校R&D经费支出达到276.8亿元，占全国总量的9.2%，承担各类科技项目24.2万项，项目经费347.5亿元，其中国家级项目3.1万项，项目经费56.4亿元。

◎ 科技成果及知识产权

2005年全国高校共出版科技专著2507部。2006年高校科技成果获得专利授权12000多项，比上年增长35.7%，其中获国外授权43项，发明专利授权6650项。截至2006年底，全国高校专利拥有量达4.5万项，其中发明专利拥有量2.6万项。高校2006年签订技术转让合同共10929项，实际收入12.6亿元。其中专利出售合同4752项，当年实际收入1.5亿元。

◎ 科技奖励

在国家科技奖授奖项目中，全国高等学校在国家自然科学奖和国家技术发明奖上占有一定比例，取得了较多的成果。2006年，南京大学完成的介电体超晶格材料的设计、制备、性能和应用项目获得国家自然科学奖一等奖。

表3-2　2005年、2006年高校科技奖获奖情况

类型 年份	国家自然科学奖		国家技术发明奖		国家科学技术进步奖	
	数量	占全部奖项数的比例	数量	占全部奖项数的比例	数量	占全部奖项数的比例
2005	5	13.2%	4	11.4%	11	6.3%
2006	8	25%	11	26.2%	14	7.6%

◎ 推进“211工程”与“985工程”

教育部继续实施“211工程”和“985工程”，重视发展前沿新兴学科和交叉学科，通过高水平大学和重点学科建设的带动，在全国范围内初步形成布局合理、各具特色和优势的重点学科体系，使高校成为国家和地方解决经济、科技和社会发展重大问题的基地，推动高等教育整体水平的提高。继一期工程之后，教育部联合地方政府启动了“985工程”二期，重点支持中国科技大学等一批重点高校。

表 3-3 "985 工程"二期重点共建高校

学　校	共建单位	文件签署时间
中国科技大学	中国科学院、教育部、安徽省	2004.10
大连理工大学	教育部、辽宁省、大连市	2005.3
复旦大学	教育部、上海市	2005.6
上海交通大学	教育部、上海市	2005.6
同济大学	教育部、上海市	2005.6
重庆大学	教育部、重庆市	2005.7
浙江大学	教育部、浙江省	2005.7
山东大学	教育部、山东省	2005.8
吉林大学	教育部、吉林省	2005.8
中山大学	教育部、广东省	2005.9
华南理工大学	教育部、广东省	2005.9
兰州大学	教育部、甘肃省	2006.4
南京大学	教育部、江苏省	2006.9
东南大学	教育部、江苏省	2006.9
中国海洋大学	教育部、山东省、国家海洋局、青岛市	2006.12

二、中国科学院知识创新工程

为加强基础研究和战略高技术研究，中国科学院制定了中长期发展规划纲要，启动了知识创新三期工程。在创新基地建设、产学研合作等方面取得显著成效，涌现出一批重大科技成果。

◎ 加强规划与制度建设

2006 年，中国科学院发布了《中国科学院中长期发展规划纲要（2006—2020 年）》及实施意见，明确了未来 5～15 年的发展目标、战略重点。在创新基地发展、学部发展、人力资源、院地合作、国际合作、科教基础设施、信息化、文献情报、科学传播等方面制定了专门规划。2005 年发布的《中国科学院章程》确立了依法办院的制度基础。2006 年制定的《中国科学院创新三期科技创新基地暂行管理办法》，明确了创新基地建设原则、主要任务、组织架构、管理机制和决策程序。成立了各创新基地领导小组及其办事机构和科技专家委员会，明确了各自工作职责和程序。

◎ 调整布局与体制创新

推进创新基地建设，大力部署创新项目。中国科学院"十一五"总体布局按基础研究、战略高技术研究和经济社会可持续发展三大方面，建设"1+10"科技创新基地。重大项目实行人财物统一调配，经费实行专项管理，以有效组织跨所跨学科相关力量协同攻关，促进重大成果产出。重

专栏3-2

中国科学院十大创新基地

中国科学院瞄准国家战略需求和世界科技前沿，重点建设一批科技创新基地。这批科技创新基地包括信息科技创新基地，空间科技创新基地，先进能源科技创新基地，纳米、先进制造与新材料创新基地，人口健康与医药创新基地，先进工业生物技术创新基地，现代农业科技创新基地，生态与环境科技创新基地，资源与海洋科技创新基地，依托大科学装置的综合研究基地。

要方向项目采取自上而下部署和竞争择优支持两种组织方式，发布项目指南。设立项目“百人计划”岗位，结合重大科技任务组织实施，面向海内外公开招聘优秀人才。2006年，通过创新基地，在具有明确目标导向的交叉和重大科学前沿等领域部署了258个创新项目及一批创新平台。

深入推进与国家创新体系各主体的合作。中国科学院与有关省市政府共同筹建深圳先进技术研究院、苏州纳米技术与纳米仿生研究所、青岛生物能源与过程研究所、烟台海岸带可持续发展研究所和城市环境研究所等5个中国科学院序列研究所，与地方共建了广州生物医药与健康研究院、宁波材料技术与工程研究所等，密切了与区域创新体系的联系。有重点地与地方和企业共建产业研发转移转化机构和技术研发与产业应用结合的平台。加强与高校在人才培养方面的合作，向高校开放科技基础设施，如国家同步辐射实验室2006年共接待来自41所高校的76个课题组开展科研工作。

继续深化体制机制改革。改革院级文献情报系统，将原有4个院级文献情报中心整合为国家科学图书馆，实行理事会领导下的馆长负责制。继续深化院部机关改革，建立了以离退休经费、基本运行费和基本科研费为主要构成的新型研究所预算结构。

◎ 加强投入与促进创新

2006年，中国科学院R&D经费支出为109.87亿元，基础研究、应用研究和试验发展分别占37.3%、52.9%和9.8%。事业单位在职职工4.72万人，其中科研机构人员3.92万人。2006年共择优支持了70位“百人计划”入选者，共有53人获得国家杰出青年科学基金，占全国总数的31.2%，14个群体获得“创新研究群体科学基金”。

2006年，中国科学院申请专利4092项，其中发明专利占86%；专利授权2111项，其中发明专利占73%；在各学科影响因子前15%学术期刊上发表的论文总数比上年增长24.7%。李振声院士荣获国家最高科学技术奖，中国科学院作为第一完成单位共获得国家科技奖30项，其中，自然科学二等奖12项，技术发明二等奖5项，科技进步一等奖2项、二等奖11项。知识技术转移与成果转化使社会企业形成销售收入512.2亿元，利税总额75.2亿元。

三、非营利性科研机构创新能力建设

按照改革方案，265家中央部门属公益类院所有102家机构（涉及108个院所）按非营利性科研机构运行和管理。2006年科技部对99家非营利性科研机构的调查情况显示，非营利性科研机构的创新能力明显提高，人才结构与学科结构得以优化，非营利性科研机构改革试点效果明显。

◎ 人才队伍

2005年，99家机构在职职工2.41万人，其中科技人员1.39万人，占57.7%。随着人才引进加快，科技人员的学历结构继续优化。2005年，引进专业人员数为941人。在全部科技人员中，博士占15.8%，硕士占24.8%。科技人员逐步趋于年轻化，40岁以下科技人员数量过半，50岁以上的占16.3%。岗位聘用制继续推进。

◎ 创新能力

2005年，99家机构获得纵向科技性收入为20.5亿元，较上年增长22.7%；横向科技性收入为8.6亿元，较上年增长2.4%。2005年，完成科研项目4078项，获国家级科研奖励28项，专利申请494项，专利授权216项，其中发明专利授权103项；培养博士生529人，培养硕士生1312人；发表论文7847篇。

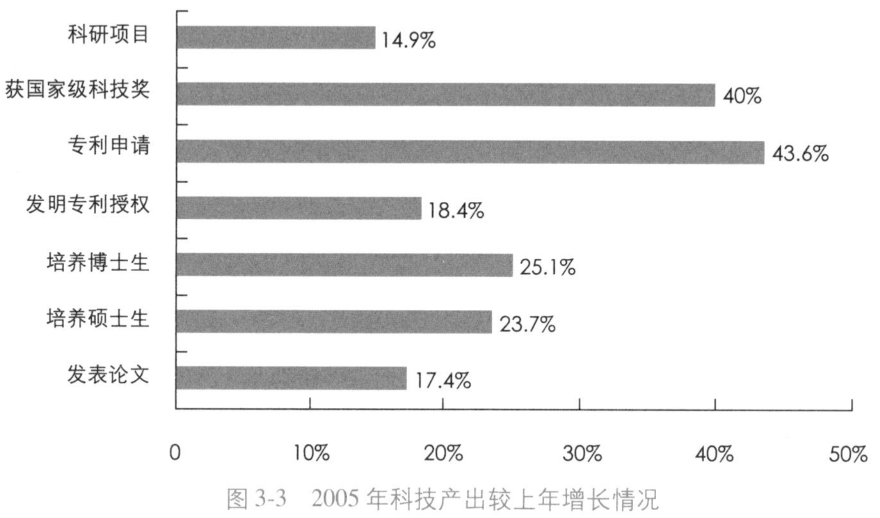

图3-3　2005年科技产出较上年增长情况

到2005年底，99家机构的固定资产原值达到57.6亿元，比2001年增长69.8%；其中科研仪器设备原值由13.1亿元增加到24.7亿元，增长88.6%。科研经费总额为24.2亿元，比2001年增长113.7%；其中国家课题经费为15.1亿元，比2001年增长119.4%。

◎ 转变机制

已实施全员聘用的机构占总数的83.9%，已部分实施的占15.1%。全部实行科研岗位公开招聘的机构占总数的77.4%；部分实行的占22.6%。39.5%的机构实行了院所长国内外公开招聘；29%的机构实行了国内公开招聘；只有31.6%的机构是单位内部招聘。

第五节 军民两用技术创新体系

加强军民结合的统筹和协调，改革军民分离的科技管理体制，建立军民结合的新型科技管理体制是《规划纲要》提出的重要任务之一。2006年，国家采取一系列措施，推进了科研领域的军民融合和资源共享。

一、军民结合的国防创新体系

国务院各部门采取了一系列措施，不断探索建立适应国防科研和军民两用科研生产活动特点的新体制机制。推进军民结合研究的统筹部署和协调，加强军民高技术研究开发力量的继承，建立军民有效互动的协作机制，实现军用产品与民用产品研制生产的协调，促进军民科技各环节的有机结合。优化结构布局，营造创新环境；促进军民良性互动，实现资源共享；加强科技评价，确保高效运行；改善投入结构，激励科技创新；实施人才战略，培育创新团队；保护知识产权，促进成果转化。

鼓励军口科研机构承担民用科技任务，国防研究开发工作也逐渐向民口科研机构和企业开放；扩大军品采购向民口科研机构和企业采购的范围。为改革相关管理体制和制度，保障非军工科研企事业单位平等参与军事装备科研和生产的竞争，2006年国防科工委发布了《关于非公有制经济参与国防科技工业建设的指导意见》等相关文件。

二、军民结合的国防科技工业

2006年，国防科工委颁布了《国防科技工业中长期科学和技术发展规划纲要（2006—2020)》（简称"《国防科工纲要》"），紧密围绕未来国防建设、国民经济建设和国家科技创新的战略需求，明确了到2020年国防科技工业科学技术发展的指导方针、发展目标和发展重点，提出了未来十五年国防科技工业科技发展五大目标与八项重点任务。

未来十五年，国防科技工业将全面落实科学发展观，把增强自主创新能力作为发展国防科技的战略基点，加快转型升级，实现国防科技工业自主创新能力、国防科技保障国家安全和促进经济社会发展的能力、国防科技综合实力显著增强；基本满足现代化武器装备自主研制和信息化建设的需要，基本满足军民结合高技术产业国内外竞争的需要；在高新技术武器装备研制、军民结合高技术产业化、军工制造技术、国防基础与前沿技术实力、国防科技创新保障能力等五个方面

专栏3-3

未来十五年国防科技工业科技发展八项重点任务

《国防科工纲要》提出了八项重点任务：突破新一代武器装备关键技术；加强军民结合高技术及产业化研究；推进军工制造技术研究与应用；强化国防基础与前沿科技研究；实施国家重大专项工程；推进国防科技工业基础能力科技工程；加快推进国防科技平台建设；加强国防科技创新体系建设。

实现重点跨越，到2020年建成新型国防科技工业。

完善国防科技工业自主创新体系，为自主创新提供组织保证。积极稳妥地推进国防科研院所改革，加大对战略性、基础性、公益性科研机构的支持力度，加快建立现代科研院所制度；积极引导部分应用研究类及工程开发类研究所向企业化转制；通过国防科技体制改革和跨行业的专业重组，形成核心精干、内外开放、军民互动、竞争协作的体制机制。建成一个充分发挥政府主导作用和市场配置资源的基础性作用，以军工骨干科研院所和企业为核心，集成高等院校及民口科技资源和科技力量，军民结合、寓军于民的国防科技创新体系。

第六节 科技中介服务体系建设

一、生产力促进中心

截至2006年底，全国生产力促进中心总数为1331家，数量居世界同类机构第一，从业人员总数达16846人。2006年，累计服务企业10.3万家，为企业增加销售额751.8亿元、增加利税106.3亿元，为社会增加就业108.7万人。开展对外人员交流34654人次，引进项目1443个，引进资金36.7亿元，中心服务总收入24.8亿元。

2006年，科技部组织编制了《生产力促进中心“十一五”发展规划纲要》，提出了未来五年的指导方针、发展目标、重点任务和保障措施。进一步加强国家级示范生产力促进中心建设，在做好年度绩效评价的基础上，组织评审并认定了第六批国家级示范生产力促进中心。

二、技术市场

截至2006年底，全国通过网上认定登记的技术合同205845项，技术合同成交金额1818.2亿元，较上年增长了17.2%。其中技术开发合同成交额为717.1亿元，在技术交易中占首位。技术市场已成为政府科技计划项目产业化的主渠道。2006年，共有22327项政府各级科技计划项目成果进入技术市场，通过技术市场进行转移、转化，成交金额408.5亿元，较上年增长了70.0%，占技术合同成交总金额的比例增长到22.5%。其中，国家计划项目成果成交金额高达137.9亿元，成交4320项。技术秘密和计算机软件技术成为技术交易中知识产权的主要形式。电子信息技术和先进制造技术成为技术交易的热点技术领域。企业参与技术交易、技术创新能力明显提高，已是最大的技术输出和技术吸纳方。

三、科技企业孵化器

2006年科技企业孵化器达到548家。孵化器网络和协会组织逐步健全，与专业性研究机构及其他行业服务机构，共同构成我国现代科技服务行业雏形。目前已有50%以上的孵化器以孵化基金、担保公司等多种形式对孵化企业提供投资、贴息及担保等多种方式的投融资服务，并初步形成了一支创业投资管理专业队伍。孵化器在地域性的产业集群培育方面发挥了重要作用。

表3-4 科技企业孵化器概况

年份	科技企业孵化器（个）	场地面积（万平方米）	在孵企业（家）	在孵企业人数（万人）	当年新孵化的企业（家）	累计毕业企业（家）
2005	534	1969.6	39491	71.7	9714	15815
2006	548	2008.0	41434	79.3	8944	19896

四、大学科技园

2006年，科技部、教育部联合组织评审并认定了第五批共12家国家大学科技园。截至2006年底，全国国家大学科技园总数为62家，拥有孵化场地面积516.5万平方米，2006年新孵企业1384家，累计在孵企业6720家，已毕业企业1794家，在孵企业从业人员13.6万人，在孵企业实现营业总收入294.7亿元。

2006年，62家国家大学科技园内企业获得国家及地方科技计划项目支持共311项；申请专利4584项，比上年增加1371项，增长42.7%；申请发明专利2171项，比上年增加960项。

科技部、教育部组织编制了《国家大学科技园“十一五”发展规划纲要》，提出了未来五年的指导思想、发展原则、发展目标、重点任务和保障措施。为进一步加强国家大学科技园建设和管理，科技部、教育部联合制定了《国家大学科技园认定和管理办法》。

五、国家技术转移中心

2006年，国家技术转移中心已经由2004年的7家发展到16家。2006年，科技部火炬中心完成了《国家技术转移促进行动专项资金》的工作方案、管理办法、申报指南、评审程序等文件，组织实施国家重点科技成果推广计划（技术转移专项）的申报和评审工作。2006年，技术转移促进专项主要在重点大学、行业和中心城市开展试点，扶持一批国家技术转移示范机构。

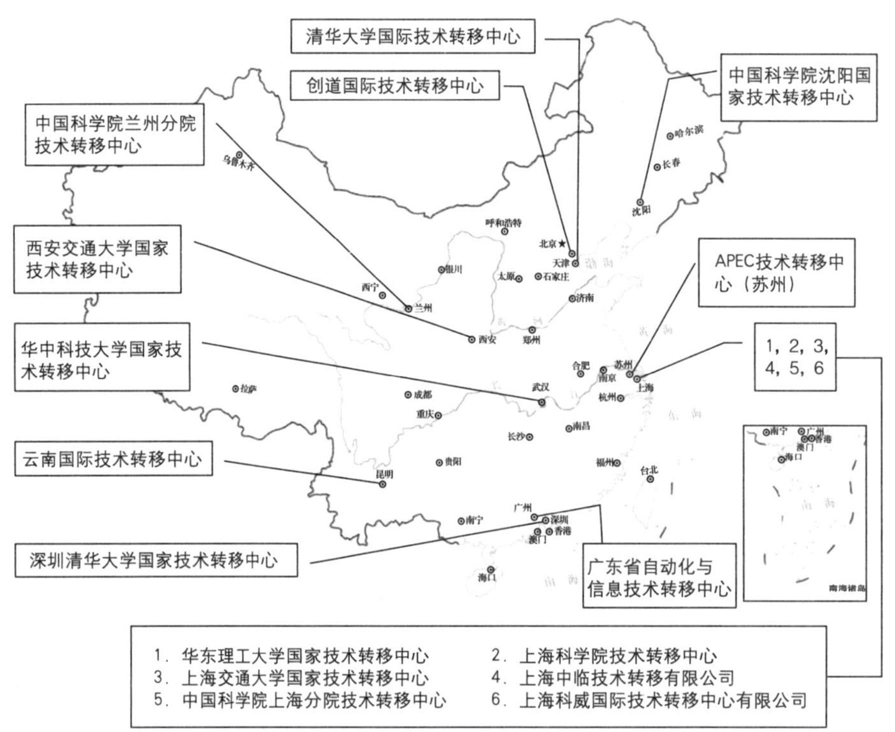

图3-4　国家级技术转移中心地域分布图

六、科技评估

为加强科技评估制度建设，科技部先后发布了《科技评估暂行管理办法》、《科技评估规范》、《国家科技计划项目评估审行为准则与督查办法》等管理办法。《配套政策》提出：“改革和强化科研经费管理，对科研课题及经费的申报、评审、立项、执行和结果的全过程，建立严格规范的监管制度。建立财政科技经费的绩效评价体系，明确设立政府科技计划和应用型科技项目的绩效目标，建立面向结果的追踪问效机制。”这对国家科技评估工作提出了新的、更高的要求。为加强对科技评估机构的规范化建设，开展了对科技评估机构的资质认定及从业人员职业技能培训工作。

第四章
科技投入与科技金融

2006年中国全社会科技活动经费支出总额为5757.3亿元，R&D经费总支出为3003.1亿元，居世界第6位。中国R&D经费占GDP的比例达到1.42%，高于印度、巴西等国家，但低于OECD国家平均2.25%的水平。全社会科技投入和全社会R&D投入规模快速增长充分体现了《规划纲要》发布对全国科技活动的带动作用。

全社会R&D投入结构中，企业R&D经费投入所占比重继续上升，2006年，中国企业R&D活动经费占全社会R&D经费的71.07%。从研究类型看，2006年基础研究、应用研究和实验开发三者之间的比例大致为1∶3.2∶9.7。

第一节 中央政府投入

政府科技投入在调动和配置全社会科技资源，执行国家科技发展战略方面发挥重要作用。在分级分税财政体制下，中国政府科技投入按照中央－地方事权的差异，分为中央政府科技投入和地方政府科技投入。

一、总量及结构

中央政府科技投入包括中央财政科技拨款、其他科技拨款以及以税收优惠政策为代表开展的间接资金投入。

中央财政科技拨款是中央政府对科技活动进行资助的主要经费渠道，也是中国政府科技投入的主要力量，占国家财政科技拨款的60%左右。2006年中央财政科技拨款为1009.7亿元，占国家财政科技拨款1688.5亿元的59.8%。从增长速度来看，2006年中央财政科技拨款较上年增加201.9亿元，增长25%。尽管各年增长情况并不均衡，“十五”中央财政科技投入的年均增长率仍然达到18.21%；中央财政科技拨款占财政本级支出的比重也不断提高，由2001年的7.7%增加到2006年的10.3%，年均增幅6%（图4-1）。

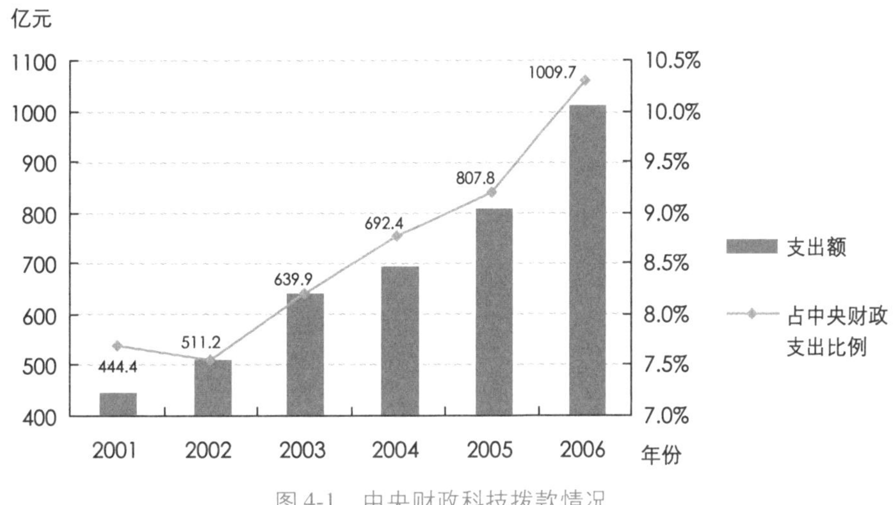

图 4-1 中央财政科技拨款情况

资料来源：全国科技经费投入统计公报（2001—2006 年）

中央财政除按照年度预算稳定安排科技拨款之外，还安排了一些其他科技拨款。例如某些专项拨款中有关科技的支出、部分一次性科技拨款、没有纳入财政科技拨款口径的某些财政贴息、政府投资中有关科技的一些支出以及中央政府对地方的科技转移支付等。

中央对地方的财政科技转移支付，按投入归口属于中央政府资金的安排，按执行归口属于地方政府科技支出。目前，转移支付在中央财政支出中的比重日益增加，超过中央财政本级支出。2006 年，中央对地方转移支付达到 9556 亿元，其中，中央对地方专项转移支付 4391 亿元，科技专项支出 38 亿元，占专项转移支付的 0.9%。另外，一些地区在一般性转移支付的使用上，也非常重视支持地方科技活动。

以税收优惠政策为代表的政府间接投入对技术创新活动具有明显的正效应。迄今为止，中国政府已经先后制定和实施多项税收优惠政策，从税种来说，主要是中央税和中央－地方共享税，如针对高新区内高新技术企业的 15% 税率、企业研发投入 150% 税前抵扣、创业投资机构享受优惠税率、科技中介活动的税收减免等。2006 年以来，在《规划纲要》以及《配套政策》激励下，中国政府在税收扶持科技创新活动的多个政策层面积极探索，科技税收政策体系日益完善。

二、直接投入

中央政府直接投入包括直接资助和权益性资助两种。中央政府对科技活动的直接资助主要体现在中央财政科技拨款中，基本可以从科学事业费、其他科研事业费以及部分科技三项费中考察其年度变动情况。从 2006 年起，中央财政科技支出的科目发生调整，新科目下，除技术研究与开发、科研条件与服务、其他科学技术支出中的部分支出，以及少量应用研究属于政府投资性支出或具有政府投资性质外，其他科目均属于政府直接资助。原其他科研事业费改设在各部门对应的支出功能分类中，也基本属于政府直接资助。

2005年，中央政府对科技活动的直接资助达到611.1亿元，占财政科技拨款的75.6%，比上年增长16.9%。

在直接资助内部结构中，“十五”中后期以前，由于多种因素，内部结构不够合理，在社会公益研究、基础研究、部门科研等方面存在不同程度的投入不足和缺失。《规划纲要》、《配套政策》以及实施细则先后对投入结构中的不足作出了调整部署和一些政策的具体安排。2006年，中央财政进一步加强了对基础研究、社会公益研究和科学技术普及等方面的重点投入，加强了科研机构（基地）正常运转的扶持和科技人才的培养。

权益性资助是指政府以投资形式资助的科技项目和科技活动，主要包括重大科技专项投入、与企业共建的科技条件平台投入、政府独资或参股的创业风险投资机构和创业风险投资引导基金等。“十五”期间，科技部针对国民经济发展的关键性领域，组织和实施了十二个重大专项。在重大专项的组织实施中，对一些具有市场化前景的重大科技项目，中央财政改变单纯的无偿资助方式，积极探索新的资金资助模式。例如，十二个重大专项中的“水污染治理”项目，它成立专门业主公司，国家出资2500万元科研经费拨付到企业，采取了国家出资担任股东，以投资的形式参与重大科技项目实施的模式。“十五”期间，国家财政资金累计向重大专项项目投入63.68亿元，引致社会资金投入147.79亿元。

科研基础条件投资长期主要在科研基建费中安排，从中央财政支出来考察，科研基建费是在下达给部门的基建投资中由各部门具体安排。“九五”以来，财政科研基建费投资增长缓慢，增幅都在10%左右。从2002年开始中国大幅度增加对科研基础设施建设的投资，增幅达到50%以上。2006年起，中央财政预算专门安排了国家科技基础条件平台建设专项资金。

政府出资组建国家创业风险投资机构（基金）或创业风险投资母基金，也是政府权益性资助的一种重要方式。2006年，科技部和财政部积极研究和酝酿从中央财政资金中拿出部分资金设立引导基金，全国首支由地方政府倡导设立的创业风险投资引导基金也已正式启动。

三、税收优惠

中国政府先后制定和实施多项税收优惠政策，逐步形成了以直接减税为主的科技税收政策体系，涉及所得税、增值税、营业税等主要税种。截至2006年底，已经开始生效的政策包括以下方面。

◎ 激励企业技术创新的企业所得税优惠政策

2006年9月，财政部、国家税务总局出台《关于企业技术创新有关所得税优惠政策的通知》，在原有鼓励企业技术开发所得税政策基础上进行了重大调整，调整后的政策自2006年1月1日起执行。

新政策规定：①对企业技术开发费执行100%在企业所得税税前扣除基础上，允许再按当年实际发生额的50%在税前加计扣除，并规定加计扣除额如大于当年应纳税所得额，可将抵扣期限延长至五年。与原优惠政策相比，新政策调整了企业技术开发费税前扣除的标准、期限和可享受企业的范围，对企业开展技术创新活动具有更强的导向和激励作用。②鼓励加速折旧。规定在2006年1月1日以后企业新购进的用于研究开发的仪器和设备，以单价30万元为准分为两类进行加速折旧，其中，对于单位价值在30万元以下的，可一次或分次计入成本费用，在企业所得税税前扣除。这是一项新的税收优惠政策，对30万元以下小型研发设备可采取一次性摊销等方式加速折旧，是激励创新的税收政策工具的新运用，对解决企业经常性研发活动设备购入与设备管理非常有价值。③调整高新技术企业税收优惠政策享受时间。将原优惠政策中的自设立年度调整为自获利年度，规定自2006年1月1日起，国家高新技术产业开发区内新创办的高新技术企业，自获利年度起两年内免征企业所得税，免税期满后按15%的税率征收企业所得税。新政策还在职工教育经费的所得税优惠等方面制定了相关优惠政策。

图4-2　我国在关键领域实施的税收优惠政策惠及纺织企业

◎ **鼓励纳税人捐赠技术创新的税收优惠政策**

2006年底，财政部、国家税务总局发布了《关于纳税人向科技型中小企业技术创新基金捐赠有关所得税政策问题的通知》，对企事业单位、社会团体和个人等社会力量对科技型中小企业技术创新基金捐赠有关所得税政策问题作出规定，要求进行此类捐赠的企业在年度企业所得税应纳税所得额3%以内的部分，个人在申报个人所得税应纳税所得额30%以内的部分，准予在计算缴纳所得税税前扣除。

这是中国第一次发布针对纳税人向激励创新的基金进行捐赠的行为给予税收优惠的政策，在激励社会各种类型资金进入创新领域，做大国家创新基础有强烈导向作用。

高新技术企业税收优惠政策、创业风险投资优惠政策、科技企业孵化器税收优惠政策也都在2006年启动。

第二节 地方政府投入

地方政府科技投入包括地方财政科技拨款、其他科技拨款以及以国家和地方采取减税让利的优惠政策形成的间接资金投入。

一、总量及结构

地方财政科技拨款是政府科技投入的一支重要力量，2006年占国家财政科技拨款的比重为40.2%。从政府公共支出的分类来说，科学事业费、部分科技三项费和其他专项费属于政府直接资助性质，地方科研基建费、部分科技三项费和其他专项费属于政府投资或具有政府投资性质。

2006年，地方财政科技拨款快速增长，达到678.8亿元，比上年增长28.8%。地方财政科技拨款迅速增长，充分体现了科技进步在区域经济和社会发展中的重要位置和支撑作用。在地方财政科技拨款总量快速增加的同时，地方财政科技拨款占地方财政支出比重也进一步上升，2006年达到2.2%，比上年略有提高。

地方财政科技拨款超过10亿元的省（自治区、直辖市）有17个，而低于5亿元的省（自治区、直辖市）为5个，继续保持2005年以来的良好发展势头。在全部31个省（自治区、直辖市）中，有30个省（自治区、直辖市）的财政科技拨款都有不同程度的增加，其中，年增长最快的是北京，增长率达60.9%，其次是山东（55.1%）、江苏（52.4%）。

在全部31个省（自治区、直辖市）中，地方财政科技拨款占地方财政支出比重最高的是上海，达到5.2%，其次是北京（4.7%）、浙江（4.3%）。在地方财政科技投入强度中，有15个省（自治区、直辖市）的投入强度较2005年提高。

2005年，在全部地方财政科技拨款总量中，科技三项费为294.0亿元，占地方财政科技拨款总额的55.78%，仍然是基层科技经费的主要渠道；其他科技专项费在2004年大幅度增长107.4%之后，继续以较快速度增长，2005年为70.3亿元，比上年增长36.5%（图4-3），已达到地方财政科技拨款的13.34%，反映地方政府根据本地特点和需求开展的科技活动日益活跃。

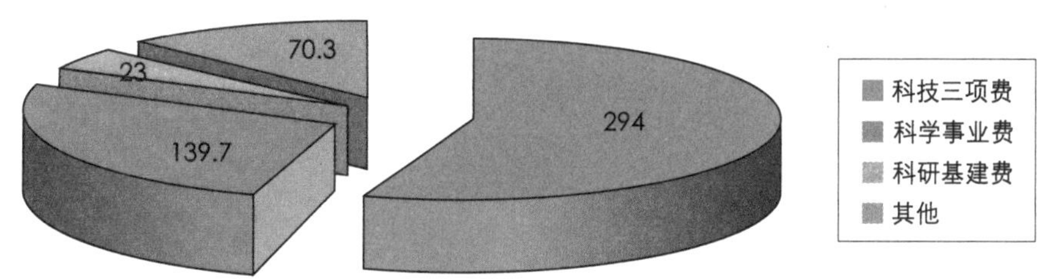

图4-3 2005年地方财政科技拨款构成（单位：亿元）

资料来源：2006年中国科技统计年度报告

从各区域财政科技拨款的对比情况来看，东部地区明显高于中部和西部地区。2006年东部地区的地方财政科技拨款达到了501.3亿元，占全部地方财政科技拨款的73.8%；中部和西部地区分别为93.2亿元和84.7亿元，占全部地方财政科技拨款的13.7%和12.5%。与2005年相比，东部地区的地方财政科技拨款所占的比重有所增加，而中部和西部地区所占比重则有所减少（表4-1），地区差距进一步拉大。

表4-1 中国各区域地方财政科技拨款情况

年份	东部地区财政科技拨款		中部地区财政科技拨款		西部地区财政科技拨款	
	总额（亿元）	占全国地方财政科技拨款的比重	总额（亿元）	占全国地方财政科技拨款的比重	总额（亿元）	占全国地方财政科技拨款的比重
2004	282.8	70.2%	62.6	15.5%	57.5	14.3%
2005	380.7	72.2%	73.7	14.0%	72.7	13.8%
2006	501.3	73.8%	93.2	13.7%	84.7	12.5%

数据来源：根据国家统计局、科技部、财政部公布的2004年、2005年、2006年全国科技经费投入统计公报中相关数据计算得出

从东部、中部、西部地区地方财政科技拨款平均值的比较来看，2006年，东部地区平均为45.6亿元，占地方财政支出比重的平均水平为3.0%；中部地区平均为11.7亿元，占地方财政支出比重的平均水平为1.2%；西部地区平均为7.1亿元，占地方财政支出比重的平均水平为1.0%。东部地区地方财政科技拨款的平均水平是中部地区的3.9倍，是西部地区的6.5倍。

地方财政除按照年度预算稳定安排科技拨款之外，还安排了其他一些科技拨款，主要包括一次性专项科技拨款、部分科技基金当年增量部分和其他部门事业费中用于科研机构的投入。这些经费安排中，除少量属于政府直接资助之外，大部分是政府投资资金，与地方财政科技拨款中的地方科研基建费、部分科技三项费以及部分其他专项费共同构成了具有一定规模的政府投资或具有政府投资性质的资金。

地方科技税收优惠政策基本上遵照和执行中央制定和颁布的相关税收优惠政策。从税收支持科技创新活动的政策和主要税收条款来看，地方主要是在一些中央－地方共享税中具有间接投入的功能，例如企业所得税和增值税，以及可近似理解为地方税种的营业税和个人所得税。

二、直接投入

地方政府科技投入同样包括直接资助和权益性资助两部分。地方政府对科技活动的直接资助主要体现在地方财政科技拨款中，基本可以从科学事业费、部分科技三项费以及部分其他拨款中考察其年度变动情况。

2005年，地方政府对科技活动直接资助为261.1亿元，占全部地方财政科技拨款的49.5%。其中，地方科学事业费为139.7亿元，占地方财政直接资助的53.5%。作为政府直接资助使用的科技三项费主要为安排地方各级、各类重点项目和与国家有关重点科技项目相配套的资金，也包括中央财政补助的某些专款的配套。2006年地方政府收支分类改革酝酿实施，地方财政也将陆续完成财政科技支出新旧科目的衔接转换。

近年来，国家级科技计划带动包括地方政府资金的社会资金，放大比例基本都超过1∶10，其中，政策引导类计划对地方政府资金的带动比例更大，超过1∶17。

中央对地方的财政转移支付，按统计口径归口属于地方财政科技拨款，其中，财政专项转移支付中的科技专项转移支付主要属于直接资助性质。虽然在整个专项转移支付中所占份额较少，

2006年仅占专项转移支付的0.9%，但它在统筹布局全国科技进步，推动地方科技事业发展和区域科技创新能力提高等方面具有不可忽视的作用。

地方政府的权益性资助，是支持科技创新活动的重要形式，2006年的主要特点体现在以下几点。

◎ **各地政府的权益性资助不断增加**

地方财政的科技三项费用和地方科技专项资金有部分资金是按照权益性资助方式安排的。2006年，湖北省科技三项费比2005年增长了近1倍，其中，新增设的重大科技专项资金获得每年1亿元的预算安排，它以支持成果转化为重点；江苏省安排近10亿元的科技成果转化专项资金，加强了对创业风险投资项目的支持；广东省投资1亿元设立产学研省部合作财政专项资金，以专项资金为平台，带动各市、县区、专业镇、企业等加大对产学研项目投资，吸引创业风险投资、银行贷款和中小企业融资担保资金投资产学研项目。

◎ **政府权益性资助成为政府科技投入的重要方式**

近年来，地方政府加强了通过投资补助、资本金注入、转贷等新型政府权益性资助方式支持科技创新活动的探索。以地方科技型中小企业技术创新基金发展为例，2005年地方创新基金总额已是原有管理模式下为创新基金中央财政资金配套资金的7倍，截至2006年，全国28个省、直辖市、计划单列市相继设立了地方创新基金，一些比较发达的地级市和县级市也积极探索设立地方创新基金。这些地方创新基金一方面得到本级财政的资金，另一方面积极吸引国家开发银行、商业银行等金融机构的资金，加大基金的规模。

地方政府参与出资创业风险投资引导基金也是一种重要的政府投资模式创新。2006年10月，全国首支由地方政府倡导设立的创业风险投资引导基金——浦东新区创业风险投资引导基金正式启动。“十一五”期间，浦东新区财政将投入10亿元，并积极争取国家有关部委、上海市有关部门、政策性金融机构等方面的资金，形成规模达20亿元的创业风险投资引导基金。这为地方政府以资本金注入支持创新活动提供了一种新的方式，北京、天津等地也相继设立了本地的创业投资引导基金。

另外，北京市政府在中关村园区推行“瞪羚计划”，利用政府信用为高新技术企业提供担保，2005年已累计向2635家企业提供了113亿元担保支持。湖北省利用国家开发银行与省政府签订的500亿元软贷款协议，建立了100亿元规模的省科技投融资平台，用于支持高新区基础设施建设和科技成果产业化项目等等，都取得了良好的投资效益和社会效果。

三、税收优惠

目前，营业税、增值税、企业所得税和个人所得税基本占到地方税收收入的70%以上。中国实施的科技税收政策影响地方税基较大的主要是共享税和地方税，尤其体现在企业所得税、营业税和个人所得税等方面。

2006年，为贯彻落实《规划纲要》和《配套政策》，国家有关部门发布的税收新政策主要涉及个人所得税和企业所得税税种。

在企业所得税方面，2006年9月，财政部、国家税务总局发布了《关于企业技术创新有关所得税优惠政策的通知》，调整了企业技术开发费税前扣除的标准、期限和可享受企业的范围，与原有税收优惠政策相比具有更强的导向和激励作用。截至2006年底，多个省级地方税务局已经对上述通知进行转发并开始遵照执行。例如，江苏省颁布了《省政府关于鼓励和促进科技创新创业若干政策的通知》，在执行国家有关规定的基础上，结合本省实际情况，制定了附加的优惠政策。例如，对符合条件的技术开发费用除加计扣除外，如果企业的研究开发实际支出占当年销售收入比例超过5%，可由企业纳税关系所在地政府从企业贡献中拿出部分资金给予奖励；对于国家高新技术产业开发区外的省级以上高新技术企业，可由企业纳税关系所在地政府给予一定的科技创新补贴等。

第三节 企业投入

企业成为支撑近年中国全社会科技投入快速增长的主要力量。2006年，企业科技投入继续呈现良好态势。

一、总量及结构

◎ 企业科技投入总量

2006年，全国企业科技活动筹集总额达到4106.95亿元，比2005年增长19.4%，保持了持续快速上升的势头。

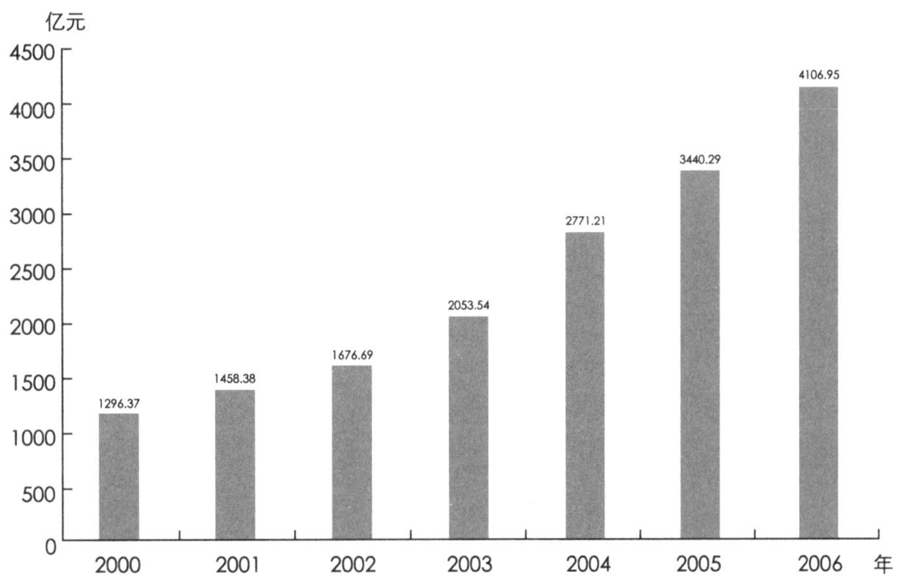

图 4-4 中国近年企业科技投入

数据来源：《中国科技统计年鉴 2007》

◎ 企业 R&D 投入总量

2006 年，企业 R&D 经费支出总额为 2134.5 亿元，比 2005 年增长 27.5%。其中，大中型企业 R&D 经费支出为 1630.2 亿元，占全部企业 R&D 经费支出的 76.4%。在企业研发经费中，企业自身投入的资金占 91.2%，比例与 2005 年持平，其次是政府投入的资金占 4.5%，主要起引导投入方向的作用。

表 4-2 企业 R&D 投入情况 单位：亿元

年 份	国家 R&D 总投入	企 业	其中，大中型工业企业
2000	895.7	537.0	353.4
2001	1042.5	630.0	442.3
2002	1287.6	787.8	562.0
2003	1539.6	960.2	720.8
2004	1966.3	1314.0	954.4
2005	2450.0	1673.8	1250.3
2006	3003.1	2134.5	1630.2

数据来源：《中国科技统计年鉴 2007》

◎ **企业资金在全社会科技经费筹集额中所占比重**

2006年，中国全社会科技经费筹集额中来源于企业的资金仍然保持上升态势，由2000年的55.2%上升到2006年的66.3%，企业作为中国科技活动主要投资主体的地位更加稳固。

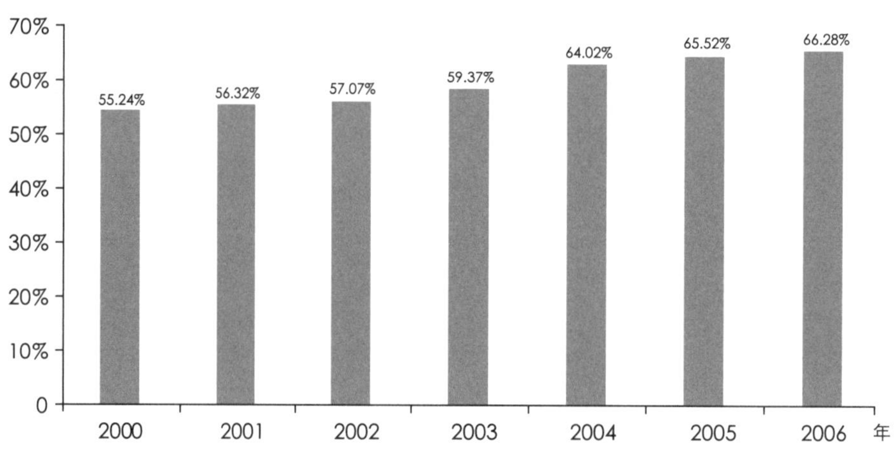

图4-5　中国企业科技投入占全社会科技投入比重

数据来源：《中国科技统计年鉴2007》

◎ **企业投入与政府投入**

“十五”期间，全社会R&D投入结构保持“九五”末的基本格局，企业R&D继续占据较高比重。2005年，中国企业R&D占全社会R&D的67.04%，政府投入为26.34%。2006年，中国企业R&D占据全社会R&D的69.05%，而政府投入继续降到24.71%。

◎ **民营企业和外资企业投入**

从企业R&D投入内部结构看，内资企业仍然是企业R&D投入的主要力量，2005年，内资企业占企业全部R&D投入的72.9%。在内资企业中，国有及国有控股企业R&D投入比重下降，民营企业在中国企业R&D活动中的地位迅速提高。2000年到2004年，民营企业R&D经费的比重由22.9%上升到32.8%。与此同时，外资企业R&D经费也保持了强劲的增长势头。2004年中国外资企业R&D经费已达到299.5亿元，占工业企业R&D经费的27.1%。

二、R&D经费投入强度

◎ **大中型工业企业R&D投入强度**

企业R&D经费投入强度是衡量企业技术开发能力的主要指标。在1991—1998年期间，中国大中型工业企业的研发经费投入强度一直保持在0.5%左右，从1999年开始，企业研发经费投入

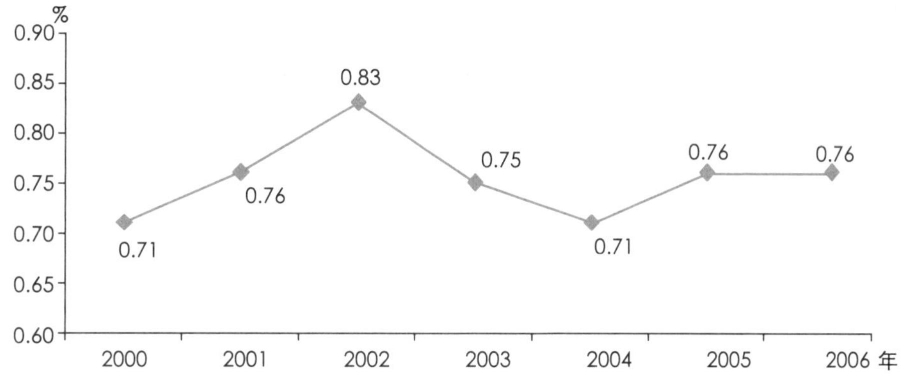

图 4-6 大中型工业企业研发经费投入强度

数据来源：《中国科技统计年鉴 2007》

强度开始上升，2006 年达到 0.76%。

◎ **中小型高新技术企业**

据科技部火炬中心统计，高新区的中小型高新技术企业（收入500万元以下）具有较强的研发活力。2005 年高新区内中小型新技术企业的研发经费支出占总收入的比重达到 20.4%，远远高于高新区全部高新技术企业的平均值（2.8%）。

三、技术活动经费

2006年，中国大中型工业企业购买国内技术支出87.4亿元，引进国外技术支出320.4亿元，从企业获取外部技术的情况来看，引进国外技术支出远高于购买国内技术支出，但两者之间的差距正在缩小。

从技术活动经费支出主体来看，内资企业引进国外技术和购买国内技术的金额最大，购买国内技术所占的比重最高；港澳台企业引进国外技术和购买国内技术的金额最小，购买国内技术的经费支出比例最低；外商投资企业的技术来源则主要依靠引进国外技术。

从技术引进、技术改造和技术消化吸收情况看，在内资企业技术活动经费支出中，技术改造的支出远高于技术采购的支出，消化吸收经费也比较高，显示企业对技术改造和消化吸收日益重视，但技术引进和消化吸收的比例仍然低于世界主要发达国家。

2006年，中国企业购买技术成交合同支出总额达到1524.83亿元，占全国技术市场成交合同总额的 83.9%。

表 4-3　2006 年大中型工业企业技术活动经费支出　单位：亿元

注册类型	技术改造经费	技术引进经费	消化吸收经费	购买国内技术经费
内资企业	2689.16	191.11	64.69	74.88
国有大型企业	562.50	40.28	3.97	8.49
港澳台投资企业	106.53	22.93	5.67	3.33
大型企业	55.86	10.73	3.94	1.15
外商投资企业	223.87	106.38	11.50	9.22
大型企业	136.55	38.17	4.89	6.14
各类型企业合计	3019.56	320.43	81.86	87.43

数据来源：《中国科技统计年鉴 2007》

第四节
科技金融

2006年，有利于自主创新的科技投融资机制种类增多，如中国进出口银行特别融资账户的设立、非上市高新技术企业股权代办转让系统启动与科技保险的快速推出等。同时，一些“十五”期间所开发的科技金融工具运行良好，投入力度不断加大。

一、政策（开发）性金融

◎ 国家开发银行各类科技融资

国家开发银行重点安排了重大科技项目贷款、产学研贷款、科技园区贷款、科技中小企业贷款、高科技创业投资贷款和创业投资（引导）基金贷款。截至2006年底，国家开发银行已累计向国家科技计划项目、科技型中小企业、国家高新区、创业投资机构等科技类项目签订贷款合同金额908.19亿元，累计发放贷款630.92亿元，贷款余额503亿元（占全行人民币贷款余额的2.83%）。

科技型中小企业贷款。2005年4月，科技部与国家开发银行在总结试点经验的基础上，联合下发《关于进一步推动科技型中小企业融资工作有关问题的通知》，不久又发布了《科技型中小企业贷款平台建设指引》，截至2006年底，国家开发银行已在全国22个省、直辖市，依托29个地方科技部门和高新区，搭建了科技型中小企业融资平台,累计发放29.2亿元贷款，占国家开发银行科技贷款累计发放总额的5%。

高科技创业投资贷款。国家开发银行在2003年11月出台了《国家开发银行高科技创业贷款项目评审指导意见》，由国家开发银行向科技创业投资企业提供贷款，再由科技创业投资企业以股权投入或债权方式支持科技型中小企业的发展。截至到2006年12月底，国家开发银行累计发放了27.7亿元高科技创业投资贷款，占国家开发银行科技贷款累计发放总额的4%。

创业投资（引导）基金贷款。2006年，国家开发银行湖北分行于12月29日向武汉光谷创业投资基金项目发放贷款1亿元人民币，实现国家开发银行创业投资（引导）基金贷款的首次发放。

◎ 中国进出口银行科技融资探索

中国进出口银行从1999年10月1日起正式开办高新技术产品出口信贷业务，并不断探索出口买方信贷、外汇担保、境外投资贷款等新的融资支持方式。截至2006年末，高新技术产品出口贷款余额442.58亿元人民币，“走出去”贷款余额668.99亿元人民币。

2006年底，中国进出口银行制定并开始执行《中国进出口银行支持高新技术企业发展特别融资账户实施细则》，设立支持高新技术企业发展特别融资账户，采取直接投资和间接投资模式，从事创业风险投资业务，扶持创业风险投资和中小型高新技术企业发展。

二、创业风险投资

据科技部研究中心、火炬中心的全样本调查，2006年，全国创业风险投资机构数达到345家*，当年新设创业投资机构达40家（到期清算、停业等共为14家）。创业风险资本总量达到663.8亿元，新增创业投资资本量为32.2亿元，增长率分别为8.2%和5.1%（表4-4）。政府性质的出资总额接近225亿元，占到全社会创业投资风险资本总量的33.9%。截至2006年全国创业风险投资累计投资项

表4-4　2001—2006年中国创业投资发展：机构和资本

年　份	2001	2002	2003	2004	2005	2006
创业风险投资机构总数（家）	323	366	315	304	319	345
机构增加数（家）	74	43	-51	-11	15	26
机构较上年增长（%）	29.70	13.30	-13.90	-3.50	4.90	8.20
创业风险投资管理资本量（亿元）	619.3	688.5	616.5	617.5	631.6	663.8
管理资本增加量（亿元）	107.3	69.2	-72	1	14.1	32.2
管理资本较上年增长（%）	21	11.2	-10.5	0.2	2.3	5.1

资料来源：《中国创业投资业发展报告2007》

*本项全国创业风险投资调查依托来自各地科技部门、创业投资协会以及高新区管委会的110名调查员所汇总的数据而成，调查过程中剔除了一些传统投资机构和名为“创业投资”但名实不符的机构。

目为4592个，创业投资当年投资项目数为676个；累计对高新技术投资项目数达到了2453个，占到57%以上，投资额215.9亿元，占到总投资额的53%左右。

2006年当年投资额在1000万元以下的项目占到总数的89.5%以上，所投企业注册资本在1000万元以下的占到41.4%，雇员人数为50人以下的占到50.5%。从创业投资金额的行业分布看，软件产业、传统制造业、农业、其他行业、新材料工业是2006年创业投资最为集中的5个行业，集中了当年创业投资总额的50%左右，较前两年有所上升（表4-5）。

创业投资与中小企业板互动关系逐渐活跃，在中小企业板上市的14家具有创投背景的公司共获得7400万元创投初始投资，14家公司中，除4家公司的创投已通过协议转让减持公司的股份外，有10家公司的创投机构可以通过二级市场以高回报变现退出。

表4-5　中国创业风险投资业投资项目的行业分布：投资金额与投资案例（2006年）　单位：%

投资行业	投资金额	投资项目
软件产业	14.6	12.5
传统制造业	11.3	6.7
农业	9.4	3.1
其他行业	7.6	10.6
新材料工业	7.5	10.3
新能源、高效节能技术	7.0	5.0
生物科技	5.4	7.9
通讯	4.6	4.1
消费产品和服务	4.1	3.4
光电子与光机电一体化	4.1	5.0
金融服务	3.8	4.3
资源开发工业	3.7	1.2
其他IT产业	3.2	3.8
IT服务业	3.1	2.6
医药保健	2.7	5.0
半导体	2.1	2.4
网络产业	1.5	2.6
环保工程	1.3	2.2
科技服务	1.2	2.2
媒体和娱乐业	1.1	2.2
零售和批发	0.6	1.9
计算机硬件产业	0.4	1.0

资料来源：《中国创业投资业发展报告2007》

三、资本市场

◎ 中小企业板

2006年，IPO（首次公开募股）新政策取消了辅导期，发行条件和程序也更为简化。同时，股权分置改革基本完成，全流通机制形成。中小企业板上市的公司有102家，2006年平均实现主营业务收入10.61亿元，平均净利润6033万元，分别比上年同期增长30.13%和25.16%。中小企业板交易情况呈现“三高”特征，平均股价、平均市盈率、日均换手率分别达14元、42倍和4.46%。

中小企业板已上市企业中，有70家属于高新技术企业，占68.6%，有42家公司承担过国家火炬计划等项目，占41.2%，充分显现了科技型中小企业群体与中小企业板的良性互动发展。

◎ 非上市高新技术企业股权转让代办系统

代办系统是多层次资本市场不可或缺的组成部分，是高新技术企业进入资本市场的“蓄水池”与“孵化器”。截至2006年底，中关村科技园区已经有13家企业在股份代办转让系统挂牌交易，历史成交总股数为3304.8万股，总金额为1.66亿元，总笔数为450笔。代办系统在中关村园区试点开展之后，科技部同证监会对试点范围向全国其他部分高新区扩大的政策进行了相关研究。

图4-7 中小板几年来运行平稳

四、科技保险

2006年，科技部、中国保监会联合出台了《关于加强和改善对高新技术企业保险服务有关问题的通知》。通知指出，将在某些比较成熟的地方进行科技保险试点，试点险种包括高新技术企业产品研发责任保险、关键研发设备保险、营业中断保险、出口信用保险、高管人员和关键研发人员团体健康保险和意外保险等6个险种。

2006年12月，财政部制定了《关于进一步支持出口信用保险为高新技术企业提供服务的通知》，按照该通知精神，中国出口信用保险公司将在深入了解高新技术企业需求的基础上，简化承保、理赔手续，积极为高新技术产品出口提供收汇保障。同时，推动保险项下融资业务，拓宽高新技术企业的融资渠道。目前，为推动科技保险工作，首批科技保险试点地区正在酝酿中。

第五章 科技人力资源

2006年，中国科技人力资源数量增长，质量和结构继续改善。政府加大了对科技人才培养的力度，出台和实施了一系列人才开发政策，科技人才开放与引进取得了新进展。

第一节 科技人力资源总量与构成

科技人力资源是建设创新型国家的基础。"十五"以来，中国科技人力投入及科技人力资源供给能力呈现出高速增长态势，为社会经济发展提供了强大动力和支撑。

一、科技人力资源总量

2006年，中国科技人力资源总量约为3800万人，比2005年增加了300万人，增长8.6%；每万人口中科技人力资源数从2005年的268人增加到289人（图5-1），人口科技素质继续上升。科技人力资源总量中大学本科及以上学历的人数从2000年的1000万人增加到2006年1600万人，其比重从2000年的40.0%提高到2006年的42.1%。根据美国《科学与工程指标》，美国具有大学学位的科学与工程劳动力总量（相当于中国的本科及以上学历科技人力资源总量）1999年为1300万人，2003年为1570万人。中国本科级以上科技人力资源总量已经赶上美国。

2006年，中国R&D人员总量为150.2万人年，比2005年增加13.7万人年，增长10.1%；其中，R&D科学家工程师为122.4万人年，增长9.4 %。2000—2006年期间，R&D人员总量持续高速增长，高学位和中高技术职称人员数量不断增加，R&D人员增长了62.9%，R&D科学家工程师总量增长了76.1%，科学家工程师所占的比重多年保持在80%以上（图5-2）。中国R&D科学家工程师总量已居世界第二位。

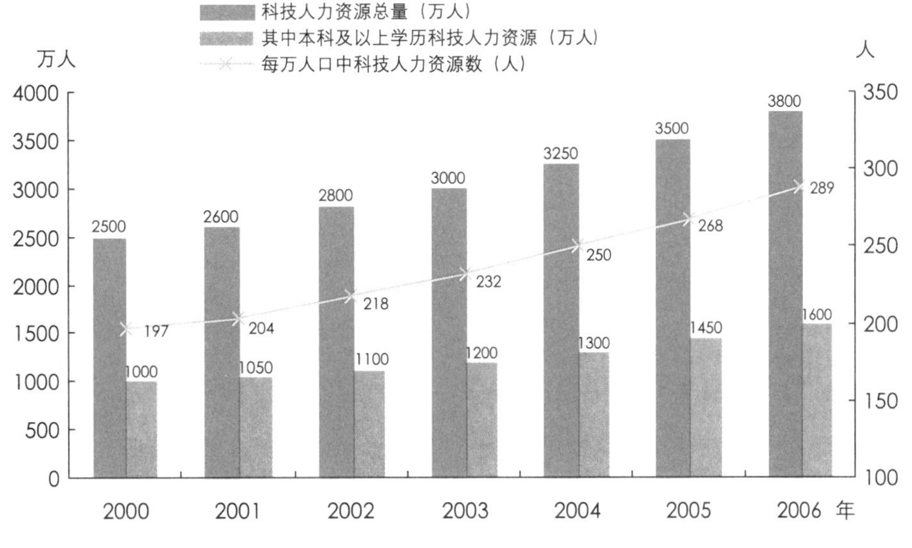

图 5-1　中国科技人力资源总量（2000—2006 年）

注：图内数据是根据全国教育统计和人口统计数据计算所得。本次计算去掉了人口普查中包含的高校本专科在校生数据，但考虑了高等教育自学考试毕业生数据。

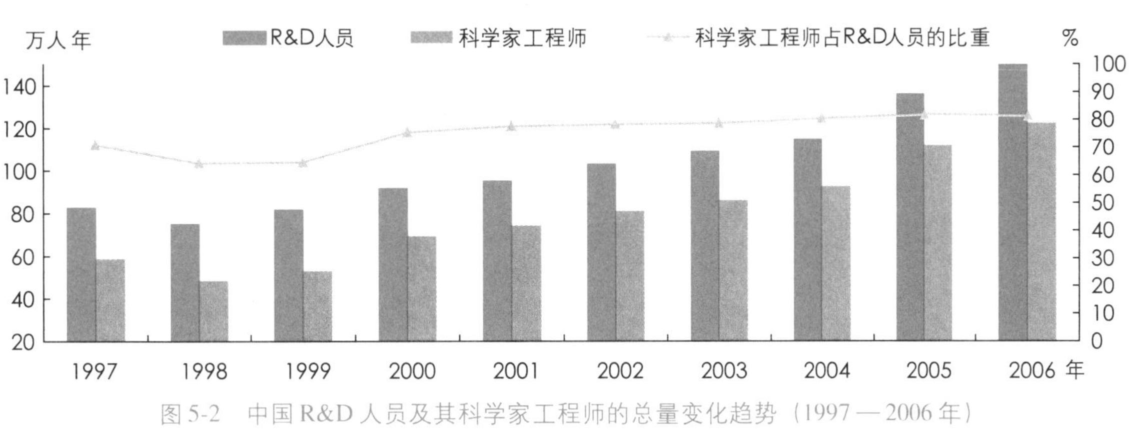

图 5-2　中国 R&D 人员及其科学家工程师的总量变化趋势（1997—2006 年）

数据来源：《中国科技统计年鉴 2007》

中国科技人力投入总量位居世界前列，但是按照科技人力投入强度指标（全部劳动力中的研发人员比重）衡量，中国在国际上尚处于落后位置。2005 年中国每万名劳动力中 R&D 人员为 17.5 人年，约为俄罗斯、挪威、澳大利亚、奥地利、比利时和法国的 1/7，韩国和英国的 1/5。中国每万名劳动力中从事R&D活动的科学家工程师为14.4 人年，虽然比2000 年的10 人年有了较大的上升，但美国、日本、俄罗斯和韩国的这一指标值仍然是中国的6 倍、7 倍、4 倍和5 倍以上。中国每万名劳动力中 R&D 人员和 R&D 科学家工程师的比例不仅大大低于发达国家，而且低于波兰、阿根廷等国，在 OECD《主要科学工程指标 2006》所列的 37 个国家中排第 34 位。

中国科技活动人员占科技人力资源的比重近几年呈现下降趋势，从 2000 年的 12.9% 下降到 2005 年的 10.9%。2003 年美国 1570 万科学与工程劳动力总量中实际从事科技职业的有 490 万，占

31.2%，而2005年中国对应的指标即从事科技活动的科学家工程师占本科以上科技人力资源的比重只有17.7%。

二、研发人员构成

2006年中国R&D人员总量中，企业占65.8%，高等学校占16.1%，研究机构占15.4%，其他占2.7%。中国企业R&D人员占全国总量的比重逐年增大。而高等学校和研究机构的R&D人员在数量增加的同时，所占的比重却逐年减少（图5-3）。中国科技资源配置在向企业倾斜，企业研发力量已经超过政府研究机构和高等学校的总和。中国研发人员构成与OECD整体情况基本相似。

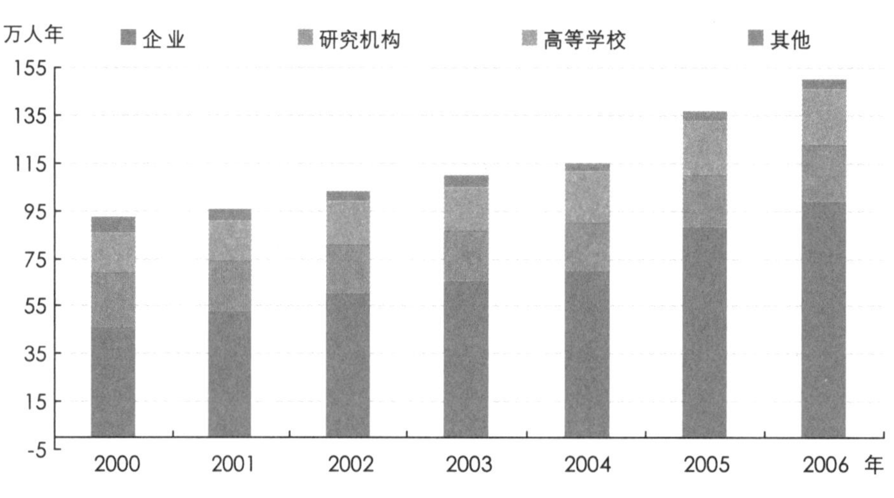

图5-3 中国R&D人员按执行部门分布（2000—2006年）

数据来源：《中国科技统计年鉴2007年》

2006年中国150.2万R&D人员中，从事基础研究的人员为13.1万人年，占8.7%；从事应用研究的有30.0万人年，占20.0%；从事试验发展的有107.1万人年，占71.3%（图5-4）。中国研发人力资源投入继续向试验发展活动倾斜。2000年以来，试验发展人员共计增加了44.8万人年，年均增长9.5%。基础研究人员的增长率居第二，年均增长8.7%，5年共增加了5.1万人年，表明国家对基础研究的重视程度有所提高。应用研究人员增加幅度最少，年均增长只有5.3%。目前，与OECD国家相比，中国基础研究人员的比例仍然偏低。

三、科技人力资源地区分布

2006年，中国R&D人员总量的61.2%、R&D科学家工程师总量的61.4%集中在东部地区；中部地区R&D人员、R&D科学家工程师数量分别占全国总量的21.8%和21.9%；西部地区这二项指标分别为17.0%和16.7%（表5-1）。

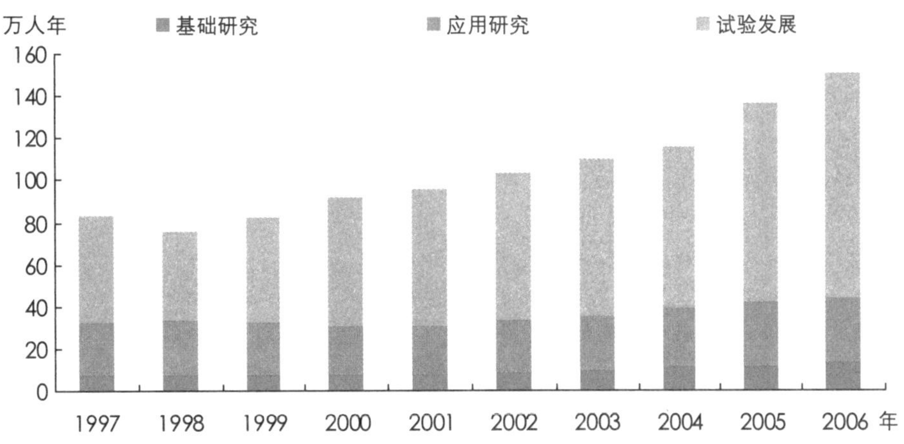

图 5-4　中国 R&D 人员按活动类型分布（1997—2006 年）

数据来源：《中国科技统计年鉴 2007》

表 5-1　东部、中部和西部地区 R&D 人员的比较（2000—2006 年）　　单位：万人年

年份	东部地区 R&D 人员		中部地区 R&D 人员		西部地区 R&D 人员	
		科学家工程师		科学家工程师		科学家工程师
2000	49.8	38.7	21.5	15.9	20.9	14.9
2001	51.8	41.6	21.5	16.6	18.8	13.7
2002	60.7	49.1	23.6	18.8	20.9	15.3
2003	63.0	50.7	23.4	18.4	20.1	15.0
2004	70.0	56.3	24.7	20.0	20.6	16.3
2005	83.5	68.7	29.8	24.5	23.2	18.6
2006	92.6	75.6	33.0	26.9	24.7	19.9

中国东部、中部和西部三大地区的科技人力投入近几年总体呈现增长态势。2006 年东部地区 R&D 人员、R&D 科学家工程师总量比 2005 年分别增长了 10.8% 和 10.0%；中部地区分别增长了 10.5% 和 9.6%；西部地区增长均为 6.8%。2000—2006 年期间东部地区 R&D 人员、R&D 科学家工程师总量年均分别增长 10.9% 和 11.8%；中部地区年均分别增长 7.3% 和 9.1%；西部地区年均增长只有 2.9% 和 5.0%。中西部地区近年来科技人力投入波动较大，近 6 年中有 3 年显现低速甚至是负增长，尽管 2005 年和 2006 年增速较快，但与东部的地区差异仍然呈现加大的趋势。2006 年与 2000 年相比，东部地区 R&D 人员总量、R&D 科学家工程师总量占全国的比重分别从 54.0% 和 55.7% 增加到 61.2% 和 61.4%；中部地区两项指标值则从 23.4% 和 22.9% 降到 21.8% 和 21.9%；西部地区从 22.6% 和 21.4% 降到 17.0% 和 16.7%。我国科技资源存在进一步向东部集中的趋势。

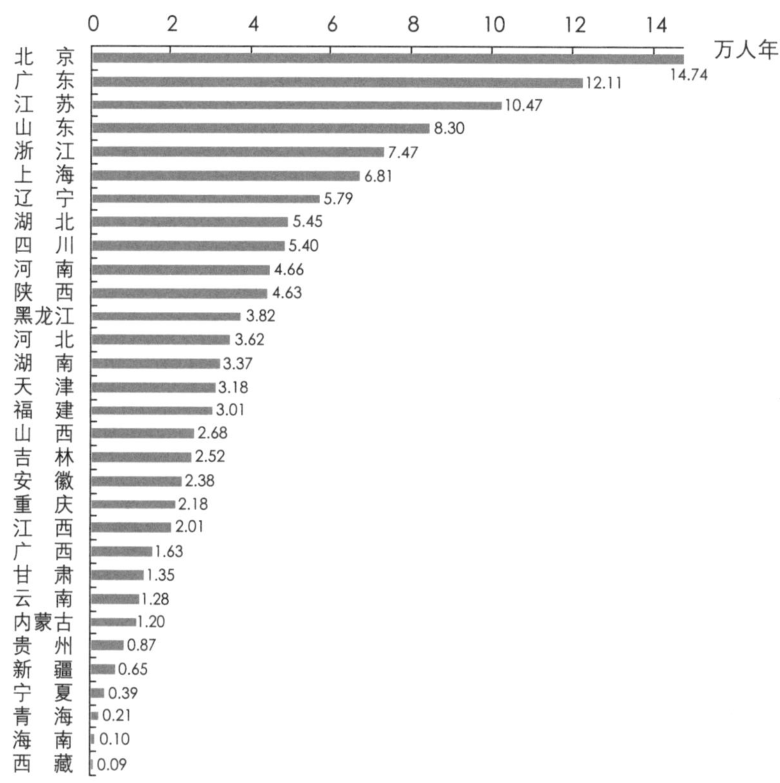

图 5-5 各地区的 R&D 科学家工程师总量（2006 年）

数据来源：《中国科技统计年鉴 2007》

从行政区划看，中国R&D人员主要集中在东部地区的北京市、广东省、江苏省、山东省、浙江省、上海市和辽宁省，2006年东部这7个省市的R&D人员及其科学家工程师总量位列全国前7位，其总量之和占全国的比重为53.7%。紧随其后的有中部和西部的湖北省、四川省、河南省和陕西省。

第二节 科技人才培养

科技人才培养主要靠高等教育和科研创新实践。中国政府大力发展高等教育，增加科研投入，实施人才强国战略，为中国年轻人成为科技人才提供了更多的发展机会。

一、高等教育

为满足国民经济发展对科技人才的需求，中国从1999年起调整高等教育体系结构，扩大高等教育规模，大力发展高等职业教育，形成了普通高等教育与成人高等教育、自学考试制度、网络高校相辅相成的高等教育体系。

◎ 多形式的高等教育

高等教育毕业生是科技人力资源的主要来源。建国以来至2005年底，中国高等教育为各行各业培养和输送了5406万大学毕业生，其中，普通高校毕业生占46%、成人高校占38%、自学考试占14%、网络高校占2%。

进入21世纪以来，中国高等教育进入了一个空前的发展时期，招生规模不断扩大。2006年，高等教育本专生招生总规模达827.7万，比2005年增长5.2%，是2000年招生总数的3.8倍；其中普通高校招生530.0万、成人高校184.4万、网络高校113.3万。同年招收研究生39.8万，比2005年增长9.1%，是2000年招生总数的3.1倍；其中博士5.6万，硕士34.2万。

大幅度推进高等学校扩招，是党中央国务院的决策，同时也是社会经济发展的客观需要。高校扩招的实践，使更多的年轻人能够进入高校接受高等教育，同时也大大促进了教育体制的创新、学科结构调整和教育观念的变革。政府增加了教育经费支出，高校教学和科研基础设施得到了重大改善。为了使更多的农村学生和家庭生活困难的孩子能够上得起大学，政府采取了一系列资助贫困生的优惠政策措施。如高校从学校社会事业收入中提取4%～6%的经费用于资助家庭经济困难学生，学校后勤部门为学生提供更多勤工助学的机会；银行为高校贫困生提供了各种助学贷款，各级政府和社会团体也给贫困大学生提供了各种助学金。政府的配套政策措施使得高校的扩招得以实现，而高校的扩招为中国科技人力资源总量的增长做出了贡献。面对现代科学技术的迅猛发

图5-6　进入21世纪以来，中国高等教育进入了一个空前的发展时期

展和社会经济发展对科技劳动力的更高要求，高校人才培养模式和质量问题受到了广泛关注。中国高等教育已经开始从注重规模扩大转向注重人才培养质量。2006年，由于招生增长得到较好调控，高等教育在校生规模的增速有所回落。全国研究生和本专科在校生规模达到2696.6万人，比上年增长11.8%，增幅同比下降1.2个百分点。其中，在学研究生人数达到140.4万人，本专科生达到2556.2万人。中国高等教育已进入高等教育大众化阶段，在校生规模居世界第一位。

◎ 理工科教育

自然科学与工程技术领域的毕业生是科学家工程师的主要来源。2006年中国普通高等学校自然科学与工程技术领域本专科毕业生达到186.94万人，比2005年增长22.3%；其中人数最多的是工学，为134.2万人；其次是医学，为25.3万人；理学和农学分别为19.7万人和7.7万人。近年来，中国普通高等学校自然科学与工程技术领域毕业生人数高速增长，但占全部领域毕业生总数的比例呈现逐年下降的趋势，从2000年的57.1%下降到2006年的49.5%。在普通高等学校自然科学与工程技术领域毕业生中，工学和医学学生的比例上升，理学和农学学生的比例下降。2006年自然科学与工程技术领域的毕业生总数中，工学依然占据第一，比重上升到71.8%。医学毕业生数量大幅度增长，比重上升到13.5%。理学毕业生所占比重下降到10.6%。农学毕业生仅占4.1%（图5-7）。

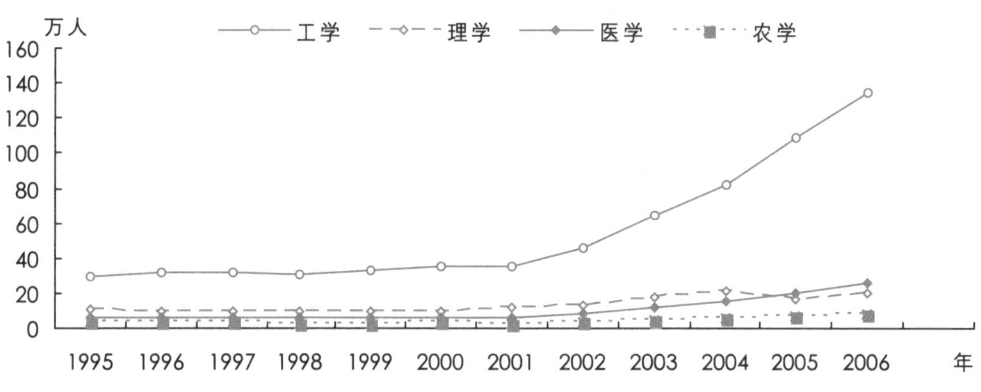

图5-7　普通高等学校自然科学与工程技术领域各学科毕业生数的变化趋势

数据来源：《中国教育统计年鉴》(1995—2006)

2006年，全国自然科学与工程技术领域研究生毕业人数达到15.9万人，是2000年的3.9倍，占毕业研究生总数的62.1%。其中，理学占18.3%，工学占59.5%，农学和医学分别占5.6%和16.6%；博士2.6万人，占16.6%，硕士13.3万人，占83.4%。2000年以来，中国自然科学与工程技术领域研究生毕业人数占毕业研究生总数的比重基本维持在63%左右；自然科学与工程技术领域研究生毕业生总数中，理工农医4个学科的比重相对稳定；工学的比例在59 %左右；农学略有上升，为5.6%；医学的比例有较大上升，从1999年的14.3%上升到16.6%；理学的比例有所下降，由1999年的21.1%下降到2006年的18.3%（图5-8）。

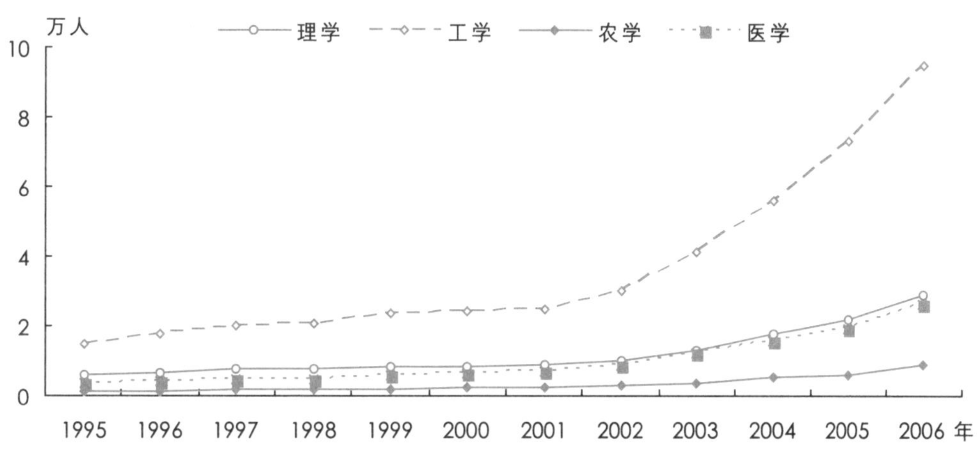

图5-8 全国研究生自然科学与工程技术领域各学科毕业生数的变化趋势

数据来源:《中国教育统计年鉴》(1995—2006)

二、科技人才培养的若干措施

为实施新世纪人才强国战略，中国政府各部门相继出台或延续加强了科技人力资源开发政策措施，推出了一系列人才培养计划。

◎ 新世纪百千万人才工程

“百千万人才工程”是国家人事部会同科技部、教育部、财政部、国家发改委、国家自然科学基金委、中国科协等部门组织实施的专业技术人才培养的专项计划，始于1995年。按照《中共中央国务院关于进一步加强人才工作的决定》提出的“依托新世纪百千万人才工程等国家重大人才培养计划、重大科研和建设项目、重点学科和科研基地以及国际学术交流与合作项目，积极推进创新团队建设，加大学科带头人的培养力度”的要求，人事部等七部委制定了2002—2010年“新世纪百千万人才工程”实施方案。2006年，全年共选拔3841名政府特殊津贴专家，530名中青年优秀专业技术人才被选评为新世纪百千万人才工程国家级人选。

◎ 国家科技计划的人才培养

863、支撑和973等国家主要科技计划的实施为科技人才特别是中青年科技人员搭建了展示才华的舞台，成为培养中青年优秀学科带头人和博士、硕士高学位人才的摇篮。2006年，参加863、支撑和973三大科技计划项目人员共计75908人，其中，中级和高级技术职称人员为49302人，占64.9%；具有博士学位的人员16549人，具有硕士学位的人员18659人，两者合计占46.4%；初次担任国家级项目的负责人为1015人。2006年，863、支撑和973三大科技计划共培养博士和硕士 12828 人，其中博士 5004 人，硕士 7824 人。

◎ 博士后制度

中国博士后制度吸引、稳定和储备了大批高层次人才，初步形成了一支高素质的博士后研究人员队伍。据全国博士后信息发布系统的数据，2006年新设博士后科研工作站共311个。截至2006年，全国共有343个高等院校和科研院所设立了1363个博士后科研流动站，在企业中建立了1318个博士后科研工作站，研究专业覆盖了理、工、农、医和哲学、社会科学等 12 大学科门类的 86 个一级学科和工业、农业、国防、交通、能源、环保等关系国计民生的重要领域。2006 年全国当年招收博士后 6384 人，在站博士后研究人员达到 16454 人，出站 3815 人。2006 年博士后出站去向中，高校占 60.1%，科研院所占 13%，企业占 8.1%，政府部门占 2.6%，出国仅占 1.6%，其他 14.6%。至 2006 年底，全国累计招收博士后研究人员 43865 人，企业博士后工作站累计招收 3982 人。博士后制度为中国培养了大批高水平的科技人才、学术带头人和高级管理人才。2006 年在中国科研机构工作的博士后人员达到 4172 人，占当年研究机构博士人员总数的 22.3%。中国博士后工作已纳入制度化、规范化的轨道。

◎ 国家自然科学基金

国家自然科学基金支持基础研究和创新探索，在培育我国科研人才尤其是中青年科学家和学术带头人方面起到了积极的作用。2006 年，国家自然科学基金资助面上项目 10271 项，金额达到 268595 万元，比 2005 年增加 18.9%；其中，针对 35 周岁以下的青年基金项目为 2429 项，资助金额达到 55549 万元，比 2005 年增加 24.6%。在 10271 个面上项目中，项目负责人年龄在 45 岁以下的为 7887 项，占 76.8%。

2006 年，国家自然科学基金重点项目 277 项，资助金额为 44349 万元，项目负责人年龄在 45 岁以下的占 47.3%，比 2005 年的 45.9% 有所提高。

2006 年，“国家杰出青年科学基金”共资助了 158 名青年科学家从事自然科学基础研究和应用基础研究，资助金额达到 30880 万元，比 2005 年增加 97.4%；单项平均资助金额达到 195.44 万元，比 2005 年增加 1 倍。

◎ 中国科学院“百人计划”

“百人计划”是中国科学院重要的人才工作计划，每年计划从国外引进 100 名、国内引进 30 名优秀人才。2006 年，有 79 人获得“引进国外杰出人才”计划入选资格，10 人获得国内“百人计划”入选资格。截至 2006 年，“百人计划”入选者共计 1067 人，其中引进国外杰出人才 849 人，国内 218 人。作为人才培养计划，“百人计划”取得了令人振奋的成绩。“百人计划”入选者中有 20

名当选为院士，24位成为973计划项目首席科学家，57位担任了863计划项目负责人，85位走上所级领导岗位，53位被聘为实验室主任，实现了其培养学科带头人的目标。另外，“百人计划”学者已完成195项重大创新任务，有71人次获国家奖项。

◎ 教育部高层次创造性人才计划

教育部在对原有10余个人才计划项目统筹规划、集成整合、继承创新的基础上，2004年启动了“高层次创造性人才计划”。第一层次是“长江学者和创新团队发展计划”，每年遴选聘任长江学者特聘教授、讲座教授各100名，遴选支持60个创新团队。第二层次是“新世纪优秀人才支持计划”，每年遴选支持1000名左右自然科学和人文社会科学领域的优秀青年学术带头人。第三层次是“青年骨干教师培养计划”，每年重点支持培养10000名以上的青年骨干教师。

2006年度共评选出103位长江学者特聘教授、99位讲座教授。1998—2006年共有97所高校分8批聘任了799位特聘教授、308位讲座教授，14位优秀学者荣获“长江学者成就奖”。1107位长江学者特聘教授、讲座教授中，98%的具有博士学位；94%的具有在国外留学或工作的经历；上岗时平均年龄42岁，最小的30岁；特聘教授中，直接从海外应聘或近三年回国工作的231人，讲座教授全部从海外应聘。

截至2006年，有24位长江学者特聘教授当选为中国科学院院士和中国工程院院士；有57位长江学者特聘教授担任973计划首席科学家；有30位长江学者特聘教授取得的39项重大成果分别入选“中国十大科技进展新闻”、“中国基础研究十大新闻”以及“中国高校十大科技进展”；有175项由长江学者特聘教授主持或作为主要完成人参加的科研成果获得了国家三大科技奖；70位长江学者指导的88名博士研究生获得了“全国百篇优秀博士论文奖”。

◎ 研究生教育创新计划

研究生教育创新计划是国务院批准的教育部《2003—2007年教育振兴行动计划》的一个重要组成部分，为营造研究生教育与科研的创新环境，培养博士、硕士创新人才提供了条件。研究生教育创新计划包括创建全国博士生学术论坛、全国研究生暑期学校、全国博士生学术会议、建设研究生创新中心、研究生访学制度和研究生培养改革等一系列行动项目。2006年，教育部共实施了85个研究生教育创新计划项目，其中分学科领域共举办了13个“全国博士生学术论坛”，14个“全国研究生暑期学校”。另外，研究生教育创新计划还扩大资助开展研究生国内访学，资助25个研究生培养单位接收外校研究生来本校重点学科或重点实验室进行“研究生国内访学”等项目。

◎ 专业技术人才知识更新工程（“653工程”）

从2005年9月起，人事部会同有关部门开始实施专业技术人才知识更新工程（“653工程”）。计划到2010年，在现代农业、现代制造、信息技术、能源技术、现代管理等5个领域，开展专项继续教育活动，重点培训300万名紧跟科技发展前沿、创新能力强的中高级专业技术人才。该工程已被列入国民经济和社会发展第十一个五年规划，成为国家实施的一项重大人才培养工程。2006年人事部会同相关的五个政府部门和五个行业协会，制定了工程涉及的五大领域十个行业的实施办法，逐步建立了工程实施的工作体系和由课程教材、师资、信息平台建设等构成的服务体系。人事部在五大领域举办了50多期专业技术人员高级研修班，培训了各领域近5000名创新型高层次专业技术人才。

◎ **50万新技师培养计划**

50万新技师培养计划是劳动和社会保障部为满足国内劳动力市场对技术技能型、复合技能型、知识技能型人才的需要而实施的人才培养计划。从2004—2006年，在制造业、服务业及相关行业技能含量较高的职业中，中国共培养了50万名技师、高级技师和其他高等级职业资格人才，其中，2004年培养了10万名新技师，2005年培养了15万名新技师，2006年培养了25万名新技师。2004—2006年，劳动和社会保障部组织了第七届、第八届全国技能表彰活动，并将“中华技能大奖”和“全国技术能手”的表彰奖励规模扩大1倍，同时授予培养技能人才成绩突出的企业和培训机构“国家技能人才培育突出贡献奖”。全国高技能人才培养体系正在形成。

第三节
科技人才开放与引进

中国政府实行对外开放的人才与留学政策，既允许中国公民自由出国留学，也吸引外国学生到中国留学，更采取优惠政策措施吸引和引进海外人才到国内工作。这加速了科技人力资源的国内国际双向流动，不仅有利于科技人才的培育和开发，也促进了科学技术知识的扩散和应用。

一、留学生

近几年中国出国留学人员数量维持在较高水平，而学成回国人员也呈现出逐年增加的趋势。联合国教科文组织公布的统计数字显示，中国目前是世界上出国留学生人数最多的国家，全世界大约每7个外国留学生中就有1个中国学生。2006年中国出国留学人员为13.4万人（图5-9）。2006年自费出国留学生已达到当年出国留学生总数的90%。

中国学成回国人员数量近年呈逐年上升趋势。2006年学成回国人员数量达4.2万人，比上年增

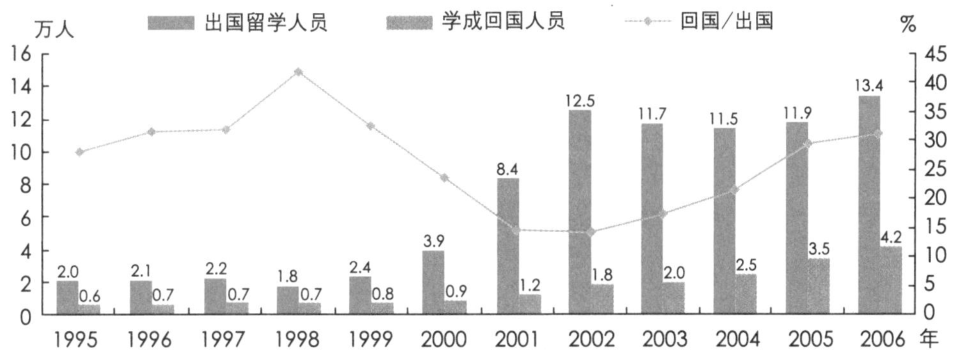

图 5-9 出国留学人员与学成回国人员（1995—2006 年）

数据来源：《中国教育统计年鉴 2006》

长 20%，是 2000 年的 4.6 倍。从 1978 年到 2006 年底，中国各类出国留学人员累计总数为 106.74 万人，留学回国人员累计总数为 27.49 万人。2006 年回国留学人员中自费留学人员占到了 79%。

2006 年度与 2005 年度相比较，出国留学人数增长加快，留学回国人数持续大幅增长，当年回国留学人员占出国留学人员的比率由最低时（2002 年）的 14.3% 上升到 2006 年的 31.3%。出国留学人员比 2005 年增长 13.1%。

随着中国经济在全球的影响加大，中国高校也成为吸引海外年轻人学习深造的乐园，全球留学中国热悄然兴起。近年来，外国留学生每年以两成以上的速度递增。2005 年留学生数量突破 14 万人，成为新中国成立以来来华留学生数量最多、生源国家数量最多、就读学校数量最多的一年。

二、人才引进

为鼓励出国留学人员回国工作或以多种形式为国服务，中国政府采取了一系列政策措施。教育部相继设立了“留学回国人员科研启动基金”、“跨世纪优秀人才计划”、“春晖计划”等项目。2005 年，人事部、教育部、科学技术部、财政部为提高留学人才引进工作的针对性、实效性，联合发布了《关于在留学人才引进工作中界定海外高层次留学人才的意见》。2006年人事部制定并公布了《留学人员回国工作“十一五”规划》（以下简称《规划》）。“十一五”期间，中国将实施吸引留学人才为国服务的三大计划：高层次留学人才集聚计划、留学人才创业计划和智力报国计划，逐步形成吸引留学人员回国工作和为国服务的政策与部门工作协调体系，建造海外高层次留学人才回国工作的绿色通道。要使留学回国人员新增人数达到15万～20万人，吸引留学人员回国服务20万次，创建 150 家留学人员创业园，留学人员入园企业达到 1 万家。

中国重点引进三类人才：学术技术领军人才、高级经营管理人才和急需紧缺的专门人才。通过国家重点实验室负责人，高等院校、科研机构学术带头人以及其他高级科研岗位面向海外公开招聘，集中力量重点引进一批世界一流的科技领军人物和战略科学家。结合国家重大科技专项和重点创新项目，积极引进海外高层次留学人才和科研团队；结合国家自主创新战略，围绕能源、水和矿产资源、环境、农业等国家重点发展领域和生物技术、新材料、先进制造等前沿技术，重点引进拥有自主知识产权、具有较好发展潜力的创新人才。

中国政府推动建设的国家大学科技园和留学人员创业园为海外留学人才回国创业提供了条件。政府实行一系列政策鼓励留学人员回国创业，包括支持他们以专利、专有技术、科研成果等在国内进行转化、入股，创办企业，对留学人员创办的高新技术企业在税收、融资、劳动人事等方面提供便利；建立健全回国创业或从事高新技术转化需要的投融资机制，探索建立国家留学人员回国创业基金，鼓励和支持有条件的创业园引进或设立专业化的风险投资基金或创业基金，为留学人员回国创业提供资金支持或融资担保等。至2006年，经国家科技部、教育部共同批准认定的国家大学科技园共50家，入驻企业6075家，其中高新技术企业1746家，高校师生创办企业1110家；经人事部、科技部、教育部和国家工商总局批准设立的国家留学人员创业园试点单位共21家。全国已建成各级各类留学人员创业园110家，入园企业超过6000家，约15000余位留学人员在园内创业。

中国近年来吸引和引进海外人才的政策措施产生了良好的效果。许多海外人才进入研究机构和高等学校，并投入到国家科技计划研发项目和其他科研与教学活动。2006年，863、支撑和973三大科技计划引进人才2734人，其中，留学归国人员2388人，聘用国外专家346人。2006年在中国研究机构工作的留学回归博士人数达到1787人，占研究机构博士人员总数的比重为9.6%；担任院所领导的回归博士有226人，占研究机构留学回归博士总数的12.6%。教育部直属高校中，留学回国人员在校长中占78%，博士生导师占63%，国家级、省部级教学、研究基地（中心）、重点实验室主任占72%。中国科学院院士的81%、中国工程院院士的54%、国家“863计划”首席科学家的72%，均为留学回国人员。

社会各界和民间团体也为促进留学人才为国服务做出了贡献。为了积极推进人才强国战略实施，促进留学人员事业健康发展，经国务院批准，由欧美同学会“中国留学人员联谊会”发起，将设立一个面向海内外留学人才的全国性公募基金会即中国留学人才发展基金会。中国留学人才发展基金会将为中国留学人才回国创业、报效祖国提供多种形式的资助与服务。

第六章 科技条件建设

加强科技条件建设、大力推进科技条件自主研发、推进科技条件资源的共享，为科学研究和创新活动提供良好的环境是《规划纲要》确定的重要任务。建设创新型国家、提高中国自主创新能力，对科技条件建设提出了更高、更新的要求。

第一节 科技条件建设与自主创新

一、全国总体科技条件建设投入

2005年，中国科技条件建设投入继续保持较高投入势头，其中固定资产购建费达到1427.9亿元，占整个科技活动经费内部支出的29.53%，比2001年增长了1倍多，近5年固定资产购建费的增长情况见表6-1。

表6-1 〝十五〞期间科技活动经费内部支出中固定资产购建情况（2001—2005年） 单位：亿元

年份	科技活动经费内部支出总额	固定资产购建费	比重(%)
2001	2312.5	692.3	29.94
2002	2671.5	722.6	27.05
2003	3121.5	852.4	27.31
2004	4004.4	1192.0	29.77
2005	4836.2	1427.9	29.53

在固定资产购建费中，仪器设备购置费具有较高比例。2005年全国大中型工业企业科技活动经费内部支出为2543.3亿元，固定资产购建费846.2亿元，其中设备购置费为737.6亿元，占固定资产购建的87.17%；县级以上研究与开发机构科技活动经费内部支出为829.7亿元，固定资产购建费总计170.3亿元，其中仪器购置120.9亿元，占固定资产购建的71.01%。从研究开发经费的内

部支出看，2005年县级以上研究与开发机构研究与开发费内部支出513.1亿元，其中仪器设备购置费支出80.2亿元。

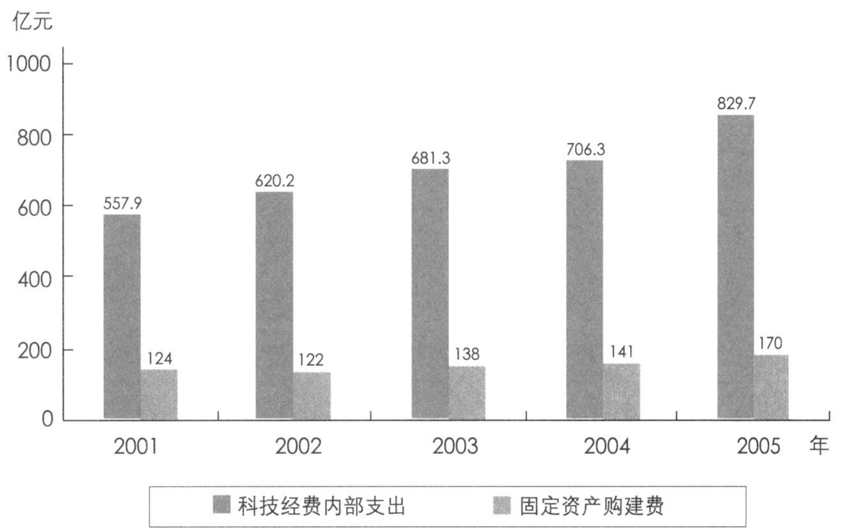

图6-1 "十五"中国研究与开发机构固定资产购建情况（2001—2005年）

数据来源：《中国科技统计年鉴2006》

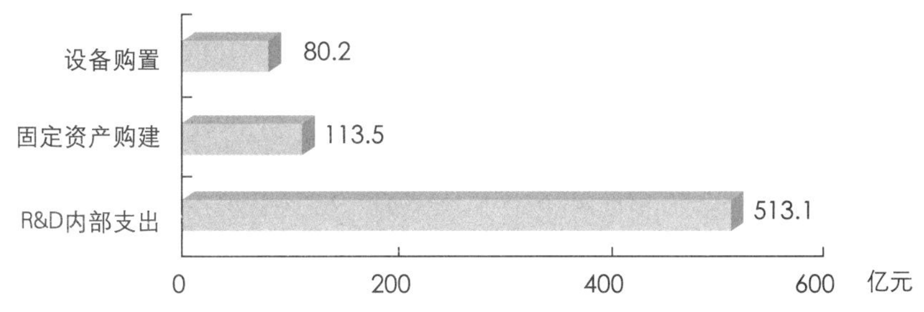

图6-2 2005年中国研究与开发机构研发支出中固定资产购建情况

数据来源：《中国科技统计年鉴2006》

二、科技条件建设重要进展

随着《科研条件建设"十五"发展纲要》的实施，到2006年中国科技条件建设工作形成了良好的局面，为中国科技创新活动提供了重要支撑。

仪器设备是科学研究中最重要的手段之一。"十五"期间，中央和地方各级机构都对大型科学仪器设备进行了大量的投资，经费投入总体上保持较高速度的增长，大型科学仪器设备的数量逐渐增多，种类逐步齐全。据科技部所做的大型科学仪器设备专项调查，到2003年初，全国价值在50万元以上的大型仪器设备总台数超过1.2万台，总价值已经超过150亿元。在各类科技计划、"211

工程”、“985工程”和“知识创新工程”等的大力支持下，一些国家重点高等院校和科研机构大型仪器设备装备水平得到大幅度提升。从区域分布来看，现有大型科学仪器设备主要集中于东部沿海地区的直辖市和省会城市，以及中西部地区的大区经济、科教中心，如北京、上海、西安、广州和长春等城市。现有大型科学仪器设备中已使用20年以上的仪器约占7%，10～20年的约占37%，最近10年购置的约占56%。

“十五”期间，科技部分别联合教育部、卫生部、国土资源部、中国科学院等部门，以及北京市、上海市等地方，以共建共享模式建立了北京二次离子探针中心、上海质谱中心等10个以大型精密仪器设备为核心的国家大型科学仪器中心。2006年，科技部又分别联合财政部、教育部、中国科学院，以及北京市、湖北省等地方共建了北京电镜中心、北京中子散射中心以及武汉800MHz共振中心等3个国家大型科学仪器中心，这些大型科学仪器中心都以当前国际国内最先进的仪器为核心，建立有效的开放共享机制，切实增强了科技创新能力。已建立10个国家大型科学仪器中心核心仪器年运行有效机时均达到2000小时，对外服务和合作一般达到总机时的40%，以这些中心为主体承担和服务的973、863、军工和国家自然科学基金等项目达到170余项。在《Science》、《Nature》等高水平的期刊上发表文章237篇，获得多项国家级奖励。国家分析测试中心体系建设逐渐完善。目前，国家分析测试中心有14个，部委和各省属分析测试中心超过50个，基本涵盖了产业发展和科学研究的重要方面。

国家财政投入的增加促进了公益性科技文献信息事业的发展，“十五”期间，科技部、教育部、中国科学院等所属文献信息机构的各类资源大幅度增长。在科技部等部委组织协调与支持下，组建了国家科技图书文献中心（NSTL），外文科技文献资源快速增长，2005年，仅NSTL订购的印刷版外文科技文献就达21000余种，是“九五”末期的4倍多，占全国引进外文印本科技文献总量的60%以上。到2005年，初步形成了以NSTL为主、各类机构互补的国家外文科技文献信息资源保障服务体系，满足了科技发展对外文文献的基本需求。国家数字图书馆工程、中国高等教育文献保障系统、中国科学院国家科学数字图书馆的建设发展，以及跨系统、跨部门和跨地区的文献信息机构合作与协调不断深化，有效地促进了各系统文献信息资源的共建共享。同时，在中文科技文献信息服务领域，公益性和市场化科技文献信息服务互为促进的格局初步形成。

2005—2006年，中国在实验动物工作法制化、信息化建设，实验动物支撑保障能力等方面取得了重要的进展。逐步完善了相关政策法规，推进了《实验动物管理条例》修订，北京市、湖北省、云南省先后出台《实验动物管理条例》等法律文件。同时，为了提高实验动物管理工作质量，维护动物福利，促进人与自然和谐发展，适应科学研究、经济建设和对外开放的需要，科技部出台了《善待实验动物的指导性意见》。建成了“国家啮齿类实验动物种子中心”、“国家遗传工程小鼠资源库”、“国家实验兔种质资源基地”、“国家SPF禽类种质资源中心”和“实验用比格犬种源基地”，启动了“国家实验用小型猪种质资源基地”、“国家实验用猕猴种源基地”和“国家实验灵长类种质资源中心”等项目，拥有的资源品种、品系已达400多个,在国际上拥有了一定程度的发言权。“中国实验动物信息网”已成为实验动物行业的重要窗口和信息平台。

图6-3　铯原子喷泉时间频率基准装置图

国家质检总局组织专家对20世纪60～80年代建立的原有191项国家计量基准、副基准的整体技术水平进行了首次评价，到2005年评价后共保留了177项。加快了国家计量基准的更新改造，并开展了包括7项量子基准课题的前沿研究。其中,“激光冷却铯原子喷泉时间频率基准”（图6-3）的不确定度达到8.5×10^{-15}，相当于350万年不差1秒。目前，国际上只有法国、美国和德国独立研制成同类的实验室型原子钟，这标志着我国时间频率计量研究已进入世界最先进水平的行列。启动了一批为保证中国基标准量值与国际一致，并提高为国民经济和社会发展的技术服务能力的研究项目，如纳米计量标准、光通信计量检测标准研究等。

2006年，在国家发改委、科技部支持下，国家陆续启动了一批重大科学工程等的建设工作，显著改善了基础研究设施与条件，提升了基础科学和前沿高技术领域的原始创新能力。

三、“十一五”科技条件建设重点

“十一五”期间，国家将继续加大重要公益性、基础性科技基础条件资源的投入力度，在不断提升科技基础条件资源使用效率的同时，合理布局，着重提升科技条件支撑能力。

为加强科学仪器设备、科技文献、科技基础设施、实验动物以及科研用试剂等科技条件资源的建设，进一步加强重要研究基地建设，有效支撑《规划纲要》的实施，科技部、财政部和发改委等部门在总结“九五”和“十五”工作的基础上，对未来一段时间中国重要科技条件建设进行了规划。

◎ 加强大型科学仪器设备的装备

《“十一五”科学仪器设备发展规划》提出，到2010年，紧密围绕科技发展的重点任务需求，在充分整合现有仪器设备相关资源的基础上，加强大型仪器设备建设。充分考虑仪器类别、学科、地区的均衡发展，加强中、西部区域科技条件资源建设，优化仪器设备布局；坚持仪器设备与基地、人才相结合，实现优质资源向优质团队聚集；注重仪器设备的系统集成和配套性建设，最大限度挖掘仪器设备的功效，建成布局合理、功能配套以及与科技创新活动相适应的仪器设备装备体系。建设一批国家大型科学仪器中心，加强国家重点实验室等基地仪器设备建设，围绕大科学装置装备一批重要仪器设备，加强国家计量基标准建设。

◎ **加强科技文献建设**

《“十一五”科技文献发展规划》提出，在“十五”工作的基础上，加强统筹规划、优化布局结构，扩大资源规模，深化服务内涵，应用先进技术，强化共建共享，构建资源丰富、技术先进、服务一流、管理科学的全国科技文献信息资源联合保障与服务体系。扩大资源规模，优化资源结构，深化服务内涵，提高服务水平。应用先进技术，增强服务能力。强化科技文献信息服务体系。

◎ **加强实验动物资源建设**

《“十一五”实验动物发展规划》提出，进一步完善实验动物法律法规和制度建设，严格实施实验动物行政审批工作，健全全国实验动物质量监控网络，规范从业人员的培训考核和资质管理。初步形成国家实验动物质量保障体系。建立和完善7～8个国家实验动物种子中心及15～20个相关的种源基地，初步形成国家实验动物种质资源网络。建立人类重大疾病动物模型的鉴定和评估体系，开展比较医学研究；使实验动物资源不断汇交，并向社会高效开放共享。

◎ **加强重大科技基础设施建设**

发展改革委、科技部、教育部联合制定的《国家自主创新基础能力建设“十一五”规划》提出，未来五年，要基本建成“布局合理、装备先进、开放共享、运行高效”的自主创新支撑体系，为《科技规划纲要》战略目标的全面实现奠定重要物质基础。规划建设12项重大科技基础设施，组建30个左右国家科学中心和国家实验室，建设和完善300个左右国家重点实验室。

专栏6-1

“十一五”重大科技基础设施建设工程

“十一五”期间，国家将投资60亿元建设12项重大科技基础设施，包括散裂中子源、强磁场装置、大型天文望远镜、海洋科学综合考察船、航空遥感系统、结冰风洞、大陆构造环境监测网络、重大工程材料服役安全研究评价设施、蛋白质科学研究设施、子午工程、地下资源与地震预测极低频电磁探测网、农业生物安全研究设施。

◎ 加强基本科技设施建设

为切实改善中央级科学事业单位的科技基础条件，2006年财政部出台了《中央级科学事业单位修缮购置专项资金管理办法》，修购专款的重点支持范围包括：连续使用15年以上且已不能适应科技工作需要的房屋及科技辅助设施的维修改造；水、暖、电、气等基础设施的维修改造；直接为科学研究工作服务的科学仪器设备购置；利用成熟技术对尚有较好利用价值、直接服务于科学研究的仪器设备所进行的功能扩展、技术升级等工作。

四、科技条件自主研发

科技条件和手段的自主创新是提升自主创新能力、建设创新型国家重要保证和关键支撑。我国仪器设备等科技条件自主创新工作在“十五”期间取得重要进展，国家在“十一五”期间将进一步加强自主创新工作。

◎ 科技条件自主创新进展

科学仪器设备等科技条件自主研发既是自主创新的重要前提，又是重大科技成果的源泉，推动科学仪器设备等科技条件自主研发是政府的重要任务之一。

长期以来科技部大力支持仪器设备事业发展，自“九五”以来，连续发布了三个五年规划，对科学仪器设备、实验动物等科技条件资源的自主研发提出了明确部署，同时，连续在“九五”、“十五”和“十一五”期间将科学仪器设备、实验动物等科技条件资源纳入国家科技支撑计划（原国家科技攻关计划）予以重点支持；国家发改委于2005年在《当前优先发展的高技术产业化重点领域》中列入并实施了“现代科学仪器设备产业化专项”；自然科学基金委设立“科学仪器基础研究专项”对科学仪器设备中的基础研究问题予以重点支持；中国科学院在知识创新工程中设立了“科学仪器创新研究专项”对科学仪器自主研发给予大力支持。

在国家政策引导下，在各有关部门、地方，相关科研单位和企业共同努力下，中国攻克了一批科学仪器设备共性关键技术，在国际上首创了超高能量分辨率真空紫外激光角分辨光电子能谱仪，开发了GC/MS联用仪、核磁测井仪、毛细管电泳－电化学发光检测仪等一批具有我国自主知识产权的新产品，食品安全、环境监测等领域所需量大面广的分析仪器国内市场占有份额从十年前的13%提高到目前的40%以上，科研自我装备能力得到一定提升。

在科技部、教育部和江苏省的大力支持下，通过自主研发，建立了国家遗传工程小鼠资源库，成功建立了多种基因操作技术平台和遗传工程小鼠资源保障体系，自主研发和引进了遗传工程小鼠品系共300余种，其中142种为自主创新品系，大大增强了中国实验动物在国际上的地位，也为

图 6-4　国际首创超高能量分辨率真空紫外激光角分辨光电子能谱仪

蛋白质组学、基因功能组学等重大科学研究，以及生物产业的发展提供了及时有效的支撑。

2006 年，又通过国家科技支撑计划，重点支持了科学仪器设备、科研用试剂、实验动物、计量、科技文献等科技条件资源的自主研发，大力推进超高压电镜、原子光学频率仪，生化试剂，人类重大疾病小鼠模型等科技条件的自主创新工作。

◎“十一五”科技条件自主创新方向

“十一五”期间，国家将针对《规划纲要》提出的加强科学仪器自主研发，以及监测技术、检测技术、测试技术、勘探测试技术等工作的战略部署，重点推进我国仪器设备自主创新。重视自主知识产权和标准的创造，以加强核心技术和关键部件为突破口，带动产生一批有自主知识产权的科学仪器；坚持项目、基地、人才建设相结合，促进一流人才和重大项目向科学仪器基地聚集，带动产生一批科学仪器研发基地和具有核心技术的企业集团。

组织科技文献信息技术自主研发。通过研发网络抓取和信息挖掘技术，建设动态科技信息门户平台；研发语义标志识别技术，依托 IPv6 等下一代互联网技术，建设具有用户交互功能的信息服务平台。研发多语种词表和知识本体技术，建设具有问题解答功能的知识服务平台；研发数字资源长期保存技术。

加强开发利用实验动物新的品种、品系。与需求相结合，培育具有我国自主知识产权的实验动物新资源，利用多种技术手段，对有较大应用价值的中国特有动物资源，如小型猪、东方田鼠、树鼩等进行实验动物化研究。鼓励开展动物实验替代方法研究。建立疾病动物模型评估体系。

以核心单元物质研制为中心，以共性关键技术研究开发和重要制备工艺的研发与完善为两翼，攻克一批科研用试剂共性关键技术，攻克一批生化、高纯无机和高纯有机等领域核心单元物质，带动和解决近4000种试剂研发所必需的技术关键和核心单元物质，建立相应的质量保证和评价体系。

第二节 科技基础条件平台建设

一、研究实验基地和大型科学仪器设备共享平台

2005—2006年，大型科学仪器设备共享平台继续围绕大型科学仪器设备资源的建设与整合、国家大型科学仪器中心和分析测试中心的建设与完善、国家检测资源共享平台建设、国家计量基标准体系资源共享平台建设等五方面开展工作。环渤海、长三角、泛珠三角、东北、西南、华中、西北等七大区域协作共用网进入中期建设阶段，依托于各个区域和各个省市已经建立起来的仪器设备共享服务体系，对外开展了类型多样、各具特色的服务。如长三角区域信息服务平台，经过信息整合完善，访问量达到了300万人次，服务30万次。大型科学仪器设备资源的建设与整合子平台通过建设仪器设备信息资源库，已经在全国收集和整合了包含1万余台40万元以上仪器设备的基本信息，并在门户网站实现检索。国家应急分析测试平台开始发挥作用。2005—2006年，结合国家应急体系建设的需要，开通了“中国应急分析网”，网站访问量超过30万次以上，通过专家咨询、现场应急服务和来样分析的方式提供事故应急分析或事故鉴定超过50次。在国务院应急管理办公室的支持下，系统部分技术资源信息将汇交至政府网“应急管理”板块，从技术层面为应急管理提供支撑。检测资源共享平台建设稳步推进，初显共享成效。检测资源平台门户网站在试运行的基础上进行了全面改版，检测资源得到进一步挖掘与整合，近20000家实验室的检测资源信息已在全国部分省、市、自治区得到共享利用。

国家计量基标准资源共享取得良好进展。已建立实体资源25个，共整合基标准资源7000多项，组织或参加国际国内量值比对15项，为共享资源的有效性提供有力的技术保证。经整合的基标准资源已为航天、航空、汽车、机械、交通运输、国防、建筑、矿山、电子等行业开展共享量值传递/溯源服务30000余次，带来了巨大的社会效益和经济效益。

大型实验装置风洞信息资源共享系统建设取得初步成效，军民共建共享工作取得突破。已完

图 6-5　科研仪器共享平台

成了首批20座风洞试验设备信息的采集与录入，初步建立了大型风洞试验设备设施资源信息站点，并为我国地面交通等相关行业和领域提供远程共享服务。同时，建立了服务专线，以配合中国大飞机重大科技专项和国防高新工程等重大专项的实施。基地建设方面，平台专项继续支持跨领域、高水平的国家野外台站的整合共享，初步建设了生态环境、材料腐蚀、地球物理、特殊环境和特殊功能四大国家野外科学观测研究网络体系，并开展了野外站试点站评估认证工作。

二、自然科技资源共享平台

2005—2006 年，自然科技资源共享平台围绕植物种质、动物种质、微生物菌种、岩矿化石标本、标准物质、人类遗传资源、生物标本、实验材料等八大类资源领域开展建设工作。2006 年共投入国拨资金 1.9 亿元，相关单位对国内 70% 以上的自然科技资源进行了标准化整理、整合和共享，大大推动了科技资源共享的建设进程，在资源信息和实物共享两方面均取得很大成绩。到 2006 年末，完成自然科技资源的标准化整理、编目和数字化表达累计达到 400 万号（件），其中种质资源 59 万份；向自然科技资源 E- 平台提交资源共性描述信息 109 万份、图像信息 19508 份；在实物资源整合过程中，抢救性收集和保护濒危、珍稀 67.4 万份（号）自然科技资源的植株、活体、细胞、精子、DNA、菌株等，其中，濒危、珍稀植物种质资源 2.6 万份；构建了 43 个重要、濒危动物种质资源细胞库，保存 2.4 万余份细胞资源，建立了 3 类（畜禽、野生动物、水生动物）150 个动物种质资源DNA文库，保存了上万份资源，在此基础上构建了4个DNA细菌人工染色体文库；“精细化”整理了近1万份生物标本的模式标本及1万余件（号）古生物化石模式标本，在生物标本整理过程中，“抢救性”整理出约1500份中国特有的生物标本资源；实物资源的保存，避免了重要自然资源流失。在资源共享方面，平台搭建了覆盖全国的集中式的国家自然科技资源共享E-平台、32个八大类自然科技资源应用门户系统和535个自然科技资源基础数据库组成的共享信息网络系统。

截至2006年末，自然科技资源共享平台已累计向科研和生产提供了近44.8万份次实物资源的共享，较平台建设前共享数量增长2～3倍，其中标本资源增长了近8倍。随着资源信息量的提高，平台提供的服务也更加丰富，如植物种质资源共享平台向科研和生产提供了6.3万份次的植物优异种质材料。据不完全统计，植物优异种质直接在生产上应用，产生间接经济效益约52.7亿元；利用提供的植物优异种质，各育种单位选育出许多新品种，产生社会效益约306.1亿元。动物种质资源共享平台构建了动物资源数据库17个和资源共享网站5个，实现动物资源的数据集中、规范管理和动物领域各类资源的网络信息共享，向全国的科研单位、教学单位、生产单位提供动物种质资源3096种，开展了部分实物共享，产生了近6000万元的直接经济效益、数十亿的间接效益。

标准物质信息服务平台首次实现了我国现有全部国家一级、二级标准物质的网上信息共享，支持领域涉及钢铁、有色金属、建材、核材料、高分子材料、化工产品、地质矿产、环境、临床、药物、食品、煤炭、石油等国民经济、大众健康与公共安全的重点领域。用户涉及北京、上海、香港等25个省（直辖市、自治区、特别行政区）、广州等45个城市的计量、检验检疫、高校、环境监测、疾病预防控制、煤炭质量监督、农产品质量监督、地质等各个检测部门，为其所从事的相关科研、检测工作和实验室认可、国际互认工作提供了质量保证和量值溯源支持。

三、科学数据共享平台

2006年，气象、地震、测绘、林业和农业、海洋、国土资源、先进制造等12个科学数据共享中心（网）数据资源规模进一步扩大和丰富。科学数据共享平台共完成60余项标准规范的研究和制定工作。通过数据资源的整合共享，盘活了超过250亿元国家投入产生的数据资源。平台更新和扩充了一大批数据库，新建的共享数据库数量超过80个，数据资源存量总量超过3160GB。对大量濒临丢失的重要科学数据、历史科学数据资料进行抢救、保存和数字化加工。先后为1225个（次）的“973计划”、“863计划”、支撑计划、自然科学基金等重大项目和工程提供了基础数据支持。

通过平台建设，抢救并保存了建国后开展的覆盖全国2108个县的三次大规模农业资源和区划

专栏6-2

气象信息数据共享平台共享进展

2006年1—9月气象信息数据共享网门户网站累计点击达到8.3万人次。2006年1—9月共开通注册会员共计267个，用户主要来自高等院校和科研院所，领域分布如下图：

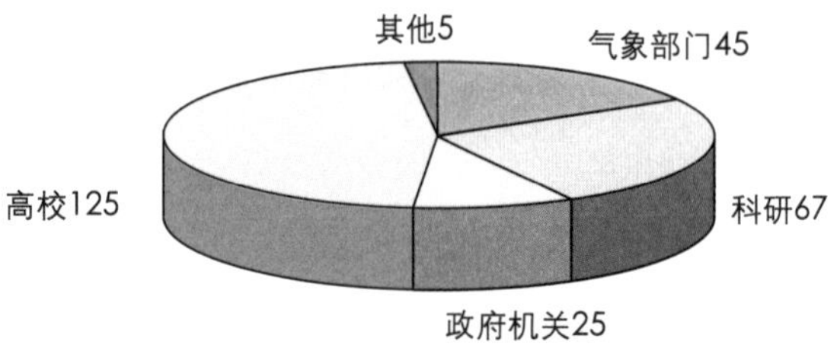

用户通过网站（www.cdc.cma.gov.cn）下载的数据量共计1571.1GB，每月平均约200GB。通过用户上门的离线服务同时是进行数据共享的主要方式之一，2006年1—9月气象科学数据平台共提供离线数据服务总量475GB。

农业资源普查等数据，建立全国农业资源与区划数据库，包括元数据10.3万条，文本数据70GB，属性与空间数据约200GB。

海洋科学数据共享为重大海洋科学研究项目、国防军事建设、国家海洋权益维护，以及各级政府的海洋管理等提供了要素齐全的海洋资料及其产品服务。2003—2006年，已向各类用户提供共享数据量累计超过970GB。如为海洋863、973计划项目以及相关专项等提供海洋船舶测报资料达36万站，温、盐资料近40万站次，海洋表面气象资料580万站，海洋站多要素观测资料28站年；为沿海省级海洋经济发展规划提供了多年海洋经济统计数据服务；为海洋权益维护信息系统、海洋划界信息系统等提供了支撑服务。

气象信息数据共享网门户网站开通以来，为众多科研项目提供了数据支撑。如先后为8个科研技术部门所牵头的13项青藏铁路建设相关的重大科研与技术项目课题，提供了大量的气象资料共享服务。

2006年地震科学数据共享项目完成了规定的32个主体数据库（集）的建设与数据更新，主要包括中国地震台网地震目录数据库、中国地震台网震相数据库、国家地震台网事件波形数据库等。自2006年9月28日国家地震数据共享网站（http://data.earthquake.cn）正式开通运行到2006年底，提供的可共享数据达到700GB，注册用户访问量达5万次以上，累计下载数据260GB左右，提供离线数据累计568GB。据不完全统计，由地震科学数据共享工程直接支持的项目有30多个，包括

7 个国家大型建设工程、1 个 973 项目、11 个国家自然科学基金项目、2 个国家科技攻关项目、18 个国家其他科技计划项目、5 个部门和地方重点科技项目。

四、科技文献共享平台

国家科技图书文献中心（NSTL）的建立，实现了理、工、农、医领域跨部门、跨系统资源与服务的共建共享，通过建立分布式服务体系和实行西部优惠政策，带动和促进了地方和部门文献信息服务事业的发展。科技文献共享平台在2006年通过创新管理体制与机制提高了资源共建共享的水平。涵盖全国的科技文献信息资源与服务网络、标准文献共享服务网络已经基本建设完成。截至 2006 年，科技图书信息保障系统建设，中心总体馆藏量达到 21401 种，完成了 300 万条各类数据加工，上网提供共享服务数据达 42 个数据库、4000 多万条记录；全年上网检索达 4168 万人次，比 2005 年增长了 46%；全文传递提供服务量为 79 万篇，其中网上提供 15.2 万篇，比 2005 年增长了 21%。

建立了跨部门、跨行业、跨地区的全国标准信息资源整合机制；整合国家标准、行业标准、地方标准等各类标准资源信息 40 余万条，完成了 ISO、IEC、DIN、BSI、NF、JIS、GB、国内行业标准、部分地方标准等的文摘数据库建设，完成了强制性国家标准、部分美国联邦法规全文数据库的建设。建立中国标准服务网(www.cssn.net.cn)，向社会各界用户提供准确、快捷的标准信息服务。目前使用资源注册用户已近 9 万个，包括各级政府、企业、商检机构、质检机构以及科研单位和高校，日访问量达 1 万余次。

五、网络科技环境平台

在建的国家科技基础条件平台门户应用系统、网络高性能科学计算环境建设、网络协同工作环境建设、网络试验环境建设、国家科技基础条件平台信息标准规范体系取得了一定的进展。2006 年，网络科技环境平台基本上构建了用于描述和定义科技信息资源整合共享过程的标准规范体系框架；共整合各类科技信息资源近 150 万条，经加工处理获得有效科技信息资源 107 万余条；完成设立多项省级科技信息服务节点建设任务，信息资源数据与全国科技信息服务网总门户实现互连互通，共计实现有效科技信息服务 13500 次。中国数字科技馆建设基本完成总体技术框架的设计与细化工作、工作平台与门户网站的设计、搭建工作，中国数字科技馆门户网站（www.cdstm.cn）于 2006 年 12 月 20 日实现开通试运行。目前，6 个博览馆、4 个网络科普专栏、4 个体验区资源馆，总计 9GB 容量信息资源已上网向公众展示。

六、科技成果转化公共服务平台

2005年建立起来的公共服务平台持续为科研人员和各地经济发展提供服务。"公益技术与行业共性技术转化平台建设"已完成了10GB的资源信息汇交量，建立了3个实体资源库及15个资源信息库。

除国家科技基础条件平台建设专项之外，各地方根据区域资源优势和产业发展需求，以科技成果转化和为广大中小企业提供公共技术服务为重点，开展了各具特色、形式多样的平台建设工作，对地方、区域平台建设的机制和模式进行了有益探索。如上海由市科委组织协调各方科技资源，建立了包括10个子系统的上海研发公共服务平台（www.sgst.cn），并开通了"科技114"呼叫中心。2006年平台全年累计为科研院所、高校和企业提供各类对外服务75万次，系统访问量超过330万次，注册用户总数达10.5万个。重庆市按照"瞄准需求、突出特色、统筹布局、分步实施、外引内联、多方共建"的原则，开展了研究开发、资源共享和成果转化三大平台建设，建立了重庆科技检测中心并在国内首创"检测超市"模式。广东省围绕广东支柱产业、优势产业和基础性产业，结合行业内广大中小企业的共性需求，组建了19个科技创新平台。

第七章
基础研究

第一节　数学
第二节　物质科学
第三节　生命科学
第四节　地球科学
第五节　空间科学
第六节　农业、人口与健康领域
一、农业
二、人口与健康
第七节　能源、资源与环境领域
一、能源
二、资源与环境
第八节　信息科学与材料领域
一、信息科学
二、材料
第九节　论文产出
第十节　基地建设计划进展
一、国家重点实验室和国家实验室
二、省部共建国家重点实验室培育基地
三、企业国家重点实验室
四、国家野外科学观测研究站

2006年，中国基础研究工作紧密围绕国家自主创新能力建设的总目标，按照《规划纲要》和《国家“十一五”基础研究发展规划》的总体要求，启动了重大科学研究计划，继续组织实施“973计划”，稳步推进科学数据共享工程和科技基础性工作专项，加大对国家自然科学基金的支持，推动国家实验室和企业国家重点实验室建设，加强国家重点实验室、国家野外科学观测研究站建设，促进项目、人才、基地的结合，为中国基础研究的发展开创了一个新的局面。

第一节 数　学

近年来，中国数学学科整体水平有大幅度的提高，在国际上产生了重要影响，并在世界上占有了一席之地。根据科学文献计量分析，2006年中国数学学科综合排名已位居世界第4位，比2005年又上升了一位*。2006年在国际数学联盟第十五届成员国代表大会上，数学家马志明院士当选为新一届执委会副主席，这是中国数学家首次在国际数学联盟担任这一级别的职务。

2006年9月，吴文俊院士由于“对数学机械化这一新兴交叉学科的贡献”荣获“邵逸夫数学科学奖”。评奖委员会指出:“通过引入深邃的数学想法，吴开辟了一种全新的方法，该方法被证明在解决一大类问题上都是极为有效的。”吴文俊院士的工作“揭示了数学的广度”，“为未来的数学家们树立了新的榜样。”

陈志明研究员等人对椭圆变分不等式、超导数学模型、连续铸钢模型、电磁散射问题和非饱和水流运移Richards方程等非线性问题的后验误差分析和自适应进行了系统和深入的研究，取得一系列重要进展。他们关于偏微分方程自适应有限元方法的创新性工作得到国际同行的好评，被邀请在2006年西班牙国际数学家大会作45分钟报告。

中国科学家提出了计算Laurent-Ore模的一阶子模的第一个算法，解决了分解Laurent-Ore模的

* 本章的学科综合排名情况均引自科技部基础研究司和中国科学院国家科学图书馆主办的《世界科学中的中国》系列研究报告。

关键技术难点。这一工作开启了多变量函数机械化处理的算法研究，并在第31届国际符号和代数计算会议上获国际计算机科学协会（ACM）符号与代数计算专业委员会（SIGSAM）颁发的“ISSAC杰出论文奖”，这是中国学者首次获得该项奖励。

第二节 物质科学

近年来，中国物质科学整体发展势头良好，特别是在量子器件、纳米材料、高能物理等前沿领域取得了一批重大的原创性成果，引起了国际上的关注。2006年中国材料科学已位居世界第4位，化学科学位居第6位，物理科学位居第10位，都比2005年有了明显的进步。

通过将单个$C_{59}N$分子置于双隧道结中利用单电子隧穿效应和$C_{59}N$分子的特殊能级结构，成功实现了一种新型的单分子整流器件。实验中整流器件的正向导通电压为0.5～0.7V，反向击穿电压约1.6～1.8V。理论分析表明，$C_{59}N$分子的半占据分子轨道和费米面在不同充电情况下的不对称移动是形成整流效应的主要原因。其构成原理也决定了该器件具有稳定、易重复的特点。相关论文发表在美国《Phys. Rev. Lett.》（物理评论快报）上。

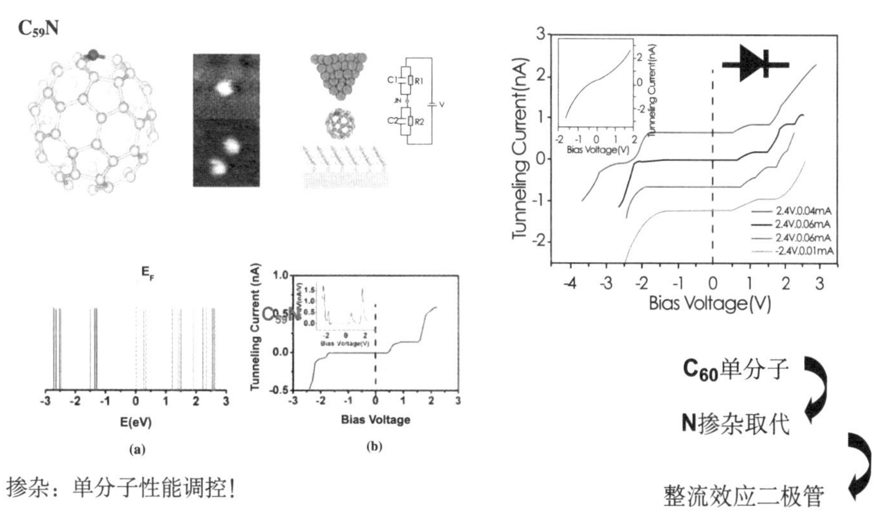

图7-1 新型的单分子整流器件

首次提出了氢致自催化方法，用金属有机物化学气相沉积技术生长出了六角对称的氮化铟纳米花结构。由于该方法没有使用铟的氧化物、氯化物以及其他任何外来催化剂，从而从根本上避免了外来杂质的引入，预期可以显著提高材料的光学和电学性能。该成果一经发表，英国《Nature》杂志的网站就在其“自然纳米技术”（Nature Nanotechnology）栏目将其作为2006年9月第一周的研究亮点，并以“纳米结构：如花绽放（Nanostructures：Say it with flowers）”为题专门撰写了评论，认为该项研究成果不仅对于深入认识InN的生长机理，同时对于合成新颖的InN纳米器件结构具有重要价值。

采用两段式无压烧结微晶控制技术制备出了一系列高密度的$BaTiO_3$纳米晶陶瓷块体材料，首次得到目前世界最小晶粒尺寸的$BaTiO_3$纳米晶陶瓷块体（平均粒径8nm，密度≥99.6%），对8nm $BaTiO_3$纳米晶陶瓷结构与性能进行了系统深入的研究，从理论和实验上证明纳米$BaTiO_3$陶瓷在晶粒尺寸小到8nm时仍具有铁电性。这些结果对于$BaTiO_3$纳米陶瓷材料在新型微小电子器件中的应用具有非常重要的意义。

专栏7-1

“纳米研究”计划

建立纳米材料、纳米器件、纳米生物和医学研究体系，形成若干在国际上有带头作用的研究群体。重点研究纳米材料的可控制备、自组装和功能化，纳米材料的结构、优异特性及其调控机制，纳加工与集成原理，概念性和原理性纳器件，纳电子学，纳米生物学和纳米医学，分子聚集体和生物分子的光、电、磁学性质及信息传递，单分子行为与操纵，分子机器的设计组装与调控，纳米尺度表征与度量学，纳米材料和纳米技术在能源、环境、信息、医药等领域的应用。

制备出了高质量的单根单壁碳纳米管（直径约为1.4～2.0nm）场效应晶体管。典型晶体管的开关比超过了10^6，低温电导达到了$3.7G_0$（理论极限为$4G_0$），低温电流电压特征曲线显示出明显的量子相干和弹道输运效应。首次提出了双壁碳纳米管场效应的分类方法，发现了其有别于单壁碳纳米管的场效应特性，并提出了相应的理论模型。

第三节 生命科学

中国的生命科学研究起步较晚，整体研究水平与世界发达国家相比还有一定的差距。但近年来，中国生命科学发展迅速，大部分领域已进入世界前20位，其中微生物领域已位居世界第8位，

专栏7-2

“蛋白质研究”计划

在重要蛋白质结构解析和功能研究、人类肝脏蛋白质组研究、重要生物功能蛋白质表达与调控的分子机制等方面取得重大突破。重点研究重要生物体系的转录组学、蛋白质组学、代谢组学、结构生物学、蛋白质生物学功能及其相互作用、蛋白质相关的计算生物学与系统生物学、蛋白质研究的方法学、相关应用基础研究等。

取得了明显的进步。

利用功能蛋白质组学技术鉴定出一个未知小分子GTP酶Arf6的激活蛋白并命名为ACAP4。ACAP4参与细胞迁移及极性形成，ACAP4在某些高侵袭肿瘤细胞株（如乳腺癌细胞）中高表达并呈现高度磷酸化，初步实验提示ACAP4与Ezrin复合体参与乳腺癌定向转移。目前研究已进入活体动物成像系统实验，以阐明ACAP4复合体在乳腺癌转移中的分子机理。有关ACAP4的此部分研究结果作为封面文章已发表在《Molecular and Cellular Proteomics》(分子与细胞蛋白质组学)上。

运用基因敲除和敲入技术，证明了Munc13-1介导的囊泡成熟步骤是第二相分泌产生的限速步骤，该研究还揭示了葡萄糖调控胰岛素分泌的一条全新机制。该成果发表在2006年的《Cell》（细胞）子刊《Cell Metabolism》上。此外，近年设计的“松钳（loose-seal patch clamp）”与共聚焦成像相结合的先进方法，发现在代偿期肥厚的心肌细胞中细胞钙瞬变降低，从而导致收缩能力下降的直接原因，为心衰病理发生提供了分子动力学机制，成果发表在《PLoS Biology》（公立科学图书馆生物期刊）上。另外，还揭示了TGFβI型受体（ALK1）内吞与血管形成的关系，研究结果发表在2006年《Blood》（血液）杂志上。

在抗体分子结构与功能进化研究方面，抗体生物信息库建立和抗体结构分析及大规模抗体筛选方面已接近国际研究水平。研究人员设计了人源化抗CD20抗体的结构，表达获得了比鼠源抗体的亲和力高一个数量级的人源化抗体。在此基础上，还设计表达了全新结构的4价人源化抗CD20单抗，其中部分抗体进入临床研究，为中国抗体药物的研发和临床应用提供了重要的技术支撑。

发现神经元与NG2胶质细胞（又称少突胶质前体细胞）之间的直接突触功能具有可塑性，而且和神经元间突触产生可塑性的机制不同。发现胶质细胞同神经元一样具有“记忆”功能，能产生长时程增强反应。它们有一种对钙离子有通透性的AMPA受体，通过激活这类AMPA受体可以在NG2胶质细胞的突触产生长时程增强反应。由于脑内有大量的NG2胶质细胞，而突触的长时程增强反应又被认为与脑的信息处理、储存及学习记忆等有关，NG2胶质细胞的突触具有可塑性这一发现

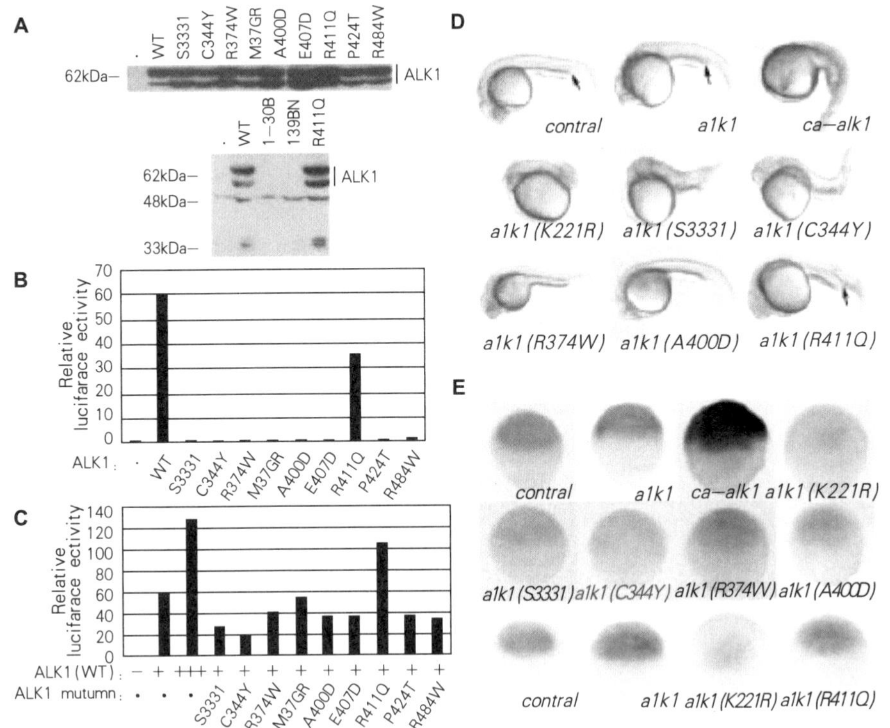

图 7-2　定点突变在 ALK1 下游信号转导中的作用

及其产生机理的阐明，对人们认识脑的工作原理具有重要意义。该成果已在《Science》杂志上发表。

第四节 地球科学

中国在地学研究方面有独特的学术资源和地域优势。近年来，中国地球科学研究已形成较为完整的研究体系，出现了一批具有国际研究水平的研究集体，在诸多领域已经与国际同步。在大型国际研究计划中，中国科学家从参与到发挥重要作用，在国际学术组织任职的科学家明显增加，担任的职务也越来越重要。2006 年，中国地球科学已位居世界第 7 位。

在古亚洲洋地幔岩和中亚造山带镁铁－超镁铁侵入岩中发现富 CH_4 流体包裹体，并且提出这些 CH_4-H_2O+N_2 流体系统形成于软流圈地幔，为古亚洲洋的长期演化、中亚造山带显著的大陆地壳生长以及 Cu-Ni、Au 成矿作用提出了全新的机制和思路。

结合大陆钻探工程（CCSD），准确确定 5000 多米岩心的全部微构造要素的产状，建立大别－

苏鲁地体变沉积岩自石英榴辉岩相进变质－超深俯冲的超高压变质－到快速折返过程中的角闪岩相退变质过程完整而连续的P-T-t演化轨迹，提出大陆板片多重性、分片性、穿时性俯冲与折返的可能模式。

发现过去700万年黄土高原C_4植被有多次扩张，提出亚洲粉尘输入增加了大洋生物生产率，初步建立了最近9000年来亚洲季风变化的高分辨率时间序列。提出塔克拉玛干沙漠至少形成于530万年前，与因青藏高原抬升引起大气环流变化从而导致气候变化的时代一致。研究成果在《Science》、《Geology》（地质学）等著名杂志上发表。

提出了过去100年、1000年、2000年、10000年、20000年等不同时期青藏高原环境变化的时空演化模式，并揭示了不同环境条件下的微生物特征及其与环境变化的关系，首次确定了青藏高原冰期后人类活动的起始时间与区域。

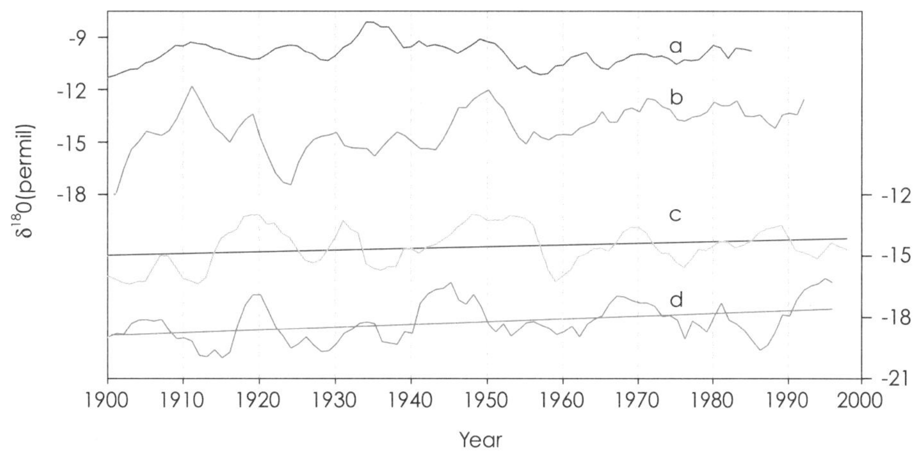

图 7-3　青藏高原过去 100 年 $\delta^{18}O$ 记录的空间变化特征

由中国科学家率先提出的白垩纪大洋红层的概念及大洋富氧问题受到国际同行的广泛关注和承认。研究发现北大西洋和特提斯域在早白垩世晚期至晚白垩世早期，至少出现8套大洋红层沉积。在缺氧事件之后的晚白垩世，大洋红色沉积广泛出现在全球深水大洋环境，并在80百万年以前达到全球性分布。在大洋缺氧事件之后，气候变冷、洋流活动和海洋－大气氧通量改变可能是造成大洋红层全球性分布的主要原因。

中国科学家使用同步辐射相衬成像方法找到了前寒武纪两侧对称动物演化的有力证据；在早白垩世义县组发现齿兽类哺乳动物化石——西氏尖吻兽，表明哺乳动物首先起源于亚洲、再迁移到北美的历史可追溯到白垩纪；在内蒙古中侏罗世地层中一种与恐龙同时代的会游泳的哺乳动物化石－獭形狸尾兽。该化石的发现，将哺乳动物的“下水时间”提前了约1亿年以上。甘肃早白垩世地层中发现保存精美的、目前世界上最古老的今鸟类化石——“甘肃鸟”，将今鸟类的化石记录提前了约3000万年。研究成果分别在《Science》、《Nature》上发表。

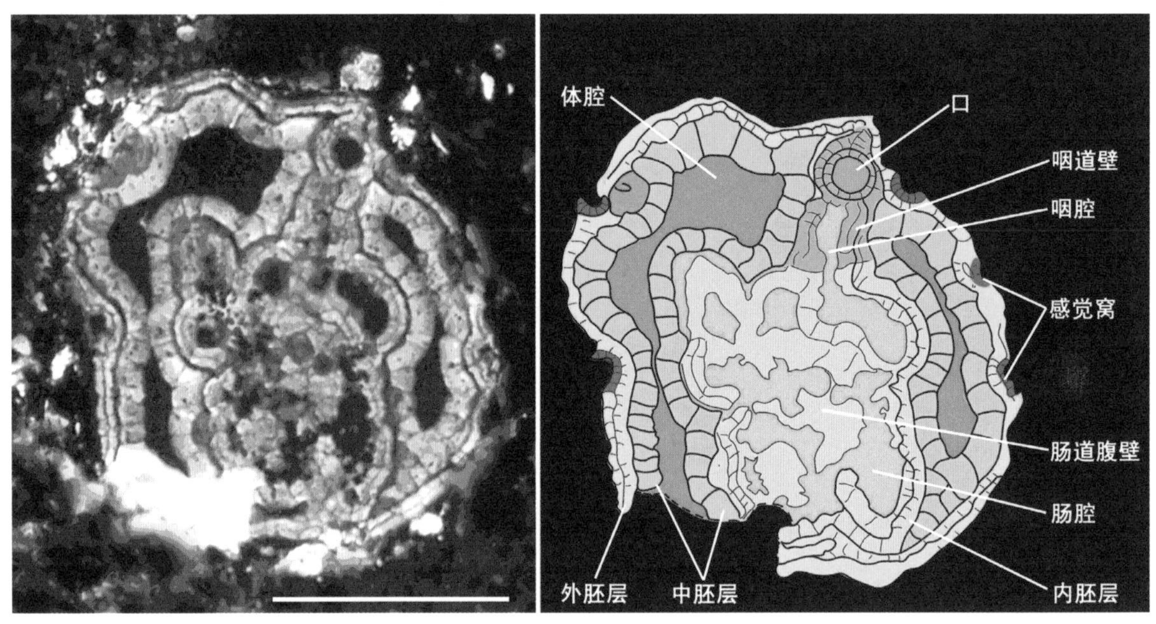

图7-4　5亿8000万年前最古老的微型两侧对称动物成体化石——贵州小春虫（左）及其解释图（右）

第五节
空间科学

双星计划、亚太合作小卫星探测计划、太空太阳望远镜的设计研制项目、对月探测计划等一批大型空间探测计划或项目的实施，为中国空间科学的发展提供了难得的机遇。

基于Cluster卫星的四点观测数据，利用微分拓扑学方法，首次观测到磁零点存在于磁重联中心区域，发现磁零点周围的磁力线存在螺旋结构，零点结构的特征尺度为离子惯性长度。该研究结果有助于彻底解决磁重联理论中的一些悬而未决的问题，对推动空间物理、太阳物理和等离子体物理学的发展将会起到重要作用。相关研究论文发表在《Nature Physics》（自然·物理）杂志上。

利用世界上分辨率最高的甚长基线干涉仪，对离太阳最近英仙臂中一个大质量恒星形成区里甲醇分子宇宙微波激射源进行观测，首次精确地测定了银河系漩涡结构中离太阳最近英仙臂中一个大质量分子云核的距离和速度，是对银河系旋臂结构的测量和研究的一项突破性进展。

提出了一种用宇宙微波背景辐射偏振检验CPT对称性的新方法，并利用这种方法分析了美国WMAP卫星和Boomerang南极气球实验发表的最新数据，发现电荷－宇称－时间反演（CPT）对称性破缺迹象。如果这一发现得到进一步证实，将有助于人们了解宇宙暗能量的本质和正反物质不对称性的起源。

成功地探测到了围绕一个大质量年轻恒星“BN天体”周围的吸积盘，确定了大质量恒星通过吸积过程加以形成的机制。该成果发表在《Nature》杂志上。

对两个短持续时间γ射线爆发的X射线余辉的观测研究发现，其X射线余辉持续时间要长于当前模型建议的合并后能量释放的时间尺度，提出X射线余辉持续时间长是因为两个中子星合并后形成的毫秒脉冲星的差异旋转。

发现银河系宇宙线的各向异性与同步旋转。在羊八井宇宙线观测站，中日科学家根据多年积累的大量数据，绘制出天空中的宇宙线分布图。通过分析发现银河系中的宇宙线呈各向异性，且与恒星及气体物质一道绕银河系中心同步旋转。该结果为宇宙线起源、加速和传播等问题研究提供了宝贵的实测信息，并为银河系大尺度磁流体密度波和同步辐射诊断手段的进一步研究提供了重要的实验依据。该论文已在2006年10月20日的《Science》上发表，被审稿人誉为宇宙线物理学中“里程碑”式的进展。

“宇宙第一缕曙光探测计划”完成10287只天线阵列并投入观测试运行。该计划是国家天文台建造的世界上第一个21厘米射电望远镜专用阵列，主要用以探测宇宙的再电离历史，即探索宇宙第一颗恒星形成的历史。已获得了优良的北极天空低频射电图像，为未来“宇宙第一缕曙光”的寻找奠定了重要基础。2006年9月《Nature》杂志将其与欧美投入数千万欧元的LOFAR、MWA列为三大竞争科技计划。

第六节
农业、人口与健康领域

针对农业耕地减少、水资源不足、农业生态环境日益恶化和保证食物安全等重大国民经济问题开展农业基础研究；围绕人口与健康发展过程中的关键问题，重点在重大慢性非传染性疾病和重要传染性病的发病机理和防治、计划生育与生殖健康、环境有害因素对健康影响、衰老的机制与干预等方面开展研究。

一、农业

重点开展了农作物育种和品质改良、品种和品质形成的分子机理、农产品安全、农作物重大病虫害形成与调控机理、家养动物复杂性状形成的遗传机制等方面的基础研究，取得了一批原创性的成果，有些成果已经在生产中产生了很好的效益，为保障中国农业可持续发展和提高未来农产品竞争力奠定了科学基础。

在主要农作物核心种质研究方面，利用微核心种质与应用核心种质，规模化地开展了遗传分析群体与品种渐渗系的构建工作，截至2006年底构建了87个遗传作图分析群体，初步获得了一大批不同遗传背景的渐渗系，对重要功能基因鉴定与功能分析奠定了很好的材料基础；同时发现重要新基因/QTL 500余个，对涉及稻米品质、水稻花器官发育、小麦抗赤霉素病等10余个基因进行了精细作图，为图位克隆奠定了基础。

在重要农作物品质性状功能基因组学方面，鉴定了小麦近缘种中新型的高分子量麦谷蛋白亚基等位变异以及新型储藏蛋白基因，通过氨基酸序列比对分析发现在小麦和山羊草物种中存在一

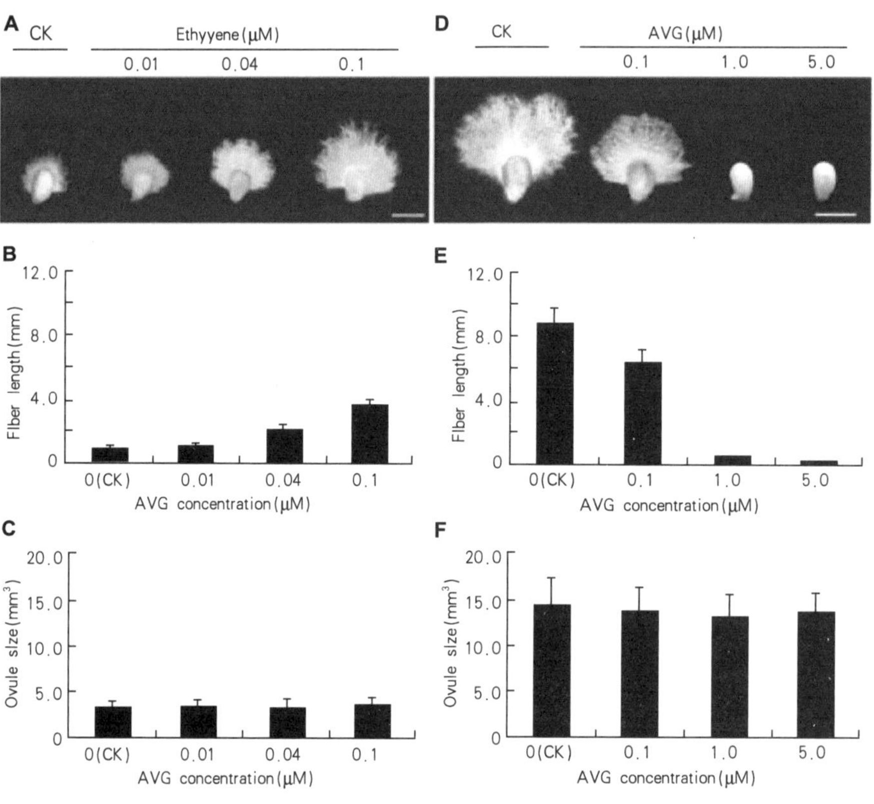

图7-5　乙烯可促进棉花纤维细胞的伸长

个前人未报道的、与燕麦种子储藏蛋白avenin具有一定相似性的新型种子储藏基因蛋白家族。在棉花纤维品质功能基因组学研究与分子改良方面，通过对棉花纤维cDNA文库和微排列的分析，发现乙烯的生物合成是棉花纤维伸长的一个重要的生化途径。相关研究论文发表在2006年的《Plant Cell》（植物细胞）杂志上。

在家蚕主要经济性状功能基因组与分子改良研究方面，绘制完成了家蚕全基因组精细图谱，该图谱包括了目前所有家蚕基因组信息资源，在家蚕全基因组框架图的成功绘制的基础上，成功设计并制作了世界上第一张家蚕的全基因组oligo芯片。在重要养殖鱼类品种改良方面，构建了银鲫、石斑鱼和牙鲆等重要养殖鱼类不同组织器官的cDNA文库20多个，基因组BAC文库3个，从中筛选出一批EST。

在农作物杂种优势的分子生物学研究方面，将高产QTL精细定位到102.9kb的区域，并发现这段序列是一个富含亮氨酸受体激酶基因簇的单倍型区域，通过单倍型区域的等位基因序列及基因表达分析，证明富含亮氨酸受体激酶基因簇是改良产量的候选基因。该项研究成果不仅为农作物复杂农艺性状基因组解析建立了一个新的技术平台，而且为超级稻育种提供重要的具有自主知识产权新基因。相关研究论文发表在2006年《Genome Research》（基因组研究）杂志上。

在转基因安全研究方面，以转基因抗虫棉花和水稻为主要对象，明确了外源基因表达的产物在转基因抗虫植物——靶标/非靶标害虫——寄生/捕食性天敌食物链中能够传递但不富集的基本规律；提出了棉铃虫抗性变化模型；明确了棉铃虫和玉米螟对转基因抗虫棉花和玉米的交互抗性风险。

在作物高效抗旱的分子生物学研究方面，发现了ABA受体ABAR，ABAR介导的ABA信号

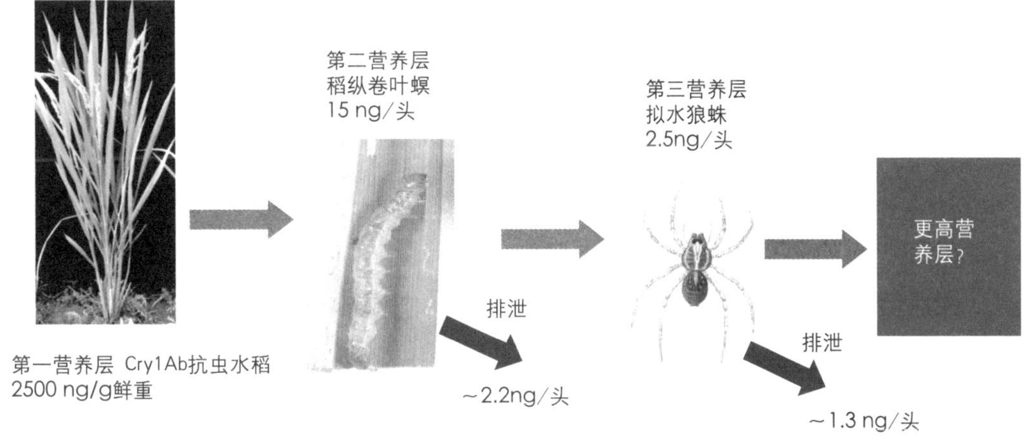

图7-6　转基因水稻杀虫蛋白在食物链中的传递规律

转导是一个独立于叶绿素合成和质体－核信号转导的不同的细胞信号过程，介导种子发育、幼苗生长和叶片气孔行为的ABA受体的发现，为全面揭示ABA信号转导的分子机理开启了新的道路。该成果发表在2006年的《Nature》杂志上。

阐明了拟南芥响应低钾胁迫及钾高效的分子调控网络机制，通过对低钾敏感突变株系（lks1）的深入研究，最终克隆了LKS1基因，LKS1基因在根组织中的转录受低钾和低钙条件诱导，该激酶（CIPK23或LKS1）通过对植物细胞钾通道AKT1的磷酸化而调控植物的钾吸收过程，而在该激酶的上游还存在两个CIPK23的正向调控因子CBL1和CBL9。研究结果发表在2006年《Cell》（细胞）杂志上。

二、人口与健康

研究发现神经元与NG2胶质细胞间的突触可产生长时程可塑性。研究发现，与神经元突触可塑性的产生机制（依赖于NMDA受体）不同，神经元-NG2胶质细胞间突触可塑性的产生依赖于对钙离子有通透性的A和ehMPA受体。由于脑内具有大量的NG2胶质细胞，而突触可塑性又被认为与脑的信息处理、储存及学习记忆等有关，NG2胶质细胞突触具有可塑性这一发现及其机理的阐明，对人们从不同角度认识脑的工作原理具有重要意义。相关研究论文发表在2006年《Science》杂志上。

中国科学家与德国、美国和日本合作者，采用分子遗传学方法，可选择性地在果蝇的特定脑区缺失或恢复腺苷酸环化酶功能，并在飞行实验中检验果蝇对不同视觉图形的识别和记忆能力。结果发现，果蝇大脑内的扇形体区域参与了对图形模式的识别，并进一步确定出扇形体内由神经元树突分支构成的两层水平片状结构分别具有记忆图形重心高度信息和记忆图形朝向信息的功能。相关研究论文发表在2006年的《Nature》杂志上。

高通量和高内涵的筛选研究。两年来，累计进行了50余万药次的高通量筛选和大量的细胞和其他水平的筛选，发现了活性先导化合物130多个。这些化合物结构新颖，活性较高，具有自主知识产权，有可能成为具有重要应用前景的新药候选化合物。其中，胰高血糖素样肽-1/胰高血糖素受体（GLP-1R）小分子激动剂的发现受到特别关注。

中国科学家将体内噬菌体展示技术应用于透皮研究，找到了一个由11个氨基酸组成的能高效帮助蛋白质类药物透皮的短肽（ACSSSPSKHCG）。将该短肽与胰岛素在生理盐水中简单混合并涂于患糖尿病大鼠腹部的皮肤上，可产生良好的降糖作用；此外，该短肽还能帮助人生长激素透皮。实验表明，该短肽促进胰岛素透皮的活性具有高度氨基酸序列特异性，它并不直接结合胰岛素，而是通过短暂打开皮肤屏障使大分子药物能够透过皮肤。该短肽代表了一类基于生物学相互作用的新型皮肤渗透促进剂，可以避免现有物理和化学方法的不足，为大分子药物透皮提供了新思路、新手段。相关研究论文发表在2006年4月《Nature Biotechnology》（自然－生物技术）上。

中国科学家研究发现人工合成的双链核糖核酸可作用于枯否细胞中的Toll样受体3，降低同一细胞上Toll样受体4的表达，进而使细菌毒素失去作用的靶点。证明了用人工合成的双链核糖核酸预处理，可以显著降低由细菌脂多糖注射引起的肝衰竭，从而提出用人工合成的双链核糖核酸预处理，阻断细菌毒素对肝脏的侵袭作用，为防止爆发性肝炎的发生提供了新思路。该项研究成果发表在《PNAS》（美国科学院院刊）上。

中国科学家发现，β抑制因子可直接与TRAF6相互作用构成β抑制因子-TRAF6复合体，阻止了TRAF6的自我扩散以及其对NF-κB和AP-1的活化。并发现内毒素处理的β抑制因子-2缺失的小鼠，可表现出对一些促炎因子高表达，并对内毒素休克更敏感，表明β抑制因子是一个由TL-IL-1R信号引起的先天免疫的重要负调节因子。相关研究论文发表在2006年2月《Nature Immunology》（自然－免疫学）杂志上。

专栏7-3

“发育与生殖研究”计划

开展生殖发育过程细胞分化与去分化、组织器官诱导形成和功能建立及机体衰老指令等重大科学问题研究。在体细胞去分化和重获全能性、干细胞定向有序诱导分化、生殖健康、组织工程和动物克隆等方面实现重大突破。重点研究干细胞增殖、分化和调控、生殖细胞发生、成熟与受精、胚胎发育的调控机制、体细胞去分化和动物克隆机理、人体生殖功能的衰退与退行性病变的机制、辅助生殖与干细胞技术的安全和伦理等。

为了调查人脐带血细胞在山羊多种组织中的嫁接和分化，中国科学家利用胎儿早期免疫系统发育尚未成熟的特点，将带有绿色荧光蛋白(GFP)报告基因标记的人脐带血造血干细胞注射到妊娠45～55天的胎山羊腹腔中，成功建立了人源干细胞能在山羊体内长期存活的人/山羊异种移植嵌合体。相关研究论文发表在2006年的《PNAS》杂志上。

在国际上首先采用磁性纳米氧化铁粒子实现移植神经干细胞的实体实时的临床标记观察，建立了纳米粒子标记神经干细胞、3T-MRI GRE序列成像一整套干细胞观测技术平台。为实现研究神经干细胞的运动和功能开辟了新的窗口。这是干细胞研究中的突破，不仅为干细胞的实时在体研究提供可能，而且实现了临床移植后干细胞无创观察和干细胞的细胞影像学研究，为移植后疗效评价提供了依据。研究成果发表在《New England Journal of Medicine》（新英格兰医学杂志）。

第七节 能源、资源与环境领域

针对能源需求和发展中的重大问题，重点在能源的开发及高效清洁利用，新能源的开发利用，以及能源安全等方面开展研究。围绕资源环境领域的突出问题，重点在生态环境演化规律、生态资源的保护及利用、环境污染与调控修复机理、海气相互作用和大气变化及气候影响等方面开展研究。

一、能源

集中优势力量进行攻关，取得了显著成效，尤其是在化石能源高效清洁利用、石油勘探开发和提高采收率、战略矿产资源研究等方面取得了一批重大的原创性成果，为缓解中国能源紧张状况，保障能源安全发挥了重要作用，如在油气资源勘探开发方面，建立了碳酸盐岩油、气源岩分级评价方法和指标体系，提出碳酸盐岩作为烃源岩的有机质丰度下限为TOC=0.5%，该标准已作为中国石油和中国石化两大股份公司的新标准，在新一轮油气资源评价中发挥了重要作用。

发现高－过成熟区生成的天然气主要源于大量滞留在烃源岩中的可溶有机质以及液态烃的热裂解，提出了有机质“接力”成气的观点，细化了Tissot模式在高－过成熟阶段成气物质来源，回答了前人认为已耗尽潜力的烃源岩仍然具有良好勘探远景的理论问题，丰富和发展了天然气成因理论，对拓展天然气勘探领域有重要理论意义。根据“接力”成气模式，重新评价了塔里木盆地东部地区天然气资源潜力，将以往认为无勘探前景的地区变成了天然气勘探的重要接替领域。

在电池的高功率、高能量、安全性、回收再生及新材料设计等方面取得显著进展。在高功率镍氢电池方面，在电池与相关材料设计、电极制备与表面修饰新技术、电池组装等方面所取得的研究成果，从理论上指导了高功率镍氢动力电池的制备，目前D型8Ah电池的功率密度达到1006W/kg，能量密度达到55Wh/kg，超过目前国际上同类D型电池的水平。在电池新体系电极材料方面，制备出非整比Sn基非晶纳米合金负极，其可逆嵌锂容量和首次库仑效率明显提高；发现了聚三苯胺的高比功率特征及稳定的高倍率循环性能。在电池安全性方面，提出了采用电压敏感隔膜进行可逆过充保护的原理和技术。在电池回收再生方面，提出生物淋滤——液膜萃取回收废旧电池中贵重金属的资源化处理思路，锂离子电池中钴和锂的浸出浓度均为50%以上，为后续的液膜萃取回收奠定了技术基础。在电池材料设计方面，优化设计并探索出正极材料的表面包覆物质与电解质相互作用的自发生成路易斯酸化机制，从而将纳米粉体直接添加到电极材料中形成改性电极，显著提高了正极材料的实际比容量、循环稳定性、倍率性能和热安全性，实现了材料设计对电极制备工艺创新改进的指导理念。

二、资源与环境

发现准噶尔煤田煤中高含量的勃姆石中铝和镓异常富集。根据现有资料对黑岱沟主采6号煤层中综合评价，估算的 Al_2O_3 的储量为1.42亿吨，伴生的镓的保有储量为6.34万吨，在整个准噶尔煤田镓的预测储量85.7万吨。依据国土资源部《矿产资源储量规模划分标准》(2000年)，该区发现的铝土矿床和镓矿床均为超大型矿床。镓属于典型分散元素，自然界中很难形成独立矿床。该矿床的发现对分散元素成矿理论是一个重大贡献，对研发新型的矿床资源也具有重要的指导意义。

通过对广东鼎湖山自然保护区内成熟森林土壤有机碳进行了长达25年的观测，发现该森林0～20厘米土壤层有机碳贮量以平均每年每公顷0.61吨的速度增加。《Science》和《Nature》认为该研究奠定了成熟森林作为新的碳汇的理论基础，为寻找未知碳汇提供了思路，并有力冲击成熟森林土壤有机碳平衡理论的传统观念，从根本上改变学术界对现有生态系统碳循环过程的看法，将催生生态系统生态学非平衡理论框架的建立。相关研究论文发表在《Science》杂志上。

图7-7　季风常绿阔叶林倒木分解情况

围绕中亚型造山与成矿作用，建立了陆壳侧向增生造山－成矿模式，阐述了多陆缘成矿的观点，丰富了陆缘成矿理论。揭示了新疆北部后碰撞阶段构造－岩浆－成矿作用的基本特征，识别出与后碰撞岩浆作用有关的多种成矿类型，提供了中亚造山带地壳垂向增生成矿和地幔深部过程参与后碰撞构造演化的直接证据。提出了新的陆内造山模型，建立了“山间盆地型”地浸砂岩型铀矿成矿模式，为中国该类型铀矿勘查研究提供了新的理论支撑。

在陆地生态系统碳循环研究方面，首次获得了10个生态系统连续3年以上的CO_2、H_2O和能量通量及其与生态系统碳循环相关的植被、凋落物、土壤和群落为气象要素的动态变化数据，揭示了中国主要陆地生态系统碳通量的形成和变化规律；准确地评价了中国主要陆地生态系统碳收支状况及其源汇格局；为中国陆地生态系统碳循环的模型模拟、尺度扩展及未来气候变化的情景预测等研究提供了大量的实测和验证数据，同时也为国家参与碳减排的国际谈判提供了可靠的数据和知识储备。

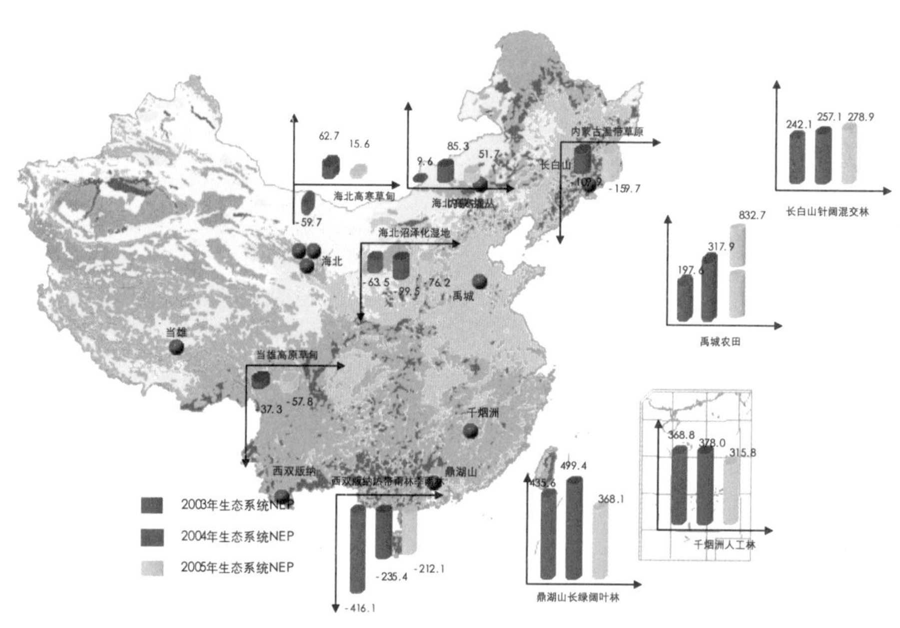

图7-8　中国区域陆地生态系统碳收支的空间格局

研究发现，近50年来长江流域产沙量增加近1倍，洞庭湖的淤积量呈下降趋势。长江三角洲前缘潮间带湿地的冲淤对长江来沙量具有敏感的响应，随着长江来沙的减少，三角洲前缘潮间带湿地面积的增长速率从70年代初期的12 km^2/a减少至90年代末期的3 km^2/a。三峡水库蓄水之后，长江入海泥沙减少到三角洲前缘潮间带湿地冲淤转换的临界值之下，三角洲前缘潮间带湿地正在从过去的迅速淤涨向蚀退转变。研究成果发表在《Journal of Geophysical Research》（地球物理研究杂志）杂志上。

完成了中国各类潜在二恶英类污染源年环境释放量的评估，评估结果被编入中国履行斯德哥尔摩公约行动计划。由于连续10次在国际二恶英类实验室超痕量复杂样品二恶英类比对实验中取得优异成绩，2006年10月，环境化学与生态毒理学国家重点实验室被联合国环境规划署命名为全球POPs监测示范实验室。该示范实验室不仅表明了中国POPs检测技术已经达到了国际一流水平，也为中国开展跨国界、跨区域的POPs迁移、转化规律研究铺垫了道路。

获得了珠三角地区夏季多点连续大气综合立体动态观测数据以及长江三角洲典型区嘉兴综合试验基地冬季大气复合污染连续综合动态观测数据，进一步深化了对区域大气复合污染动态和环境影响的认识。建立了较大尺度的土壤污染定量识别和风险评估方法，初步阐明了农田土壤重金属和持久性有机污染物的生物传递特征与健康风险，揭示了砷、磷交互作用下砷酸盐还原酶基因的表达调控规律。进一步揭示了镉在超积累植物体内的微区分布及解毒机制，从苋菜中分离克隆出编码铁转运蛋白 IRT1 基因（镉运输基因）。

第八节 信息科学与材料领域

围绕信息产业发展的需求和重大问题，重点在集成电路器件与工艺、集成光电子器件与新型微纳光电子器件、新的网络体系、软件工程、智能信息处理的科学基础与前沿问题等方面开展研究。围绕材料发展和需求中的关键问题，重点在纳米材料科学、信息功能材料科学、超导材料科学、新能源材料科学、生物医学材料科学等方面开展研究。

一、信息科学

中国信息科学的整体研究水平显著提高。其中，量子信息和通信方面已居国际前列，高性能计算、信息存储、集成微机电系统等方面取得了一批原始创新成果，为信息产业的发展奠定了坚实的理论和技术基础。但从现有研究水平来看，中国信息领域的研究与国际水平的差距还是比较大。

通过“自由空间纠缠光子的分发”研究在国际上首次证明，纠缠光子在穿透等效于整个大气层厚度的地面大气后，其纠缠特性仍能保持，并可应用于高效、安全的量子通信。这一成果为实现全球化的量子通信奠定了实验基础。该研究成果发表在美国《Phys. Rev. Lett.》（物理评论快报）

上，审稿人称其“是一项相当了不起的成就”。

在国际上首次成功地实现了复合系统量子态的隐形传输和六光子纠缠态的操纵，为各种实用化的量子信息研究开创了新的起点，对于容错量子计算、量子中继、普适量子纠错等重要研究方向具有极其深远的影响。相关论文以封面文章的形式在《Nature Physics》杂志上发表。

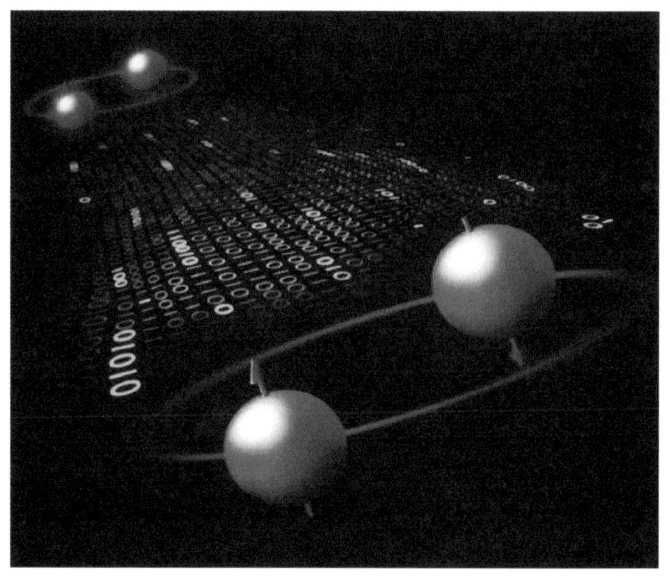

图 7-9　复合系统量子态的隐形传输和六光子纠缠态的操纵

研制出高分辨率静态应力检测型微纳悬臂梁痕量气体传感器，开发出6MNA敏感单分子膜并实现了在悬臂梁敏感位置的自组装，开发了特异性捕捉沙林分子的双层分子膜材料，在实验室内实现了微纳传感器对沙林和TNT的高灵敏检测。其中对TNT实现了超高分辨检测，对沙林模拟剂DMMP达到了约5×10^{-5}mg/L痕量浓度的检测水平，达到了国际先进水平且拥有自主知识产权，有望今后在中国安全监测和反恐等领域获得应用。

在下一代互联网络信息存储的组织模式和核心技术研究方面，通过引入对象的概念，提出一种自组织对象存储系统结构，并成功搭建对象存储原型系统，它能与传统的块存储系统组成异构统一管理存储系统，解决多媒体网络GIS对存储容量、速度等挑战性问题需求。所构建的HUSt（A Heterogeneous Unified Storage System for GIS Grid）参加超级计算（Super Computing）2006的存储挑战项目，成为四个入选项目之一，得到国际同行专家认可。

专栏 7-4

“量子调控研究”计划

在与量子调控有关的量子现象的基本理论方面取得突破，在实验室初步实现基于这些现象的新量子调制技术。探索全新的量子现象，发展量子信息学、关联电子学、量子通信、受限小量子体系及人工带隙系统，重点研究量子通信的载体和调控原理，量子计算，电荷－自旋－相位－轨道等关联规律以及新的量子调控方法，受限小量子体系的新量子效应，人工带隙材料的宏观量子效应，量子调控表征和测量的新原理和新技术基础。

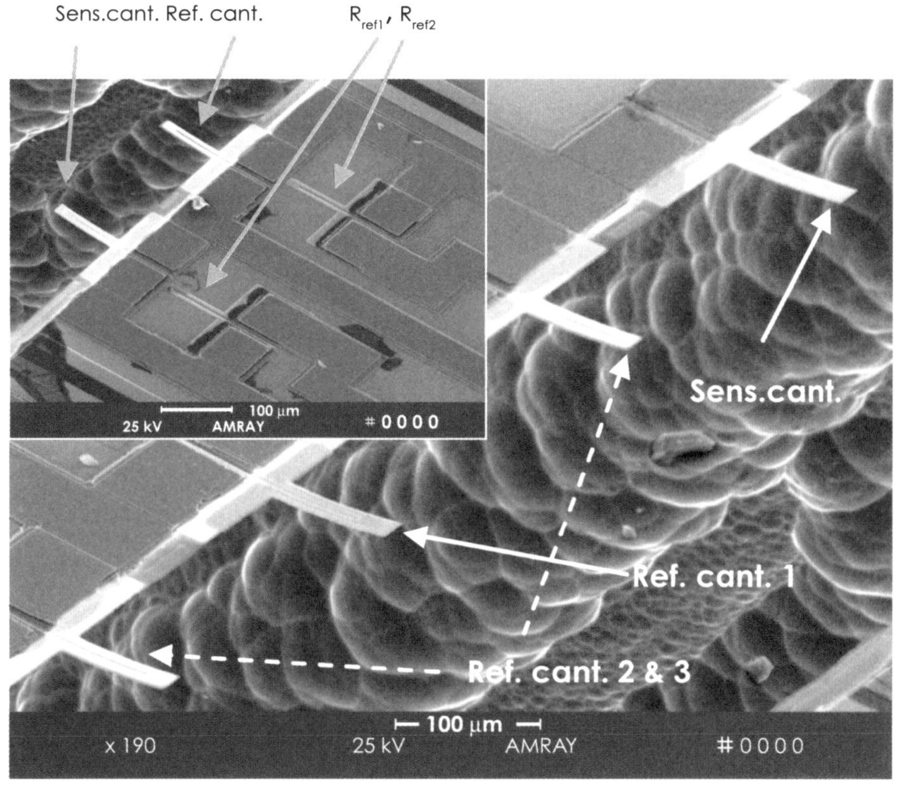

图 7-10 微纳传感器 SEM 照片

磁随机存取存储器（MRAM）研究取得突破性进展，研制出一种新型的磁随机存取存储器原理型器件，这种新型磁随机存取存储器摈弃了传统的采用椭圆形磁性隧道结作为存储单元和双线制脉冲电流产生和合成脉冲磁场驱动比特层磁矩翻转的做法，而是采用100纳米尺度下的磁矩闭合型磁性隧道结作为存储单元和正负脉冲极化电流直接驱动比特层磁矩翻转的工作原理，可以克服常规MRAM所面临的相对功耗高、存储密度低等瓶颈问题。基于这一新的设计理念和结构，可以极大地提升研制高性能低成本MRAM产品的可行性，从而提高MRAM的生存力和竞争力，有利于加快国际上MRAM产品研发及产业化的步伐。

二、材料

光电功能晶体研究获得新进展。首次实现了晶体电－光系数的从头计算，证明了计算模型的正确性，并给出了晶体的电光效应机理的明确解释，对新型电光晶体的探索起到积极的指导作用。发现了一种新的可用于深紫外谐波输出的非线性光学晶体RBBF（$RbBe_2BO_3F_2$），该晶体的空间结构和紫外截止边和KBBF一致，从目前其他数据的测试结果来看，晶体在紫外、深紫外区的相匹配性能和KBBF也基本一致。该晶体的生长习性明显优于KBBF，晶体的分解温度在1000℃左右，比KBBF提高了100℃左右。该晶体有望取代KBBF成为新的深紫外非线性光学晶体。

声子晶体的负折射现象研究取得突破性进展。实验中制备了声子晶体，建立了为研究声子晶体中波传播的测量系统，理论上对声子晶体中超声波的传播进行了研究。从理论和实验上证实了超声波在声子晶体中存在负折射现象：在第一能带中传播的声波总具有正的相速度，存在群速度负折射，也能够具有群速度正折射；在第二能带中总具有负的相速度，既存在群速度负折射，也能够具有群速度正折射，我们称之为回波负折射（BWNR）和回波正折射（BWPR）。出现上述情况的条件取决于声子晶体的结构和入射超声波的频率。实验中，发展了一种确定负折射的方法，通过折射角与超声波的频率和入射角不同的关系，确定负折射的现象。这项研究在声波的成像方面有重要的应用前景。

发展了多孔材料多基体共晶化的制备新方法以及磷、硅、稀土金属氧化物复合组装的改性新方法，提出多孔材料骨架Al动态平衡稳定机理，并利用具有不同分子大小的含铝配合物分别对多孔催化材料整体和外表面进行修饰，对催化材料活性中心进行了精细调变，抑制了多孔催化材料在水热条件下的脱铝反应及结焦生成，提高了丙烯的选择性。研究工作受邀在《Hydrocarbon Asia》（亚洲碳氢化合物）杂志全文报道。

大尺寸$NiFe_2O_4$基金属陶瓷惰性阳极研究取得突破。揭示了$NiFe_2O_4$基金属陶瓷惰性阳极制备和电解过程中热应力的演变规律，实现了大尺寸惰性阳极的结构优化，获得了以工作热应力最小化为原则的电解工艺。建立了一套大尺寸金属陶瓷材料的制备专用设备体系，制备出了可实用的大尺寸$NiFe_2O_4$基金属陶瓷惰性阳极，成功进行了为期28天的$NiFe_2O_4$基金属陶瓷惰性阳极的4kA级电解试验。

高分子白光材料取得突破性进展。单层器件电流效率达到8.9 cd/A，流明效率达到5.7 lm/W，达到了目前的国际最高值。文章在《Adv. Funct. Mater.》（先进功能材料）杂志发表。小分子绿光材料的发光效率继续保持国际领先水平，寿命大大提高，初步达到规模生产的要求。利用含有三苯胺取代基因的吩基吡啶配合物制备的单层有机发光材料的效率达到5.2 cd/A（3.6 lm/W），是当时已报道的效率最高的单层发光器件。蓝色发光材料的器件效率达到5 cd/A，掺杂器件效率提高到18 cd/A，是目前报道的较高水平的蓝光材料与器件，《Photonics》（光子学）杂志认为这是近年来有机蓝光材料最重要的进展。

在红、绿、白光有机发光器件的稳定性方面取得了突破。绿光器件寿命特性曲线，在1000 cd/m^{2}亮度下寿命超过了3000小时。红光器件寿命特性曲线，在500 cd/m^{2}亮度下寿命超过了3200小时。白光器件寿命特性曲线，在500 cd/m^{2}亮度下寿命超过了3300小时。

第九节 论文产出

2006年中国SCI论文已达到了8.98万篇，与英（9.77万篇）、德（9.07万篇）、日（9.01万篇）相当。在论文数量不断增长的同时，论文的质量也取得了显著提高，国际影响正在扩大。根据对SCI数据库1996—2005年10年间数据统计，中国论文被引用次数为1402090次，排在世界第13位，较2004年统计（1995—2004年）的第14位又上升了1位。

中国论文的部分学科优势显现。据中国科学技术信息研究所对SCI数据库的统计结果表明，1996—2005年10年间中国已有6个主题学科论文被引用数排名跻身世界前10名行列，它们是材料科学118685次，第5位；化学381642次，第6位；数学29315次，第6位；综合类2927次，第7位；工程技术88881次，第8位；物理学262441次，第9位。中国有7个学科的论文数占世界的比例超过5%，它们是材料科学44836篇，占世界该学科论文的12.18%；化学98971篇，占世界的9.62%；物理学69632篇，占世界的8.35%；数学15870篇，占世界的8.13%；工程技术40315篇，占世界的5.88%；计算机科学12573篇，占世界的5.79%；地学12443篇，占世界的5.36%。从SCI数据库中各学科被引频次最高的前1%的重要论文统计分析表明，中国在各个领域的高被引论文10年来呈现逐年增长的良好态势。其中，中国在材料科学、工程技术、数学、物理学和化学5个领域的高被引论文占本领域世界高被引论文总数的比例高于中国SCI论文占世界总数的比例。

另外，2004—2006年，中国科研人员在《Science》上发表论文111篇，在《Nature》上发表

表7-1　1996—2005年中国主要学科发表论文数及被引用次数排序

学 科	论文数（篇）	占世界该学科论文比例（%）	被引用次数	被引用次数排序
材料科学	44836	12.18	118685	第5位
化　　学	98971	9.62	381642	第6位
数　　学	15870	8.13	29315	第6位
工程技术	40315	5.88	88881	第8位
物 理 学	69632	8.35	262441	第9位
计算机科学	12573	5.79	–	–
地　　学	12443	5.36	–	–
综 合 类	–	–	2927	第7位

论文93篇，在《PNAS》上发表了167篇，在《Cell》上发表了16篇。以上几组数据表明，中国基础研究论文不论是数量还是质量都取得了可喜的成就，充分显示出中国基础研究整体水平不断提高。

以1996—2006年10年论文数、10年引文数、热门论文数、热门论文引文数、高被引论文数和高被引论文引文数这六项指标为对象，采用标准分统计方法对各国19个学科进行统计分析的结果表明，中国在2003年总体上处于世界第14位，到2006年已超过瑞典、西班牙、澳大利亚等国，上升到第8位。从各学科的发展态势来看，中国在主要学科方面全部进入前25名，其中材料科学和数学2006年已进入世界前4强，化学和工程技术处于世界第6位，地学为世界第7位。生命科学诸领域是中国的弱势领域，近年来也表现出迅速上升的发展态势，2003年生命科学领域中的多数学科均处在世界20位之后，经过3年的发展，大多数学科推进到世界14～20名的区间，进步显著。

中国已出现较多的高被引论文作者。统计结果表明，1996—2005年中国科技人员作为第一作者发表的国际论文中，有58.3%的论文在10年间被引用了至少一次，其中累积被引用次数超过100次的有163篇论文。有22篇论文被引用200次以上。中国科学院物理研究所李文治为第一作者、1996年发表于《Science》的论文已被引用767次。引用该论文的国家和地区有数十个，涉及约上百个机构的数百名作者。引用该论文的国际期刊有43种，国际上一些著名学术机构如哈佛大学、牛津大学、东京大学、美国NASA、IBM公司等机构的研究人员和国际著名期刊如《Nature》和《Science》都引用了该篇论文。

第十节 基地建设计划进展

中国已初步形成以国家重点实验室、国家实验室、国家野外科学观测研究站和省部共建国家重点实验室培育基地，以及国家重大科学工程等组成的基地建设体系，基本覆盖了基础研究的主要学科和国家经济与社会发展的重点领域。这些基地在国家层面为中国科技的发展提供了重要支撑作用。

一、国家重点实验室和国家实验室

进一步完善和调整国家重点实验室布局。2006年在国家重大需求领域和若干重要基础学科领域、新兴交叉学科领域发布了24个方向的国家重点实验室建设指南；组织了2005年原则立项的17个新建国家重点实验室的建设计划论证，并正式批准立项；组织了7个已完成建设计划的新建国家重点实验室验收；并对4个国家重点实验室进行了更名或调整研究方向。

拓展国家重点实验室序列。2006年，首次建设国防安全方面的国家重点实验室；继续在香港建设国家重点实验室伙伴实验室，批准了依托香港中文大学建设华南肿瘤学实验室。目前，在香港建设的国家重点实验室伙伴实验室的数量为3个。

组织了生命科学领域重点实验室评估。有61个国家重点和部门重点实验室参加了评估，评出了12个优秀实验室，淘汰了1个较差实验室。

截至2006年底，正在运行的国家重点实验室197个（其中8个国家重点实验室参与国家实验室筹建）。实验室领域分布为化学科学领域23个，数理科学领域13个，地球科学领域29个，生命科学领域51个，信息科学领域29个，材料科学领域21个，工程领域31个；实验室分布于全国的22个省市自治区，其中北京最多，共有67个国家重点实验室，占全部的34%，其次为上海27个，占13.7%；在部门分布上，教育部104个，占52.8%，中国科学院62个，占31.5%。国家重点实验室有固定研究人员10203人，其中中国科学院院士196人，中国工程院院士104人，国家杰出青年基金获得者569人。截至2005年底，国家重点实验室仪器设备总值达到70亿元。国家重点实验室承担国家科技任务的能力显著，研究成果保持在高水平。2006年，共承担国家级研究课题6272项，省部级研究课题3632项，筹集国家级和省部级研究课题经费31亿多元；获得国家最高科学技术奖1项，国家自然科学奖一等奖1项、二等奖14项，在服务于国家重大战略目标和国家安全、科学研究前沿等方面做出了突出贡献。

国家实验室建设取得新的进展。国家实验室以国家重大战略需求为导向，面向国际科技前沿，围绕《规划纲要》确定重要战略任务，特别是重大专项和重大科学计划立项建议。2006年科技部决定启动筹建海洋、航空、船舶与海洋工程、重大疾病、磁约束核聚变、洁净能源、蛋白质科学、微结构、农业、轨道交通等10个国家实验室。

二、省部共建国家重点实验室培育基地

省部共建实验室的实施，极大地调动了地方的积极性，推动了地方研究实验基地建设，成为构建区域创新体系的突破口。通过部、省、依托单位和实验室的共同努力，省部共建实验室在引导地方资金投入、有效整合科技资源、创新运行管理机制、吸引汇聚人才、提高基础研究和应用基础研究水平、带动地方实验室发展等方面取得了明显实效。截至2006年底，科技部共批准建设

了39个省部共建实验室，基本完成了省部共建实验室的布局。有4个省部共建实验室通过培育，经严格的竞争和评审程序，被科技部批准成为国家重点实验室。据不完全统计，至2005年底，省部实验室现有固定研究人员1460人，其中院士18人，国家杰出青年基金获得者16人。实验室仪器设备总值超过8.8亿元；实验室面积约14.5万平方米。仅2005年，省部共建实验室共承担科研项目2115项，其中国家级项目537项，占24.9%；省部级项目750项，占35.4%。申请科研总经费超过6.5亿元。

三、企业国家重点实验室

为促进以企业为主体、市场为导向、产学研相结合的技术创新体系建设，发挥企业在国家基础研究和战略高技术研究中的作用，提高企业自主创新能力，科技部会同有关部门在国内企业（包括企业化转制院所）中有重点、有步骤地建设一批国家重点实验室。科技部于2006年底制定出台了《关于依托转制院所和企业建设国家重点实验室的指导意见》，并全面启动了在转制院所和企业建设国家重点实验室的工作。

四、国家野外科学观测研究站

国家野外科学观测研究站体系是国家科技创新体系的重要组成部分，是地球科学、生态与资源科学、宏观生物学和农林科学等学科发展必须依赖的基本研究手段和试验基地。国家野外观测研究站体系的建设是基础性、公益性的科学事业，是服务于中国科技发展思路的战略性转变，提高中国科技原始创新能力的战略选择。

国家野外观测研究站体系建设遵循“统筹规划分步实施，立足现有优化布局，分清层次重点支持，强化竞争动态管理”的总体原则。2006年，科技部委托国家生态环境野外科学观测研究站专家组和国家地球物理野外科学观测研究站专家组对原有的35个试点站进行了评估，并组织开展了地球物理领域的新站遴选工作。截至2006年底，正在运行的国家野外科学观测研究站共有97个，其中生态系统野外观测研究站53个，国家材料自然环境腐蚀试验站28个，大气成分本底站4个、特殊环境与灾害观测研究站6个，地球物理观测研究站6个。

第八章
前沿技术

前沿技术是高技术领域中具有前瞻性、先导性和探索性的重大技术，是新兴产业发展的重要基础，是国家高技术创新能力的综合体现。2006年国家加大了对前沿技术研究的投入，在生物和医药技术、信息技术、新材料技术、先进制造技术、先进能源技术、海洋技术、航空航天技术等方面进行了重点部署，取得了一批具有自主知识产权的发明专利和重大成果，提高了中国高技术的研究开发能力和国际竞争力，为高技术产业化奠定了发展基础。

第一节 生物技术

“十一五”期间，在生物和医药技术领域，以现代生物高技术为突破口，发展基因组和蛋白质组技术、干细胞技术、生物纳米技术、疫苗和抗体制备技术、转基因技术等；以肿瘤、心脑肺血管和糖尿病、肝病和老年病为重点，突破若干重大疾病预防和诊治的关键技术；以医药、食品和工业发酵为突破口，强化生物技术向产业的应用辐射。重点研究基因操作和蛋白质工程技术、新一代工业生物技术、生物信息与生物计算技术。组织实施疫苗与抗体工程、干细胞与组织工程、功能基因组与蛋白质组、重大疾病的分子分型和个体化诊疗等重大项目。

一、蛋白质工程技术

蛋白质－蛋白质相互作用的定量计算与功能蛋白质设计。研究了与界面的几何或能量相关的参数对于判别蛋白质－蛋白质相互作用的影响，发展了一种判别蛋白质生物功能界面新的综合性打分函数 CFPScore，可以有效地判别生物学界面与非生物学界面，并且在分子对接 decoy-sets 的区分中取得成功。同时还发展了一种针对蛋白质－蛋白质作用界面进行功能蛋白质设计的方法。

二、药物分子设计技术

◎ 成功构建多维特征化学库

将药物化学与生物学紧密结合，使中国药物研发水平显著提高，成功构建了多维特征化学库。

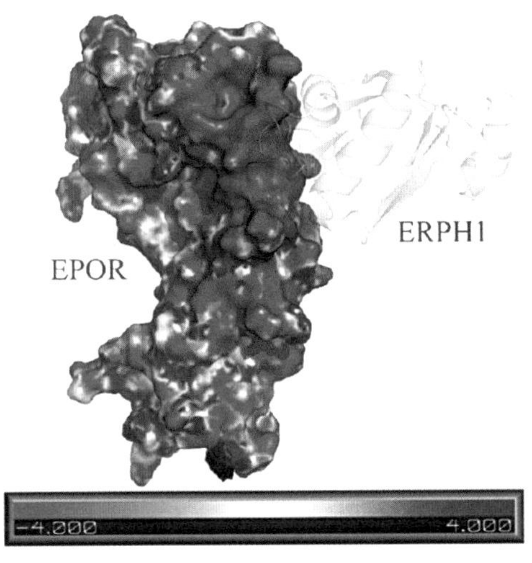

图 8-1 蛋白质与促红细胞生成素受体（EPOR）的结合示意图

通过建立5个新的药物筛选模型，进而筛选一定数目的多样性“似药”优势结构化合物，发现了22个活性化合物，已有3个确证为药物先导化合物，为研发中国的工具药或者药物提供更多的选择。

◎ **药物靶标相关的生物信息学**

针对目前最新版本的药靶数据库进行了一系列特征分析，并结合药靶相关蛋白的相互作用网络、代谢网络以及基因调控网络对药靶特征进行了优化。将优化的药靶特征分析算法和相关软件应用于日本血吸虫药靶预测，最终获得了22个可能抑制日本血吸虫SjADSS活性而对人HsADSS活性无干扰的化合物。

三、干细胞与组织工程技术

2006年，中国干细胞与组织工程技术研究进展顺利，在组织工程肌腱构建技术、组织工程皮肤制备工艺、组织工程骨构建与材料结合、亚全能干细胞可塑性、干细胞分离纯化技术、新型血液调控因子、种子细胞扩增技术、血液代用品制备工艺、神经损伤再生套管等项目均有明显的原始创新。在种子细胞选择方面，通过对骨髓、皮肤、脂肪、软骨等来源的干细胞或等体细胞进行筛选比较，确定了相关产品的优选种子细胞，并对其传代、培养、扩增、鉴定等技术进行了优化。在材料选择、制孔技术、组织构建中的力学强度、制备工艺与相关设备、血液化组织工程骨等多项核心技术均有重大进展，对产品的研发起到至关重要的作用。组织工程相关支撑技术，如产品的低温保存技术、生物反应器技术、种子细胞库建立等均有突破。多种干细胞分离纯化、大规模扩增、定向诱导技术也取得明显突破，相关的产品研发有4项已通过中检所认证，其中“原始间充质干细胞治疗血液肿瘤注射液”已获得临床批文，并已开始I期临床试验，有望在干细胞治疗领域取得突破。此外，核移植技术与体细胞重编程领域也有突破性进展。

四、基因工程技术

流脑菌株分子流行病学研究取得重大突破。中国完成了C群流脑的全基因组测序和全基因框架图的绘制，发现2003年引起安徽流行的C群Nm菌株为一种新的克隆群ST-4821菌株，这是首次在国际上报道的一个引起流脑流行的新的克隆菌株。该研究结果发表在《Lancet》（柳叶刀）杂志上。

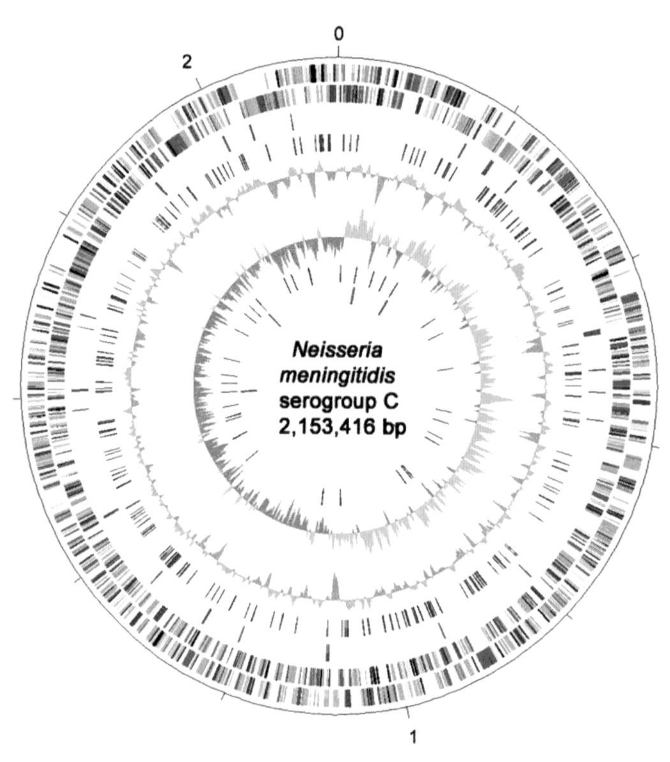

图 8-2　C 群脑膜炎奈瑟菌 053442 株基因组测序框架图

第二节 信息技术

“十一五”期间，信息技术领域在智能感知与先进计算技术、自组织网络与通信技术、虚拟现实技术和信息安全技术等方面开展前沿探索研究，努力掌握若干可以与发达国家竞争的前沿技术；重视核心关键技术，在若干方向上发展能与发达国家竞争的关键技术；强调重大技术系统开发，强化集成创新。利用信息技术，重点推动现代服务业的发展。

一、高性能计算技术

通用CPU芯片设计。攻克了若干微处理器设计关键技术，掌握了通用CPU芯片设计方法，推出了64位高性能龙芯系列、飞腾系列通用微处理器，技术指标有了进一步提高。龙芯2E高性能64位通用处理器芯片在单处理器设计方面已达到国际先进水平，是大陆地区第一个采用90纳米技术设计实现的处理器，其最高主频达到1.0GHz，能够支持运行64位Linux操作系统及浏览器、办公套件、媒体播放器、WEB服务器、数据库系统等各种应用软件，并能支持中文输入和显示。

图8-3　龙芯2E芯片

二、网络技术

◎ 下一代互联网技术

“中国下一代互联网示范工程”获得一系列重大创新成果。自主设计、建设并稳定运行全球第一个，也是规模最大的纯IPv6互联网主干网；在国际上首次提出下一代互联网的新型寻址体系结构和两代互联网的独特过渡技术；向国际组织提交7项标准草案。其中3项成果属于国际首创，总体上达到世界领先水平。

“中国下一代互联网示范工程”的成功，有力地推动了中国下一代互联网的技术研究、重大应用和产业开发，为提高中国在国际下一代互联网技术竞争中的地位做出了重要贡献。特别是首次在全国主干网大规模使用国产IPv6路由器，采用率达到80%。这对摆脱互联网领域依赖国外核心设备的被动局面，推进中国下一代互联网核心设备自主创新和产业化，具有重要战略意义。

IPv6的顺利实施，使中国在这一领域的研究与应用已与国际水平并驾齐驱，一些方面甚至领先于国际水平。

◎ **中国教育科研网格**

中国教育科研网格整合了全国20所重要高校的大量网格资源，建立了资源共享、配置灵活、跨学科、跨地域的高效网格环境，开发了国际第一个公开发布的基于WSRF的具有自主知识产权的网格中间件CGSP。CGSP已被50多个国家的多名用户访问，日均访问量近6000次，累计下载量超过40GB，在国际网格界形成了重要影响。目前，中国教育科研网格覆盖了全国13个省市、20所高校，聚合计算能力超过15万亿次/秒，存储容量超过150TB。系统总体设计和关键技术达到国际先进水平。

◎ **高性能宽带信息网**

高性能宽带信息网（3T net）提出了独创的网络体系结构，在国际上率先实现了一种电路交换和分组交换相融合的网络技术新体制，突破了传统网络体系的服务理念及技术极限，为中国新一代信息基础设施的建设提供了坚实的技术保障。在点到多点组播和突发调度交换连接的自动交换光网络（MB-ASON）、以电路和分组混合交换为基础的城域网体系（CPI-MAN）、大规模接入汇聚路由器（ACR）及一体化的接入网架构等方面有重要创新。

利用自主研制的Tbit/s级的路由、交换、传输等新一代网络核心设备及应用支撑环境，在长三角地区促进地方政府和网络运营公司自主建设成下一代、可运营的、能支持大规模并发流媒体业务和交互式多媒体业务的高性能宽带信息示范网。

三、移动通信技术

新一代移动通信研究。未来通用无线环境研究计划（Future Technology for Universal Radio Environment，简称FuTURE计划），经过国内10余家大学、企业和研究所5年来联合攻关，在上海构建了首个具有4G移动通信基本特征的分布式无线网络现场试验系统。该系统在高速移动环境下的信息传输速率达100Mbps。FuTURE计划在新一代移动通信无线组网、传输与多址等基础技术方面进行了一系列创新，已申请发明专利近200余项，向3GPP/3GPP2等国际标准化组织提交了近百项提案。一批核心技术已被国际标准化组织所采纳，带动了包括TD-SCDMA在内的3G演进技术的发展，从而奠定了中国发展新一代宽带无线移动通信技术，全面参与国际竞争的技术基础。FuTURE计划实施的过程中，先后与欧盟、韩国、日本等政府以及一批跨国公司与研究机构签署了双边合作协议，使一批国外企业和研究机构成为项目的合作伙伴。

第三节
新材料技术

"十一五"期间，新材料技术领域力争在智能材料设计与材料制备技术、高温超导和高效能源材料、纳米材料与器件、光电信息和特种功能材料、高性能结构材料等方面突破关键材料制备技术，提升传统材料产业，促进经济结构的调整和优化；在半导体照明工程、新型平板显示技术、全固态激光器及其应用、化工反应过程强化、优势资源材料应用技术开发等方面，加强新材料及应用的工程化技术开发，提高新材料产业的技术创新和产品的国际竞争能力，力争使中国新材料技术整体水平有较大提高，在多个有优势的技术领域实现跨越。

一、超导材料与应用技术

◎ 100kW 高温超导电机

大容量高温超导同步电机具有体积小、重量轻、效率高、噪声低、同步电抗小、谐波成分低、瞬态稳定性好、转动惯量小等优点，由它组成的电力推进系统是新一代舰船的发展方向。中国自主研制的100kW HTS 电机，采用国产高性能铋系线材，突破了超导电机结构型式及理论计算、高温超导磁体设计与制造工艺等关键技术，连续满负荷运行6小时以上。100kW 电机的研制成功，为下一步开展大功率高温超导电机研究奠定了基础。

◎ 移动通信用超导滤波器系统

中国自主研制的高温超导滤波器系统安装于某公司CDMA基站，通信试验获得成功，实现了中国高温超导滤波器系统第一次实际应用，并已连续无故障使用一年半。

在北京以大钟寺为中心的地区建成了中国第一个高温超导滤波器移动通信应用示范小区，示范小区包括5个CDMA移动通信基站，使用30路高温超导滤波器系统，覆盖10多万居民。用专业路测设备对移动通信基站网络的性能测量表明，改用超导滤波器后，示范小区内手机的发射功率平均下降2.35分贝，基站的覆盖范围、容量、通话质量等均有较大幅度的提高。

二、纳米材料

◎ 肝炎、艾滋病快速诊断技术

乙型肝炎和艾滋病诊断技术目前主要采用酶联免疫检测等方法，需要专门仪器，检测时间长、费用高。中国自主研制的乙肝、艾滋病检测用纳米晶免疫试纸，采用纳米晶标记材料来标记乙肝抗体和艾滋病病毒抗原，其灵敏度比酶联免疫检测法提高1000倍，检测时间短、成本低。可实现乙型肝炎和艾滋病的快速、低成本筛查。已建成集纳米晶批量制备、抗原/抗体的制备及批量生产、纳米晶与抗原/抗体的高效偶联及纳米晶免疫试纸研发生产的技术体系，形成年产3000万条乙肝诊断试纸的生产能力。

◎ 纳米C-RAM集成器件

中国的纳米C-RAM集成器件关键技术研究取得了重要技术突破，建立了国内第一套C-RAM器件单元的读、写、擦及其疲劳特性测试及能够进行加、减、乘、除算法的演示系统；开发出了包含阵列器件单元的C-RAM存储器制备工艺（包括纳米抛光和纳米曝光工艺等），制备出了与MOS器件非集成的8 × 8阵列原型器件，单元的最佳读写时间小于50ns，器件单元重复擦写次数达到1.01×10^{10}次。将整合相关工艺设备，建立用于C-RAM芯片研制的8英寸实验工艺线，这不仅会大大推动中国C-RAM芯片的研发进程，而且对于其他纳米半导体存储技术的开发也将起到重要推动作用。

三、光电信息材料

◎ 12英寸硅单晶片

2006年，建成了中国第一条月产1万片直径12英寸硅单晶抛光片中试生产线，实现了12英寸硅单晶抛光片中试生产零的突破，产品性能达到0.13～0.10微米集成电路技术要求，使中国在0.13～0.10微米集成电路技术用硅衬底材料制备技术方面赶上国际水平，并开始用于国内12英寸集成电路生产线。

◎ 单芯片白光LED

单芯片白光LED的研制工作取得重要原创性成果，在国际上首次研制成功了不使用荧光粉且为单个芯片一次发光获得白光的单芯片白光LED，并在多项关键制备工艺上取得了突破。针对现有的白光LED存在的技术问题，特别是针对知识产权被垄断的现象，提出了基于隧道再生多有源区发光理论的单芯片白光LED的物理构想与器件结构，并创新地提出了实现单芯片白光LED的配色、电流输运和光单向传输的可行性技术路线。在完成满足配色理论计算结果要求的GaAs基LED和蓝绿光LED的器件结构设计和生长，并在国内首次实现GaAs/GaN异质材料直接键合等关键工艺的基础上，首次成功地实现了不使用荧光粉、色坐标为（0.29，0.3）的单芯片白光LED。

四、特种功能材料

◎ 高性能低温烧结软磁铁氧体材料

从电子元件高端产品的需求出发，通过对软磁铁氧体烧结机理、显微结构和掺杂改性的深入系统研究，提出了独特的铁氧体陶瓷低温烧结的工艺路线。首次研制出无助烧剂低温烧结NiCuZn铁氧体，其磁导率高出国际上同类材料1倍以上，为大感量、高功率片式电感器的实现提供了材料基础；首次研制出低温烧结Z型平面六角铁氧体，填补了甚高频段（200～1000 MHz）片感用介质材料的空白；首次开发出低温烧结Y型平面六角铁氧体材料，使高频宽带磁珠元件的抗EMI频带覆盖范围从1 GHz延展到3 GHz。形成了中国在片式电感类元件核心技术方面的自主知识产权，为国内片式电感类元件产业的发展创造了条件。2006年该项成果转化形成了50亿只片式电感类元件的生产规模。

◎ 高性能稀土永磁材料

钐钴高温磁体做到500℃时磁能积超过10.3 MGOe，达到国际先进水平。合成了10多个新型磁性稀土化合物，高性能永磁材料机理研究取得突破。攻克了百吨级钕铁氮磁粉生产线的关键技术，突破了千吨N53档钕铁硼生产中铸片速凝成型和N55档钕铁硼磁体成分配方等核心技术，开发了“双合金结合速凝工艺”的技术，高档烧结钕铁硼磁体N50～N53系列产品达到批量生产水平。中国已成为全球最大的Nd－Fe－B磁体生产基地和研发中心，占全球产能80%。

五、高性能结构材料

万吨级工业规模制备稀土顺丁橡胶关键技术。为适应中国高速公路和高性能轮胎的发展需要，自主开发了稀土顺丁橡胶。用户应用试验结果表明，稀土顺丁橡胶与镍系顺丁橡胶相比，加工性能优异，自黏性高，可显著提高轮胎的使用性能，如疲劳寿命提高50%以上，耐久性能提高32%以上，高速性能提高54%，表面温度降低20℃以上，更符合现代子午线轮胎的用胶要求。

该项成果形成了具有自主知识产权的全流程国产化的稀土顺丁橡胶生产技术，建立了中国第一套稀土顺丁橡胶生产装置，实现了稀土顺丁橡胶的批量生产和供应。生产的稀土顺丁橡胶的质量，已经得到国内外轮胎制造公司的认可。稀土顺丁橡胶的成功开发，促进了中国合成橡胶产品的更新换代，提升了中国轮胎制品在国际市场的竞争能力。

第四节 先进制造技术

“十一五”期间，先进制造技术领域瞄准先进制造技术发展的前沿，从提高设计、制造和集成能力入手，研究先进制造的关键技术、单元产品与集成系统，发展节能、降耗、环保、高效制造业，提升中国先进制造技术水平。重点研究极端制造技术、智能机器人技术、重大产品和重大设施寿命预测技术、现代制造集成技术。

一、先进装备制造技术

◎ 2.2～2.8米宽幅喷墨印花机

为了推进中国彩色喷印技术的发展，开发了2.2～2.8米宽幅喷墨印花机。经过一年多的努力，掌握了幅宽2.2～2.8米的宽幅喷墨印花机的核心技术，研制了大宽幅喷印的光栅图像处理器、RIP软件系统和导带式的新型送布装置。生产全程符合“清洁生产”的要求。

◎ 太阳能电池生产线

掌握了太阳能电池生产线设备制造与工艺的核心技术，突破了关键单元技术，完成了关键设备的技术升级，向社会提供了百余套太阳能电池生产设备，累计创产值9560万元。其中大口径闭管扩散炉填补了国内大生产线上国产高性能、环保型设备的空白。卧式热壁式PECVD设备攻克了成膜均匀性这一技术难题，其生产的太阳能电池片接近国际先进水平。

◎ 超薄玻璃成套技术

针对电子工业对超薄玻璃的巨大需求和国外公司长期封锁垄断，中国企业不断提高超薄玻璃自主研发生产能力，已能稳定生产出满足电子行业质量要求的1.1mm、0.7mm、0.55mm玻璃产品。这标志着中国的高端STN级超薄玻璃已达到世界先进水平，为中国液晶显示器行业赶超世界先进水平奠定了基础。

二、现代集成制造技术

◎ 基于自主版权软件的制造企业集成应用

围绕A型机和ARJ21飞机制造，深入研究制造过程的信息集成和过程集成技术，实现了飞机装配流程的优化整合，生产计划管理实现了由批次管理到架次管理、月计划到周日计划、部件控

图 8-4　超薄浮法玻璃生产线

制到工序控制的转变，实现了物料的及时供应和均衡生产。

自主品牌汽车数字化设计制造管理集成应用平台开发打通了设计与制造、生产与管理两条线，实现了三维环境下CAD/CAE、CAD/CAPP/PDM、PDM/ERP、ERP/MES的集成应用，实现了多过程、多系统、多应用的系统整合和集成共享。

国产PDM系统集成汽车模具设计制造过程中所采用的CAD/CAE/ CAPP/CAM等单元软件，实现以统一模具数字化产品模型为核心的数据集成与信息交换，打通工艺到设计再到制造的数据传输途径；实现模具成型优化等不同技术状态结果文图档的管理，并建立基于Internet/Intranet的异地网络化汽车模具协同设计制造与服务平台，实现模具研制管理的数据共享和过程集成。

◎ 离散行业制造执行系统（MES）开发和应用

MES以提供生产所需实时、有用、准确的信息为目标，通过为管理层、生产单位（车间、班次）提供充分的作业现场信息，有效地控管生产流程，提升生产效率，缩短制造的前置时间，支持供应链体系快速响应。汽车MES系统采用统一的建模和封装机制，进行车间内各种异构制造资源集成，实现资源的统一调度和管理。通过与ERP系统、中控系统、RFID系统集成，实时收集各项生产线的数据，实现各项数据的无缝衔接。航空结构件转包MES示范单元，实现了飞机结构件分包生产，提高了数字化生产线的生产效率、柔性、敏捷性和企业制造水平。

三、机器人技术

远程医疗机器人技术。远程脑外科机器人系统属于机械、自动化、计算机和临床医学多学科交叉技术领域发展的一种新兴智能化技术装备。远程脑外科机器人辅助手术不仅可以充分利用大医院的医疗资源优势，迅速提升地区医院医疗水平，而且使边远地区患者得到及时准确的治疗。已经开展了远程脑外科机器人系统的临床应用，在多家地方医院已经成功实施32例远程手术。

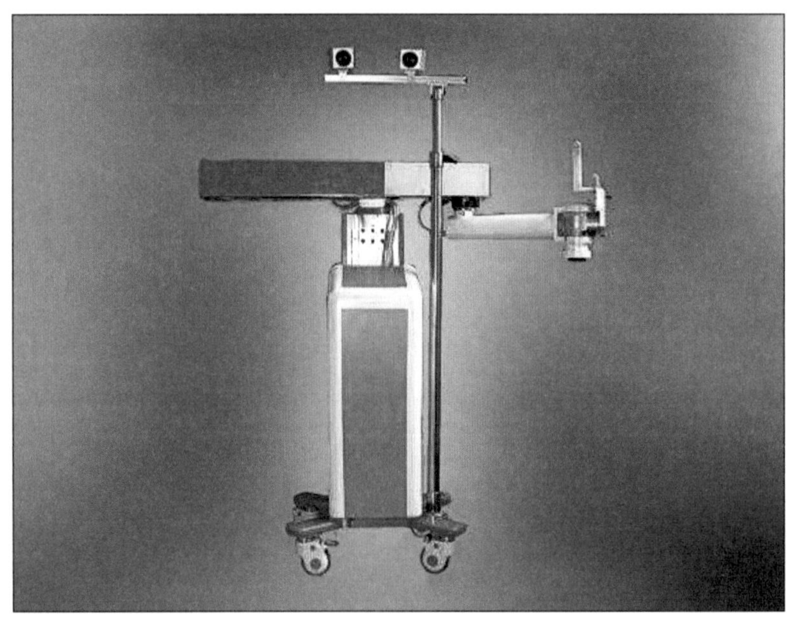

图8-5　远程无框架脑外科机器人系统装置之一

第五节 先进能源技术

"十一五"期间，先进能源技术领域主要开展氢能与燃料电池技术、高效节能与分布式供能技术、洁净煤技术、可再生能源技术等研究，组织实施以煤气化为基础的多联产示范工程、MW级并网光伏电站系统和太阳能热发电技术及系统示范等项目。

一、洁净煤技术

◎ 煤气化技术

多喷嘴对置式水煤浆气化技术工程化装置(单炉日处理煤1150吨)被工程实践证实完全可行，

工艺指标先进，有效气 $CO+H_2 \geqslant 82\%$，碳转化率≥98%。四喷嘴对置式水煤浆气化技术示范装置成功运行，形成了具有自主知识产权的煤气化技术。

两段式干煤粉加压气化技术，建成日处理煤量为36吨（10MWth）的两段式干煤粉加压气化中试装置，煤气化试验取得成功，气化指标已达到预期值。干煤粉浓相加压输送、气化、除尘等系统可实现连续稳定运行，系统累计试验运行时间约1500小时。干煤粉加压气化中试装置的建立，将为该技术的工程化奠定基础。

◎ **首座60 MWe发电及24万吨甲醇/年联产系统示范工程**

图8-6 多喷嘴对置式水煤浆气化技术工业装置

突破了中低热值燃料40 MWe级重型燃气轮机燃烧室设计、甲醇动力串并联联产系统集成等一系列关键技术，成功应用于中国首座60 MWe级煤气化发电及24万吨甲醇/年联产系统示范工程，实现了中国煤气化联产发电系统零的突破，在国际上率先实现了煤气化联产发电系统工业示范。目前该系统已安全运行6000多小时，创造利润2亿多元。

二、可再生能源技术

◎ **百千瓦级太阳能光伏电站**

中国首座直接与高压输电网并网的100千瓦太阳能光伏电站在西藏羊八井可再生能源示范基地建成。这是中国第一台应用在大型并网光伏电站采用大容量高压并网逆变器，单、双轴跟踪的并网光伏发电系统，是目前国内容量最大、技术最先进的跟踪系统，标志着中国掌握了百千瓦级荒漠并网光伏电站的核心技术。

◎ **MW级双馈式变速恒频风电机组控制系统及变流器**

1.5 MW双馈式变速恒频风电机组控制系统及变流器在甘肃玉门风电场成功实现并网运行。这是目前中国第一台替代国外商业化运行机组，并实际并网运行的控制系统及变流器。该系统突破了MW级风电机组国产化的瓶颈技术，对提高中国风电机组控制系统的设计能力和制造水平具有重要意义。

三、超超临界火力发电

首套国产百万千瓦超超临界机组成功运行。超超临界燃煤发电项目一期建设的两台100万千瓦机组，已于2006年12月建成投产，成为中国第一座单机装机容量达百万千瓦的电厂。机组主蒸汽压力达到26.25 MPa，主蒸汽和再热蒸汽温度达到600℃，是目前国内单机容量最大、运行参数最高的燃煤发电机组。经半年的成功运行，各项技术性能指标均达到设计值。机组热效率高达45.4%，达到国际先进水平；二氧化硫排放浓度每立方米17.6毫克，优于发达国家排放控制指标。

四、磁约束核聚变

首个全超导托卡马克核聚变实验装置建成。由中国自行设计、研制的世界上第一个全超导非圆截面托卡马克核聚变实验装置在2006年9月28日进行首轮物理放电实验过程中，成功获得电流200千安、时间接近3秒的高温等离子体放电，表明世界上新一代超导托卡马克核聚变实验装置已在中国首先建成并正式投入运行。

图8-7　世界上第一个全超导非圆截面托卡马克核聚变实验装置（EAST）

第六节
海洋技术

以维护国家海洋主权与权益、促进海洋开发与保护为主线，重点研究海洋环境立体监测技术、深海探测与作业技术、海洋油气勘探开发技术、海洋生物资源开发利用技术。组织实施南海深水油气资源勘探开发关键技术和装备、天然气水合物勘探开发关键技术、区域性海洋监测系统技术等项目。

一、海洋监测预报技术

◎ 海洋监测高新技术仪器标准

开展了一系列海洋监测高新技术仪器产品标准以及产业化中技术壁垒和市场准入规则等研究，突破了传统标准制定模式以及与拟定标准重要技术指标、要求和检测方法等密切相关的多项关键技术。发布了4项海洋监测高新技术仪器国家标准和7项行业标准。研制的行业标准已通过海洋标准化行政主管部门审查批准并发布实施。

◎ 海洋监测仪器检测与质量评价技术研究

开展了声学多普勒海流剖面仪宽水域计量性能检测及数据处理方法研究、波浪浮标大波高响应特性测试研究等；编写了《声学测波仪》和《重力加速度式波浪浮标》两项行业检定规程；建立了863海洋监测仪器技术成果及检定规程信息库；对所有正在研发的“十五”863海洋监测仪器科技成果制定了检测方法，形成了中国海洋监测技术发展过程中的第一套检测方法体系，实现了对海洋科研技术成果全面检验的目标。

图8-8　小型多参数海洋环境监测浮标

二、海洋开发保护技术

◎ 生态监测浮标

能够实现实时监测养殖区水温、盐度、pH、溶解氧等主要生态要素的浮标系统，发展中国浅海生态监测集成技术，形成主要生态要素的自动监测能力，达到国际先进水平。采用一体化结构设计，开展了GPS定位、GSM通信、太阳能供电、微机控制技术等项研究，突破了传感器稳定性、多参数集成、智能化、现场定标、通信等关键技术，研制开发了适用于近岸海区和养殖区的生态要素水质监测浮标，实现了小型化、低成本、易布放的研究目标，实现对养殖区生态环境水质的现场监测。

◎ 海洋生态环境监测技术及仪器研发

针对中国海洋生态环境中存在的严重问题，提出发展与建立海洋生态环境监测的新技术与新方法。集中进行了海洋生态环境监测技术的研究与生态环境要素现场监测仪器的研制，建立了包括海洋污染源判别技术、仿生传感技术及海洋黄色物质标准品分离表征技术等一系列先进技术；研制了包括海洋环境主要致病菌监测免疫蛋白阵列船载系统，海洋石油污染物现场实时监测的光纤近红外传感仪器系统及海洋溶解氧分析仪等代表性现场监测仪器。所建立的综合指纹图谱示踪等技术在国内外均属研究热点，利用该技术对海洋污染源的判别率达80%，污染源的贡献率准确度达90%。

图8-9 生态监测浮标

◎ 海洋遥感信息提取通用技术平台

面向中国海洋系列卫星应用的需要，研究海洋遥感数据处理与信息提取方法并进行软件工程化。利用组件式软件开发技术、多维动态数据科学视算技术和可视化建模技术，研制出具有中国独立版权、具有多项国际先进水平、能够在国内外推广应用的“海洋遥感信息提取通用技术平台”软件系统。

◎ 海洋溢油对环境与生态损害评估技术及应用

首次提出了海洋溢油生态污染损害评估的内容与程序。在“塔斯曼海”轮溢油对海洋生态污染损害索赔案中，分析确定了此次事故的溢油量、污染面积、溢油前后海洋生态变化及造成的海洋生态损失，为该案的胜诉奠定了坚实的基础。

三、油气资源勘探开发技术

◎ 近海油气资源勘探和开发

建成了中国第一座抗冰振平台，在动冰荷载实验、冰激平台振动研究、抗冰振平台设计和制造、冰振控制装置和系统研究等方面取得了创新性成果，研制出用于海上平台抗冰振的减振装置和控制系统样机。

建成了中国近海第一座正压冲固平台。该技术在浅海软土地基应用，无需海上打桩,与传统的施工工艺比较,正压冲固平台技术所需的海上施工时间大为缩短,可以节省昂贵的海上施工费用。与传统导管架平台相比，正压冲固平台拓展了短桩平台的应用范围，总造价比传统的桩基平台节省30%。

旋转导向系统工具完成海上钻井试验。经过5年的技术攻关，自主研制成旋转导向钻井工具，在单元样机下井试验成功的基础上，在长庆油田下井试验，进一步对旋转导向工具进行系统挂接和测试；在渤海进行了第一次海上钻井试验，在129.8米的进尺中，实现了增斜、稳斜、稳方位操作，旋转导向工具在井下工作正常。该项技术的成功有利于打破国外大公司的价格垄断。

完成了海洋平台结构实时监测技术示范工程，实施了埕北CB32A海洋平台结构远程实时监测系统现场集成和示范工程建设，该系统运行稳定，自行研制的光纤光栅传感器已被广泛应用于“奥运场馆国家游泳中心——水立方”等20多项重大工程中。

◎ 深海资源探查技术和装备

中国自主研制成功超宽频海底剖面仪，在超宽频换能（700Hz～12kHz），开发线性调频技术(Chirp)、分频合成技术以及频率缝补等方面取得突破技术，最终形成在地层分辨率和地层穿透深度两个方面均具有较高性能、使用灵活方便、可以运用深拖方式的超宽频海底剖面仪，最终实现课题成果产业化。

大洋固体矿产资源成矿环境及海底异常条件探测系统在低温高压化学传感器（Fe^{2+}、Mn^{2+}、ΣS参数的FIA技术）及其检测校正平台、pH、H_2、H_2S高温高压传感器系统及其检测校正平台、集成多传感器深海定点长期观测系统和可搭载多传感器走航式集成化拖体等方面取得技术突破，研究成果分别参加了DY105-12、DY105-14、DY105-16A、DY105-17A等航次海试，并在大洋首次环球航次中为中国科学家发现东太平洋隆起等地带的热液异常提供了探测手段。结果表明，系统功能安全可靠，可满足大洋探测要求。

研制成功多次取芯富钴结壳潜钻，在多点取芯、多视角彩色电视监控和全数字彩色视频与测控混合信号万米同轴电缆无中继传输、深海大功率均衡充电锂电池等新技术方面获得突破。采用了世界首创的岩芯内管插拔更换式多次取芯技术，成功实现了一次下水多次取芯功能，使本设备在深海岩芯取样效率方面达到世界领先水平。在“大洋一号”2004 年 DY105-16 航次和 2005 年 DY105-17 大洋环球航次中应用，取得较好的应用效果。

第九章
农村科技进步

农业、农村和农民问题，始终是关系中国经济和社会发展全局的重大问题，全面建设小康社会最艰巨、最繁重的任务在农村。党的十六届五中全会从社会主义现代化建设的全局出发，明确提出继续把解决好“三农”问题作为全党工作的重中之重，实行“工业反哺农业、城市支持农村”的方针，推进社会主义新农村建设。推进社会主义新农村建设，必须在国家政策的扶持下，依靠科技创新和科技进步，大力发展农村生产力，加快改善农村的生产生活条件和整体面貌，促进农村经济社会全面进步。

第一节 新农村建设科技发展的部署和安排

以发挥科技在农村经济发展中的引领和支撑作用为重点，对“十一五”农村科技工作进行了全面部署。2006年，“新农村建设科技促进行动”全面推进，在农业新技术研发及扩散、基层农村科技工作以及科技扶贫等方面都进行了具体安排。

一、“十一五”总体部署

围绕现代农业、新兴产业、乡村社区和城镇化建设等领域，加强技术研发与自主创新。进一步突出生物和信息两大主导技术，引领现代农业和新兴产业发展，高度重视乡村社区和城镇化发展建设，着力改善人居环境。

通过平台和基地建设，突出技术集成和应用，加强农村科技成果转化，大力培育农村科技型企业，引导企业成为科技创新和成果转化推广应用的主体。

通过科技示范引导，推进新型农村科技服务体系建设，加速农村科技普及，培养新型农民。

通过面上工作推动，强化基层科技服务和普及能力，营造学科技、用科技的良好氛围，整体提升基层科技工作水平。

二、基本安排

整体推动“新农村建设科技促进行动”。科技部启动新农村建设科技试点示范。引导建设一批“新农村建设科技示范村”、“新农村建设科技示范乡镇”和“新农村建设科技示范县”，形成一批在一定区域内具有影响的新农村建设科技示范模式。并通过科技支撑、星火等科技计划，重点支持一批适应新农村建设要求的项目。

加强农业高新技术研究。从中国实际出发，瞄准世界农业高新技术发展前沿，切实加大对农业高新技术研究开发的支持力度，重点发展农业生物技术与分子农业、农村信息化与数字农业、环控农业、农产品精细加工等高技术，力争获得一批具有自主知识产权的重大科技成果，抢占农业高技术领域的制高点，全方位提升中国农业高科技领域的国际竞争力，引领现代农业发展。

组织实施一批科技工程和重大项目。围绕国家粮食、食品和生态安全等重大问题和农村产业发展，启动实施“粮食丰产科技工程”、“农林生物质工程”、“重大动物疫病防控”、“海洋渔业与滩涂开发”、“食品加工与安全”、“农林生态环境建设”、“农村小康住宅”、“农村乡村社区”建设等一批科技工程和重大项目，为全面提高农业综合生产能力和农村经济发展建设提供有力科技支撑。

高举星火旗帜，继续实施好星火计划。加大农业科技成果转化和推广力度，以星火计划、农业科技成果转化资金、科技扶贫等国家政策引导性计划为支持主体，加大对农业科技园区、星火技术密集区、星火产业带等农业科技基地建设的支持力度。转化和推广应用一批农村先进适用技术，扶持一批农业龙头企业，推动建立一批企业技术中心和农村技术转移中心，培育一批以农村资源为基础的区域特色优势产业和产业集群，全面提高农业企业的技术创新能力和行业带动能力。加强星火学校和星火培训基地建设，强化对农民和农业技术人员的培训，切实提高农民的科技文化素质，加速农民知识化进程。

加强基层科技工作，积极推进农村区域经济和产业发展。继续选择一批具有典型意义和较强带动作用的县（市）实施科技富民强县专项行动计划，培育和壮大一批具有较强区域带动性的特色支柱产业，促进农民增收致富；以整体提高县（市）农村科技创新能力为目标，开展全国市、县、区科技进步考核和科技进步示范市（县、区）建设工作。加强以科技特派员制度为主体的农村科技服务体系建设，全面开展科技特派员工作，积极营造有利于科技特派员工作和创业的环境；继续推进农业专家大院、星火110、农村经济合作组织等新型农村科技服务模式，构建和完善新型农村科技服务体系。

第二节 农业高技术

2005—2006年，农业高技术紧紧围绕着农业资源高效利用、新资源拓展和农业产业链延伸的需求，以“优质、高产、高效、安全、生态”为目标，重点发展农业生物技术、农业信息技术、农业先进装备和设施技术、农业节约高效生产技术等。按照前沿探索和集成创新与产品两个层次进行了全面部署。

一、前沿探索

◎ 动植物品种分子设计

针对主要植物（水稻、小麦、玉米、大豆、棉花、油菜、蔬菜、林草等）、动物（猪、牛、鸡、家蚕等）等研究对象，在重要性状的分子构成解析、重要功能基因鉴定、优异性状多基因聚合、品种分子设计的信息系统、品种分子设计工程和品种分子设计的技术体系构建与验证等六方面开展研究，重点是基因克隆技术、等位基因分析及关联分析技术、分子标记选择技术、基因互作研究技术、简单性状多基因聚合技术、分子聚合育种技术。通过运用各种生物信息和基因操作技术，从基因（分子）到整体（系统）的不同层次对目标性状进行设计与操作，实现优良基因的最佳配置，培育新品种，构筑品种分子设计技术体系，推动传统的“经验育种”向高效的“精确育种”转变。

◎ 数字农业技术

在植物病害与害虫自动诊断识别技术方面取得关键性进展，研发了作物病虫草害数字识别及监测系统；在信息获取技术原理、农业专用传感器产品原型和作物数字模型与管理系统构建等方面取得显著进展，促进了作物生产按需管理，提高了农业生产的主动性和预测性。

◎ 现代食品制造技术

到2006年，已开展了益生菌制剂、乳酸菌发酵剂、肉制品发酵剂的生产关键技术探索，利用酵母菌芽孢杆菌初步开发出具有良好抑菌功能的果蔬生物保鲜剂和广谱抗菌肽；选育了胆固醇氧化酶、亚油酸异构酶、真菌凝乳酶、新型木聚糖酶等一批专用酶生产菌种；初步构建了乳酸菌、食品级酿酒酵母、枯草芽孢杆菌等一批基因工程菌；利用酶的温和加工特性，对植物蛋白和海藻蛋白进行改性技术研究；建立了高纯度功能性低聚异麦芽糖的生产技术。

◎ 农产品生境控制与质量安全分子检测

以保障农产品质量安全为目标，在化学污染物源头控制、生物修复以及高通量的农产品质量分子检测等方面进行了部署。目前，已在农药降解和主要动植物疫病病原和化学污染物检测技术方面取得了关键性进展，开展了养殖水体修复和土壤地力修复等方面的研究，并取得了阶段性成果。

二、集成创新与产品

◎ 主要动植物功能基因组研究

重点部署了水稻和家蚕的功能基因组研究，兼顾开展小麦、玉米、棉花、油菜、大豆、花生、番茄、家鸡等主要动植物的功能基因组研究。水稻系统开展了产量、品质、抗病、抗逆、营养高效性状的功能基因组研究，利用突变体库筛选，表达谱分析以及图位克隆等方法，分离克隆了一批调控水稻产量、品质、抗逆和营养性状等的重要基因及转录因子。进一步完善了大规模功能基因组研究的技术体系，包括水稻大型突变体库、插入位点侧翼序列及数据库的完善，应用芯片技术建立水稻重要农艺性状的全基因组表达谱，建立了水稻全基因组覆瓦式寡聚核苷酸芯片。

◎ 农业生物药物创制

采用高通量筛选技术建立了以芽孢杆菌、假单胞菌、产酶溶杆菌、食线虫真菌为主的重要生防菌资源库，分离鉴定了一批功能基因及调控因子，并构建了功能基因的高效表达体系；新筛选了鸭等来源的H5N1亚型高效价的禽流感病毒株，构建了禽流感病毒的HA和NA重组鸡痘病毒，构建了禽流感病毒的复合多表位重组核酸疫苗；研制了新型安全IBV自杀性DNA疫苗，鸡细胞因子IL-2、IL-18和IBV结构基因共表达DNA疫苗，完成了DNA疫苗的提取工艺。

◎ 精准农业技术与装备

在基于GPS的车载土样快速采集设备开发、基于无线传感器网络的大田土壤信息监测传输技术、精准作业变量实施智能设备原型开发方面取得突破性进展；研制了与中小马力拖拉机配套、能实现基于果树特征自动识别技术的实时精确对靶喷雾系统；实现了遥控大型平移式喷灌机的无人化田间自动作业功能，田间按指定区域给定期望降雨量进行自动变量喷灌。

◎ 海水养殖种子工程

圆斑星鲽、条斑星鲽在激素和环境调控性腺发育成熟与采卵技术方面取得了重大进展，首次获得大批量受精卵，为规模化苗种培育奠定了基础；“中科红”海湾扇贝新品种通过了全国水产原良种审定委员会的审查，已经推广养殖面积10万公顷；采用大黄鱼野生选育系和养殖选育系杂交方法，已培育鱼苗350万尾。

◎ **植物分子与细胞高效育种技术**

针对抗病、抗虫、抗逆、产量、品质等性状进行分子和细胞育种研究，已获得一批农作物、园艺作物和林草的新品系，并进入了区域试验或生产性试验。

◎ **现代节水农业技术**

新低压滴灌系统，滴头设计工作压力由0.10MPa降低到0.04MPa，系统运行能耗降低30%以上；创建了综合考虑流量偏差、制造偏差与地形偏差的滴灌系统综合流量偏差率计算方法；发明了一种滴灌管滴头粘接方法，确定了材料配方，将机头及口模的控制温度由220℃降低到190～200℃，降低了工艺难度，提高了粘接强度；研发的以小麦玉米秸秆、活性炭等原料为核心的土壤扩蓄增容制剂可使作物增产10%以上，提高水分利用效率10%以上。

◎ **海水设施养殖与病害控制**

确定了工厂化养殖系统的水处理工艺流程，并针对工厂化无公害养殖，开展了大菱鲆的生态营养需要量、基于计算机视觉的对虾应激行为、鲆鲽鱼类的残饵粪便作为代用海参饵料的营养对比实验等研究工作；克隆筛选出鱼类促炎细胞因子和干扰素等细胞因子，虾贝类抗菌肽、溶菌酶、凝集素、抗脂多糖因子等多个功能基因，其中一些已经初步确定具有广谱高效的抗菌活性。

第三节 现代农业与农村科技

2005—2006年，以小麦、棉花、柑橘为代表的现代农业技术取得新进展，农村信息化、农林生物质等农村新兴产业技术不断取得进步，资源持续利用与城镇化技术为新农村的综合发展提供了技术支持。

一、现代农业技术

◎ **通过远缘杂交创造小麦新种质**

在国际上率先获得了具有部分自交可育性的小麦与冰草间杂种，并创造了一批携带冰草优异基因的新种质。目前，利用这些新种质已培育出具有广阔应用前景的优质、高产、抗病、抗逆小麦新品种（系）10个。该成果极大地提高了优异种质创新的针对性和利用效率，为满足小麦育种的中长期需求奠定了基础。

图 9-1　小麦－冰草新种质（单穗粒数 200 粒左右，单穗粒重 9 克左右）

◎ 棉花枯萎病和黄萎病病菌生物学及抗病种质的创新与利用

研究提出了棉花枯萎病菌由 3、7、8 号小种组成（7、8 号为世界首次报道），7 号小种是中国的优势小种，为棉花抗枯萎病育种明确了方向。率先获得了棉花黄萎病菌落叶型菌系基因组的探针 PVD8-3；获得了落叶型黄萎菌系独有的 RAPD 特异条带 OPB-19966 和 OPM-201691；建立了可区分棉花枯萎病菌不同小种和黄萎病菌落叶型和非落叶型分子标记技术体系。已培育出抗枯萎病、黄萎病新品系（种质）86-4、86-6、BD18 以及抗病虫优质新品系 B203、X033 等，可取得间接经济效益 300 亿元以上。

图 9-2　脐橙留树保鲜到 4 月

◎ 柑橘优异种质资源发掘、创新与新品种选育和推广

引进柑橘良种 130 余个，涉及到柑橘的主要栽培类型，经过试验筛选出 20 多个品种，分别在柑橘主产区

试种。其中，红肉脐橙、纽荷尔脐橙、象山红杂柑等品种分别通过有关省市认定，并大面积推广。与此同时，以引进的品种和技术为基础，先后开发出脐橙留树保鲜技术、无病毒育苗技术、无病毒预植大苗定植技术、温州蜜柑完熟栽培技术等一批先进而且实用的技术。通过对引进品种和技术的消化吸收，并在产区大面积推广应用。

◎ **黄羽肉鸡育种与养殖关键技术研究**

采用经典家禽育种方法结合分子标记辅助选择等手段，充分利用地方鸡种的优良基因，将某种特定基因导入黄羽肉鸡中，培育出3个科技含量高、具有自主知识产权的优质、高效黄羽肉鸡新型系列配套系——岭南黄快羽快长型、快长节粮型和特优质型等，其中“岭南黄”矮脚黄羽肉鸡配套技术已取得国家专利。各新品系和配套系均通过了国家家禽生产性能测定站的测定，京星100和京星102两个配套系获得新品种证书。通过配套关键技术研究，建立起了以优质鸡育种为龙头、饲料营养和饲养管理为核心、鸡病生物安全为重点、养殖环境生态和谐为保障的优质鸡产业化关键技术体系。

图9-3　岭南黄快羽快长型肉鸡

◎ **优质牧草新品种及新技术示范推广**

集成了退化草地植被快速恢复技术、牧草及饲料作物新品种筛选应用、干旱区优质高产人工草地建植技术等60项先进技术；使草地生物量提高45%以上；筛选出生态型牧草19种，优质高产型牧草9种，青绿多汁饲料作物4种；使牧草干物质、青贮玉米、苜蓿种子和冰草种子产量得到了大幅度提高；提出了耐盐牧草品种筛选和优化牧草混播组合模式，牧草保苗率达85%，干草产量达5706.8～9051.0kg/hm^2。

图 9-4　优质牧草

专栏 9-1

粮食丰产科技工程

"十五"期间启动实施的粮食丰产科技工程重大项目，在区域性粮食丰产技术集成创新方面取得了突破性进展。截至 2006 年底，在东北平原、华北平原和长江流域平原的 12 个粮食主产省共建设核心区 53 个、示范区 108 个和辐射区 277 个。2004—2005 年"三区"落实面积 1.5215 亿亩，增产粮食 1337.1 万吨，平均亩增产 49.36 公斤，是全国同期平均亩增产量的 2.4 倍，共计增加直接经济效益达到 197.38 亿元。

二、农村新兴产业技术

◎ 现代农村信息化技术

在互联网信息服务、农业数据库建设、基础设施建设、农业专家系统、决策支持系统、农业系统模型、信息标准、管理信息系统、3S 技术应用等农业信息技术方面取得了重要进展，已形成农业科技成果、实用技术、政策法规、宏观资源与环境信息、农资与农产品市场信息数据库等数据库资源。

◎ 农产品储藏保鲜关键技术

形成了适合多种农产品采后生理及调控技术、采后病理及高效低毒防病新技术和采后贮运保鲜的系列技术的组装配套，并完成了相关新设备的研制，建立了相应的产业化体制和配套设施。

◎ 农林生物质工程

研发出具有国际先进水平的自絮凝酵母连续发酵乙醇生产装备技术及高压醇解生产生物柴油技术；能源植物甜高粱的农艺性状和工业性能处于世界先进水平；高油油菜技术、特有的野生木本油料植物如油桐、麻风树等已形成生产生物柴油的资源优势。农村户用沼气技术从池型设计、建池施工到使用管理均较成熟；淀粉基与可降解高分子树脂共混塑料、生物质功能高分子材料等也已取得一系列专利技术。

三、乡村社区建设技术

◎ 乡村社区建设技术

对农村饮用水安全保障技术、乡村住区及其环境的规划设计、生态村综合建设模式、遥感技术在土地变更调查、土地利用现状图更新、基本农田保护、土地快速执法检查中的应用进行了系统研究，形成了一批重要研究成果，一些成果达到国际先进和领先水平。

◎ 华北集约化农区农田氮肥污染控制技术

通过大田作物养分实时监控与水肥一体化和区域性养分管理技术，以及保护地蔬菜水氮同步供应技术，在田块尺度上实现氮肥用量“点”的精确控制，在区域尺度上通过GIS实现氮肥用量“面”的宏观调控。该技术在保证高产优质的前提下，有效地控制了农田氮肥过量施用引起的农业面源污染。

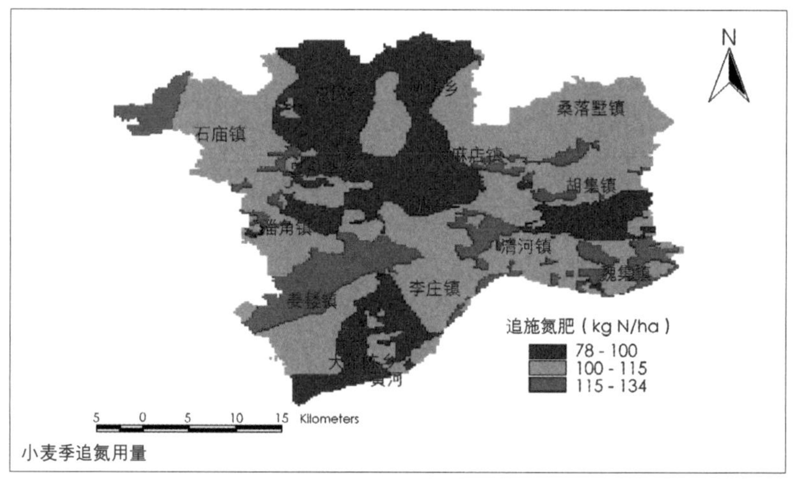

图 9-5　应用GIS技术进行区域氮肥管理

◎ 养分资源综合管理技术

通过施肥、灌溉、植保、耕作和田间管理等技术的组装和集成，实现了土壤地力水平的提高、粮食的高产稳

专栏 9-2

城镇化发展技术

在2006年度国家科技支撑计划中，城镇化领域第一批共设置2个重大项目和8个重点项目。2个重大项目为“村镇小康住宅关键技术研究与示范”和“村镇空间规划与土地利用关键技术研究”，8个重点项目为“城镇化与村镇建设动态监测关键技术研究”、“小城镇饮用水处理技术研究及设备开发”、“农村新能源开发与节能关键技术研究”、“农村生态环境整治与监测关键技术研究”、“村镇建筑工程灾害防治技术研究与示范”、“信息技术在村镇建设中应用研究与开发”、“新型乡村经济建筑材料研究与开发”、“现代村镇服务业关键技术研究与示范”。

产和农产品的质量安全。在区域上通过平衡养分输入、循环利用农业有机废弃资源、施用专用肥、建立种植技术规程和田间技术示范推广，促进区域养分资源的高效循环利用以及耕地质量的提升。

第四节 农村科技能力建设

农村科技能力建设是一项长期性、基础性的任务，是政府科技工作的重要组成部分。2006年，农业领域国家工程技术研究中心建设、国家农业科技园区以及农业科技“110”信息服务平台的推进，为新农村建设提供了坚实基础和有效支撑。

一、农业领域国家工程技术中心

农业领域国家工程技术研究中心是国家工程技术研究中心的重要组成部分，是针对“三农”问题建成的农业领域技术推广、研发、转化机构。2006年，农口工程中心在“十一五”规划纲要的基础上，积极参与新农村建设，取得了优秀的成果。中心全年共承担国家科技项目592项，地方和企业委托研发项目628项。完成国家科技项目233项，地方和企业委托研发项目378项，产业化项目173项。吸收依托单位成果257项，外单位成果80项，转让成果108项；获得国家和地方政府科技奖励82项，获得专利136个，非专利独占技术312个，品种权92个。

2006年，农口工程中心共建成农作物示范基地512个，示范面积7124万亩；建成畜牧繁育基地23个，育种182万头（只）；建成绿色饲料、饲料添加剂示范基地13个，示范规模225万吨。农口工程中心2006年共投入资金2.92亿元。实现销售收入12.02亿元，技术转让收入5154万元，开放服务收入4474.4万元，出口创汇2365万美元，实现利税5.02亿元，带动企业增加利润28.11亿元。

二、国家农业科技园区

截至2006年底，36个国家农业科技园区核心区已建成面积55.05万亩，占规划面积的70%左右。在国家土地政策的引导下，园区主要通过引进资金和技术密集型企业，来提高土地的单位经济产量，通过对用地的重新布局和清理整顿，为园区未来发展留出足够的备用土地。36个国家农业科技园区现有企业总数为2809家，其中2006年度园区入驻企业总数为251家，中部地区吸引了更多的企业入驻。年销售收入高于100万元的龙头企业达到749家，占园区企业总数的26.69%，总数比2005年增加了38.7%。

2006年，国家农业科技园区引进项目475个，自主开发新项目278个，引进新技术520项，引进新品种1725个，引进新设施2472套，推广新技术515项，推广新品种802个。各园区日趋注重知识普及、人才培训、科技应用等，增加了对领导科研人员和农民的讲座次数。组织科普讲座与座谈2926次，参加人员超过41万人次。其中组织专家讲座911次，面向领导、科研人员的讲座459次，面向农民讲座1556次。

三、农村科技（星火）“110”信息服务平台

2006年，农村科技服务“110”已在海南、浙江、安徽、江苏、福建、湖北、北京、重庆等全国20多个省（自治区、直辖市）广泛开展，覆盖了990多个县、8900多个乡镇。服务方式包括热线电话服务、自动语音服务信箱、手机短信互动、网络视频互动、网站信息发布、网站留言咨询、农技人员上门等，有效缓解了科技信息下乡难的问题。

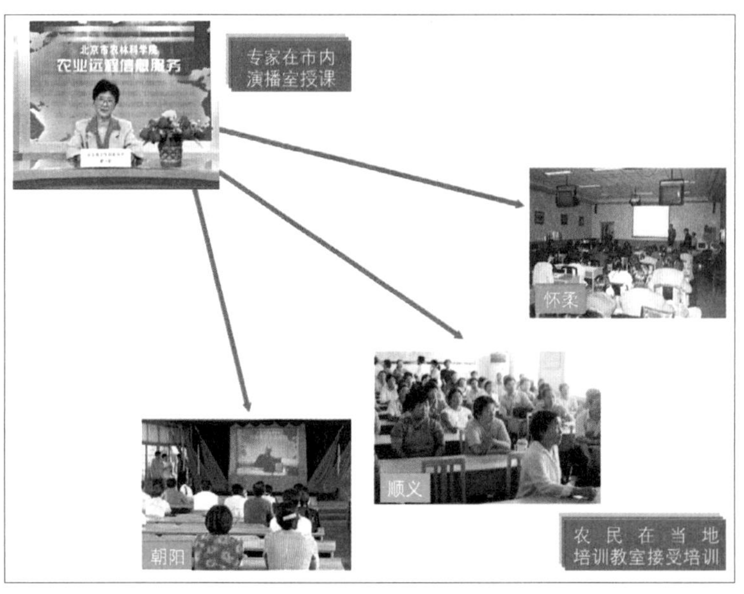

图9-6　110信息服务平台

第五节
农村科技成果转化与推广

围绕发展现代农业和新农村建设，通过加强农业科技成果转化资金的实施，新型农村科技服务体系的建设以及新农民的培育，加速了农业、林业、水利等先进适用科技成果转化，提高农业技术创新能力，促进了农业科技成果进入生产前期性开发、中试、熟化，推动了农业科技成果的转化和应用。

一、农业和农村科技成果转化

2006年，农业科技成果转化资金重点加强了农产品精深加工、农林生物质综合开发利用与绿色社区、水资源利用、生物技术与产品等领域的支持，共立项477项。

图9-7 新型农业机械应用

转化资金项目执行企业累计实现工业增加值79.84亿元，实现产品销售收入250.41亿元，技术服务收入7.33亿元，净利润62.82亿元，上缴税金13.76亿元，出口创汇4.49亿美元。通过转化资金项目技术培训和转化示范，吸引、凝聚和培养了大量农业科研技术人才与管理人才，增强了科研单位、大专院校服务三农的能力，造就了大批农民科技骨干，提升了农民吸纳应用新产品、新技术的能力。

二、农业和农村先进适用技术推广

2006年国家级星火计划在整体布局上，做到统筹城乡、统筹工农、统筹区域发展，共安排项目1877项。重点突出优势特色产业、星火科技培训、农村科技服务体系、农村信息化、星火科技扶贫等工作的开展。启动了“十一五”第一批15个国家星火产业带的建设工作，推动了区域产业的优化布局，对充分发挥星火产业带的示范带动功能，促进农民就业增收起到了积极作用。

进一步加强农村先进适用技术的宣传和普及。在全国范围内征集技术成果1000多项，组织编辑并发布了《星火适用技术汇编》，得到广大农民的欢迎。为配合新农村建设对农村先进适用技术需求的新形势，组织编撰了《新农村建设系列科技丛书》。2006年，《星火科技30分》共播出了52期电视节目，向广大农村宣传介绍了200余项农村先进实用技术。目前，《星火科技30分》视频网站（http://www.xh30.com）的实用技术资源量已达到2600多个，网站已成为国内涉农视频科技信息的最大网站之一。2005年和2006年在广西南宁中国－东盟博览会上分别组织了星火计划成果展和中国星火计划20周年成就展，来自全国20多个省区市，以及越南、缅甸、泰国、印尼、新加坡5个东盟国家的政府部门、企业参加了成果展。

图9-8 甘肃省河西走廊星火产业带

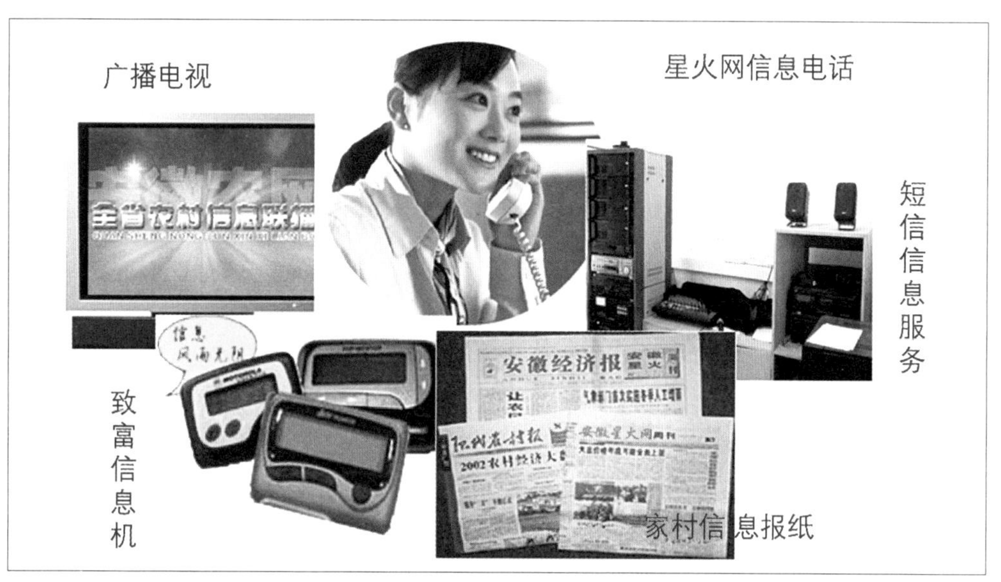

图 9-9　形式多样的星火农业技术服务

三、新型农村科技服务体系建设

截至2006年，科技特派员制度、农业专家大院模式、农技“110”模式、农村科技合作社模式等多元化新型农村科技服务蓬勃发展，与政府主导的农技推广体系相互衔接、相互补充，实现政府引导和市场机制驱动有机结合。以“多元化、社会化、专业化、网络化”为目标，农村科技服务体系初步形成“农民有需求、科技人员有动力、企业和中介有效益、政府能有效引导、各方面积极性得到充分发挥”的新格局，成为加速农村科技成果转化应用的有效途径，加强基层科技、统筹城乡科技等的“聚焦点”。科研开发和成果推广服务正在成为农村科技的“两个轮子”。

2006年各级支持农村科技服务体系建设的项目立项数达到3393个，带动了15000多个各类服务中介机构的发展。科技特派员制度试点已扩大到28个省（区、市）的600多个县（市），仅2006

专栏 9-3

科技特派员制度试点工作实施5周年，受到了广大农民和科技人员的热烈欢迎。2006年，科技特派员试点地区由西北迅速扩展到西南、中部、东部，呈现出良好发展态势。目前，全国已有28个省（自治区、直辖市、新疆生产建设兵团）的近600多个县（市、区、旗、团场）开展了科技特派员试点工作。据初步统计，仅2006年试点地区就选派科技特派员超过31486人，比2005年增加了近1万人，培训农民892.85余万人次；引进新品种1.67万个，推广新技术1.41万项；实施科技开发项目10838项，调动社会各方面资金76.9亿元，实现年利润47.99亿元，安置劳动人员472.86万余人；科技特派员派驻点农民人均收入增幅平均超过15%。

年就选派科技特派员3万多名。培育星火专家大院模式1000多个，已覆盖219个地市、977个县(市)、5000多个乡镇，专家大院常驻专家人数8000多人，示范推广技术5000多项，培训农民超过186万人次。农技110模式已在全国20多个省份得到推广，河北科技传播站、重庆科技CEO、山西农村技术承包等模式也正在不断发展，为农村发展注入了新要素，提供了新动力。农村科技服务模式和机制的创新，推进了产学研、农科教的结合，科技人员等以技术承包、技术入股等形式参与利益共同体的组建，对加快科技要素向农村转移走出了坚实的一步。

四、新型农民科技培训与科学普及

2006年，继续实施"百万农民科技培训工程"和星火科技培训"五项工程"，培训内容由农村实用技术培训为基础向更加重视农民非农就业能力的培训；培训形式由单一课堂教学为主向课堂教学、远程教育、现场考察相结合转变，特别加强了远程教育技术、网络技术在培训中的应用；由部门主导的培训向多部门协作、社会各界广泛参与的大协作转变，更加注重发挥地方和基层的积极性，更加注重星火技术密集区、科技园区、农民专业技术协会和龙头企业的积极参与。

通过国家层面的引导，据初步统计，各级各地通过课堂教学、远程教育、现场指导等多种培训形式，培训农民超过1500万人次，其中，培训星火科技带头人40余万人次，农村技术经纪人10多万人次，企业管理人员10多万人次。50个国家级星火培训基地和629所国家级星火学校的培训能力进一步增强。各级各地新增星火科技培训基地和星火培训学校近1000个，制作课件20余万个。继续推进星火科技培训协作网的建设，进一步促进了跨区域农民科技培训和交流。

第六节 促进农村发展科技行动

科技富民强县专项行动和科技兴县（市）专项的开展，在科技促进新农村建设中发挥了积极作用，科技扶贫工作进一步缩小了贫困地区与发达地区的差距，有效地促进了社会和谐发展。与此同时，三峡移民开发工作在促进区域经济发展中也起到了重要作用。

一、科技富民强县专项行动计划

到2006年底，科技富民强县专项行动围绕县域优势、特色、主导产业，资助了223个试点县市。专项行动的实施，不仅为欠发达县（市、区）的科技创新和进步提供了资金支持，更重要的是为欠发达县（市、区）输入了科技人才和先进科技成果，增强了科技支撑产业发展的意识，提高了农业企业作为新科技创新主体的科技素质，使欠发达地区的科技创新能力大大增强。

截至2006年底，东部地区新建技术平台167个，中部地区新建技术平台784个，西部地区新建技术平台367个。专项行动两批试点县市通过各种方式和途径，引进各类专业技术人员3650人，培训农民和科技人员达到了260多万人次，其中西部培训达到了近120万人次，为“专项行动计划”的实施提供了强有力的人才支持。专项行动覆盖农户总数为355万户，其中东部地区覆盖农户数为158万户，人均增收544.9元；中部地区覆盖农户数是97万户，人均增收990.2元；西部地区覆盖农户总数为100万户，人均增收1194.5元。三个地区的平均人均增收为909.9元。新增就业人数东部地区为17万人，中部地区为12万人，西部地区为29万人。

二、科技扶贫

2006年科技扶贫工作与各有关部门、各地方政府、各民主党派和社会各界紧密配合，以大别山、井冈山、陕北地区的55个贫困县以及部分少数民族地区为重点，支持科技扶贫项目90个，直接投入2775万元，帮助引进资金6471.5万元，引进技术156项，引进人才265人次，举办各类培训班825期，培训人员近10万人次。目前，科技部重点联系的大别山区、井冈山区和陕北老区已基本解决温饱问题。

2006年科技部与国务院扶贫办共同举办科技扶贫论坛，纪念科技扶贫实施20周年和“国际消除贫困日”。会议以“传播科学技术，缓解农村贫困”为主题，全面回顾了科技扶贫20年的历程，呼吁社会各界共同努力，继往开来，紧紧依靠科技进步，把科技扶贫事业不断推向新的更高水平。

三、科技促进三峡移民开发工作

“科技促进三峡移民开发专项”设立10年来，共安排项目近200个，拨款近亿元。专项支持带动的项目实现库区新增产值超过100亿元，安置移民近万人，带动农（移）民增收50多亿元，并从全国各地引进大量人才，培训农（移）民20万人次。

专项实施为推动库区经济发展和生态建设，促进移民就业，提高库区移民的生活水平和自我发展能力发挥了重要的作用，并产生显著成效：培育了一批特色产业，围绕柑橘、优质粮油、中药材、畜牧、花椒、辣椒、魔芋、笋竹、长江名优鱼类、优质茧丝等优势产业，形成了一批农产品精深加工企业；加快了农业信息化进程，积极搭建农业信息服务平台，组织实施“三峡库区农业科技信息技术开发示范”项目，建立农业信息网，实现了农业信息到村入户；加强适用于三峡库区的资源保护技术、环境治理技术、地质灾害防治技术的科技攻关，解决了一批生态治理关键技术。

截至2006年底，29个对口省、市科技部门无偿支援三峡库区19个县（区）资金、物资、设备累计达2310万元，帮助库区培训了一批优秀管理人才和技术人员，提高了库区县市的自我发展能力。

四、科技兴县（市）专项

全国科技进步示范市（县、区）建设工作全面、稳步向前推进。2006年，修订了全国市、县、区科技进步考核办法和指标体系，顺利完成了全国市、县、区科技进步态势分析，形成了一批具有重要参考价值的研究成果，指导地方科技进步工作。

通过科技兴县（市）工作，目前全国县（市）科技环境有明显改善，科技管理能力有显著提高，科技投入明显增加。据对参与2005年全国市、县、区科技进步考核的2000个县（市）的统计分析，2004年平均每个县（市）本级科技三项费用321.97万元，增长27.35%，本级科技三项费用的快速增长使其占当年本级财政决算支出比例不断提高，达到0.95%。

第十章
制造业科技进步

2005—2006年，中国继续大力促进制造业自主创新，推动产业结构升级，实现了制造业整体竞争力的快速提升。2006年，全国大中型工业企业R&D经费内部支出为1630.2亿元，约是2005年的1.3倍；R&D活动人员全时当量为69.6万人年，约是2004年的1.1倍。制造业信息化及绿色制造水平显著提升，装备制造业、冶金工业、信息产业、交通及运输业、化工工业、轻纺工业等制造业部门的自主创新能力进一步增强。

第一节 制造业信息化和绿色制造

推进制造信息化和绿色制造是《规划纲要》提出的制造业发展方向和重要任务。

一、制造业信息化

到2006年底，全国共有25个省43个中心城市参与“制造业信息化关键技术攻关及应用工程”项目。共建设不同层次示范企业6000多家，中介机构600多家，培训机构980多家，培训各类信息化人才200余万人次，获得成果2600余个、专利750余项，新增产值2900多亿元，取得了显著的经济和社会效益。

◎ 数字化设计技术开发

突破了一批支持产品创新的CAD、CAE和PDM的软件产品，打破了国外软件一统天下的格局；具有自主知识产权的国产CAPP产品占据了80%以上的市场份额；以自主研制的新支线飞机ARJ为对象，采用三维设计建立了飞机的理论外形模型和全数字样机，实现了从模拟量传递到数字量传递的研制模式转变，并采用新机制和新模式，实现了分散在国内外不同地域的分包商和配套商的协同工作。通过数字化设计软件和创新设计工具的应用，企业的产品设计开始从二维走向三维，从三维走向数字样机，从简单计算与经验设计走向综合分析与优化设计，并借助于协同设计、并行设计和大批量定制等先进的产品开发理念，大大提高了产品的品质与性能，缩短了产品的上市时间，满足了用户的个性化和多样性需求，一大批企业的产品设计创新能力产生了质的飞跃。

◎ 以ERP为代表的数字化管理技术商品化

结合中国企业管理模式特点，重点围绕ERP软件产品，自主研发可重构、可定制、个性化、符合国情的新一代ERP产品，其应用套数占国内市场份额的79%。借助于网络等信息技术，建立起面向企业间协作的资源配置、协同商务、信息共享的协同管理平台，支持企业在全球范围内进行业务协作与资源优化配置，显著地提高了企业的经营管理能力。以载人航天工程为应用背景，建立起面向型号研制的物质配套管理系统，支持上千家协作配套企业的订货、采购、质量控制、配送等业务活动的协同，保证了质量状态的可追溯，促进物质管理体系的变革，打破了传统的分散物质配套管理模式，形成了规范管理、过程受控、集中采购和信息共享物质配套管理新模式。

◎ ASP新型服务模式

在浙江、广东、四川等地区建立了一批ASP服务平台，降低了中小企业信息化成本，成功探索出一条中小企业信息化之路，同时带动了中介服务机构、培训机构的发展壮大，为广大中小企业提供专业和公共技术服务，加强区域内企业间的业务协同、资源整合和优势互补，促进了具有竞争力的产业链和企业集群的形成。

◎ 软件产品集成应用

基于CAD、CAPP、PDM、ERP、SCM等单项软件产品和企业建模、中间件等关键技术，将软件架构与企业业务模型融合，解决了异构信息转换、共享、存储和管理等问题，支持业务集成、流程控制、数据交换和可视化信息系统，实现了面向产品全生命周期的统一流程建模与控制、集团内部各企业间的应用集成。

二、绿色制造

2005—2006年，中国绿色制造领域取得了一系列突破。启动了“十一五”“绿色制造关键技术与装备”重大项目，重点围绕机电产品和建筑材料行业，开展绿色设计技术、绿色生产工艺技术、绿色产品、绿色回收处理与再制造等关键技术研究，开发一批具有自主知识产权的典型工艺和重点装备，实施具有示范作用的应用工程，形成绿色制造的技术体系和自主创新能力。

◎ 机电产品绿色设计技术

开发了能够完成绿色产品概念设计、绿色设计中材料选择等功能的机电产品绿色设计软件工具，获得7项软件著作权；开发了分析家电产品全生命周期绿色属性、传统产品设计过程和家电产品绿色设计流程的家电产品绿色设计软件系统；制定了家电产品绿色设计规范和相关标准；自主研发了绿色设计软件工具，建立家电产品绿色设计集成平台，并已在2家家电企业进行示范应用；开发了具有很强可操作性和实用性的家电产品绿色设计评估软件，已在4家家电企业进行示范应用。

◎ **绿色基础材料及清洁生产**

利用纯天然材料淀粉、植物纤维等，经特殊工艺制作而成的全降解材料制品，在使用后废弃或回收再利用中不影响环境，能在自然条件下快速分解，无有害物质产生。成功研制了单条生产线年产全降解材料制品1亿只以上的生物质全降解材料产品成套生产线装备。实现了印刷线路板无铅化工艺优化，针对线路板无铅化替代工艺——沉银工艺带来的侧蚀等质量问题，采用正交试验等方法，以成本和最小缺陷率为目标，确定了线路板无铅化批量生产的工艺参数和工艺规范。

◎ **再资源化理论及技术**

通过对废旧电子电器产品再资源化理论与方法的研究，建立了典型电子电器产品的回收信息模型；建立了回收策略决策指标体系、决策模型和决策方法，为指导产品回收的技术和设备开发、工艺制订奠定基础理论；建立了回收评价指标体系，用于指导电子电器产品回收的经济、社会、环境评价；开发了一系列废旧电子电器产品再资源化设备。完成了经济绿色的线路板再资源化工艺，获得了1项发明专利，开发了相应的设备，并在韶关建立1000吨处理能力的线路板资源化生产线。

第二节 重大装备制造和冶金工业

2005—2006年，中国重大装备制造继续保持良好的增长趋势，在电力装备、自动化与加工装备、工程装备等方面取得一系列成果。2006年，中国粗钢产量4.2亿吨，钢材产量4.7亿吨，10种有色金属产量0.19亿吨，分别比2004年增长49.1%、55.5%和32.7%。中国冶金工业继续加大前沿工艺技术和装备的研发，推动全行业整体技术水平的提高。

一、重大装备制造

◎ **电力装备**

到2006年底，获得5项专利的600MW直接空冷机组的成功投运，标志着中国在600MW等级直接空冷机组的设计制造方面已经达到了国际先进水平；具备了±500kV直流输电工程换流站主要设备的设计与制造技术的能力，整体技术性能达到了国际同类产品水平，并形成了一定的生产能力；成功地研制了750kV容量最大（500MVA）单相自耦电力变压器、750kV并联电抗器、750kV扩径导线和扩径耐热母线、750kV变压器试验技术研究、750kV电容式电压互感器、750kV无间隙金属氧化物避雷器和750kV套管等，标志着中国电工制造业的技术水平进入世界先进行列。

◎ 自动化与加工装备

30万吨合成氨项目的国产化标志着中国在大型化肥项目的自动化控制系统方面打破了国外产品的垄断。自主研发的Hollias MACS系统在600MW亚临界机组投运成功；研制EDPF－NT分散型控制系统在600MW亚临界机组也顺利通过168小时考核，投入商业运行。

自主研发了Q1－105数控曲拐专用车床，解决了用高速钢刀具和硬质合金刀具加工各种规格船用曲拐拐径的开档、外圆柱面、倒角、空刀，以及曲面等工序问题，结束了国内数控曲拐专用车床只能依赖进口的历史。

◎ 工程装备

围绕工程软土结构的地铁φ6.34m土压平衡盾构进行研制和应用，开始走向产业，其主要技术指标达到了国际先进水平；掌握了大直径泥水盾构设计的集成技术、大直径泥水盾构刀盘刀具设计技术和泥水盾构控制系统关键技术。

◎ 其他重大装备

工艺技术和装备达到国际先进水平的“1+4”热连轧生产线建成投产，改变了中国高精铝板带材长期依赖进口的历史，对提升铝加工产业技术装备水平具有重要的推动作用。

具备了供应子午线轮胎成套设备和关键设备的能力，成功研制了新型测试仪器，如橡胶滚动阻力试验机、炭黑分散度测定仪、轮胎不圆度试验机、均匀性试验机、动平衡试验机等，为绿色轮胎、大型工程机械子午线轮胎等新产品的开发奠定了基础。

首次提出了根据具体工艺过程要求按需分配搅拌槽、反应器内机械能的设计思想，成功开发了一系列大型高效搅拌槽、反应器用于工业生产，扭转了中国关键大型搅拌槽、反应器长期依赖进口的局面；研究开发了新型高效单管四旋静态混合管式氯醇化反应器、静态混合次氯酸反应器及丙烯速溶装置。

开发了全自动丝网印刷机、一体化低温烘干和高温烧结炉及等离子体增强化学气相淀积设备的关键技术。大口径闭管扩散炉填补了国内大生产线上国产高性能、环保型设备的空白。

二、冶金工业

◎ 砂状氧化铝生产技术

研制出具有自主知识产权的一水硬铝石拜耳法种分、烧结法碳分生产砂状氧化铝的两种分解工艺技术，可在现有氧化铝厂生产系统较小改造的基础上，生产出合格的砂状氧化铝产品。

◎ 强化烧结法生产氧化铝新工艺

发明了强化烧结法生产氧化铝新工艺，与传统烧结法工艺相比，能耗降低40%，碱耗降低44%，赤泥（废渣）排放降低52%，生产成本降低50%，并首次实现了烧结法生产砂状氧化铝，使之更适应中国铝土矿资源特点，已在相关企业推广应用。

◎ 电解铝节能关键技术

先后攻克了强磁场环境超大电流转移动态过程监测与控制、回路接触电阻控制等关键技术，取得了不停电停槽、不停电开槽和电解槽大修不停电焊接等三项重大技术进展。

◎ 350kA 特大型预焙阳极铝电解槽技术

350kA 特大型预焙阳极铝电解槽技术实现规模化生产。该项技术首次在世界上实现规模化生产，标志着中国铝电解大型槽技术进入世界先进行列。

◎ 富氧顶吹铜熔池熔炼技术

引进艾萨铜熔炼炉与原工艺进行嫁接改造创新，创新多项专有及专利技术，实现了该技术的重大跨越。解决了砷、镉的污染，并综合回收多种有价金属，每年能耗费用可节约1.2亿元。该技术创造了同类炉型体积最大、厂房占地最小、余热锅炉结构最合理、建设周期最短、达产达标用时最短、第一期炉龄最长等六项世界纪录。

◎“艾萨”炉炼铅

采用当今世界先进的“艾萨法”顶吹沉没氧化熔炼工艺技术和设备，与具有自主知识产权的“富铅渣鼓风炉还原工艺技术”相结合，形成了一种独有的高效、节能、清洁的“艾萨”粗铅冶炼新工艺，在技术装备、能耗和环保方面缩小了与世界先进水平的差距。

◎ 鞍钢 1780mm 宽带钢冷轧生产线

自主研发的鞍钢1780mm宽带钢冷轧生产线，突破了冷轧成套设备制造技术和系统集成技术，形成了开发冷轧项目的联合体架构，具备了冷轧成套设备的制造和相关工艺技术总成的能力。与国外总承包的同类项目相比，节约投资 1/4～1/3。

◎ 大型石油储罐用高强度钢板

为支持国家石油战略储备库建设，成功开发了大型石油储罐用高强度钢板，打破了国外对此

图 10-1　鞍钢 1780mm 宽带钢冷轧生产线

钢材产品的垄断，降低了储备库的建设成本。

◎ **贝氏体钢种蜗壳用钢**

自主开发的贝氏体钢种蜗壳用钢ADB610D，已经在三峡右岸水轮机蜗壳上成功应用，支持了三峡工程建设。

第三节 信息产业

2006年，中国电子信息产业完成工业增加值11000亿元，同比增长22.1%；通信行业增加值完成4641.7亿元，同比增长11.6%；固定资产投资2226.8亿元，同比增长7.5%；全国电话用户总数突破8亿户，移动电话用户总数突破4亿户。

一、规划部署

2005—2006年，中国信息产业加强了产业规划和技术政策的制定，加快了实施技术标准和知识产权战略，提出了“十一五”信息产业科技发展战略目标和产业发展重点。

集成电路自给率显著提高，在信息安全和国防安全领域达到70%以上，通信和数字家电领域达到30%以上；具有自主知识产权的软件比重明显提高，形成全球市场5%的产业规模和自主可持续的发展能力；初步形成门类齐全的电子元器件科研生产体系，电子元器件技术达到21世纪初的世界水平，基本满足电子整机发展的要求。

在下一代网络、宽带无线移动通信、数字电视、家庭网络、智能终端、汽车计算平台、无线射频识别（RFID）和传感网络、网络与信息安全、信息技术应用与数字内容等重点领域实现突破，形成一批具有自主知识产权的核心技术和创新产品，基本满足国内应用对技术与产品需求，形成较为完整的产业链。

二、技术进展

2005—2006年，中国信息产业突破了一系列关键技术，提升了产业核心竞争力。

◎ 集成电路

0.18微米已成为主流工艺技术，0.13微米技术已验证完毕，90纳米已完成技术参数提取，完成产业化准备；自行设计研发了特种功率器件和专用电源管理芯片；可编程逻辑器件设计规模突破450万个晶体管；FPGA（现场可编程门阵列）实现了200万门的高端设计，填补了国内空白；采用WAPI最新标准和国家安全加密算法无线局域网核心芯片关键技术已获得突破，处于国内领先地位。

◎ TD-SCDMA产业化

TD-SCDMA系统设备已经具备大规模独立组建移动通信网络的能力，无论从性能还是功能上都已达到商用水平，并形成了年产千万信道的生产能力，已经可以批量提供商用产品。

◎ 网络软件核心平台

中国网络软件核心平台在国际化方面取得新进展，与法国ObjectWeb开源组织共同发起创建了国际中间件开源组织OW2，初步具备了中国品牌中间件及配套软件平台的研发与应用能力。

◎ 标准体系

2006年共发布了通信行业标准113项，通信技术规定3项，通信标准参考性技术文件21项。制定发布了互联网内容过滤软件技术要求和测试方法两项通信行业标准，初步完成了信息无障碍标准体系。完成了包括数字电视、新型元器件、软件、集成电路、数据库、电子产品污染控制、AVS、GPS、平板显示、宽带无线IP、移动存储、绿色电源、太阳能光伏系统、中文信息处理等技术标准的研究制定，适时出台了一批行业标准和国家标准。

第四节 交通及运输业

2005—2006年，中国铁路、公路、水路交通及其运输业在重大载运装备开发技术、重大交通基础设施建造技术、智能交通控制技术等方面取得了一系列研发突破。

一、铁路及其运输

2005—2006年，中国以铁路工程技术、机车车辆技术、通信信号技术为重点，结合动车组、大功率机车核心技术和重点技术的消化吸收，加强自主创新，使铁路整体技术水平跨上了一个新的平台，在青藏铁路建设技术、大秦重载运输技术、客运专线技术、机车车辆装备设计制造技术等方面取得了一批重大科技成果。

◎ 机车车辆装备现代化

截至2006年底，已有25列国产化动车组和79台大功率机车交付使用。通过引进消化吸收再创新，掌握了高速动车组总成、车体、转向架、牵引变流、牵引控制、牵引变压、牵引电机、列车网络控制和制动系统等关键技术，以及受电弓、空调系统等主要配套产品技术。基本掌握了世界最先进的大功率电力机车的总成、车体、转向架、主变压器、网络控制、主变流器、驱动装置、牵引电机、制动系统等核心技术。掌握了世界最先进的大功率内燃机车的柴油机、主辅发电机、交流传动控制等核心技术，实现了传统的交直传动向先进的交直交传动方式的跨越。

◎ 客运专线建设技术

构建了由动车组、工务工程、牵引供电、通信信号、运营调度和客运服务六个子系统组成的客运专线技术体系。目前已具备时速300公里动车组的生产能力；掌握了长大隧道地质超前预报、施工和防灾救援技术；大吨位桥梁制运架设备研制成功，并投入应用；自主开发了无碴轨道、高速道岔等轨道系统技术装备；通信信号、牵引供电、调度指挥等各专业系统集成取得重要突破，成功研制了具有自主知识产权的CTCS2级中国列车运行控制系统。

◎ 青藏铁路建设技术

2006年7月1日正式通车的青藏铁路是世界上海拔最高、高原多年冻土层线路最长的铁路。解决了在高原多年冻土、高寒缺氧、生态脆弱条件下铁路建设的“三大难题”。在高原多年冻土技术方面，创新了多年冻土工程成套技术，确保了多年冻土工程的安全稳定；在解决高寒缺氧技术方面，制定了《青藏铁路卫生保障若干规定》和《青藏铁路卫生保障措施》，掌握了防治急、慢性高原病的方法，建立了预防突发疫情的工作机制和应急预案；在环境保护方面，提出并设立了桥下、隧顶和路基缓坡平交等三种形式的野生动物通道，并成功在海拔4500米以上地段进行了高寒草甸、高寒草原和高原灌丛植被恢复与再造试验。

图 10-2　青藏铁路通过唐古拉山

◎ 2万吨重载组合列车

采用了世界先进的机车同步操纵技术，研制了载重80吨的重载货车、电气化铁路机车自动过分相装置、新型120-1型货车制动机以及满足牵引2万吨列车需要的新型车钩、缓冲器、牵引杆等关键装备和部件，在世界上首次将机车同步操纵技术和GSM-R技术以及相关重载配套技术系统集成，成功开行了2万吨重载组合列车，标志着中国铁路重载运输已跨入世界先进行列。

二、汽车及公路运输

2005—2006年，中国先后出台了《公路水路交通科技发展战略》、《公路水路交通中长期科技发展规划纲要（2006—2020年）》、《公路水路交通“十一五”科技发展规划》、《“十一五”西部交通科技发展规划》和《建设创新型交通行业指导意见》，明确了科技创新在交通发展中的引领作用，提出了促进科技创新的相关政策。

◎ 混合动力汽车

到2006年底，已有8个混合动力汽车产品正式列入国家汽车产品公告，节油30%以上，排放减少30%。自主开发的“超越”系列、“上海牌”燃料电池轿车、燃料电池城市客车，通过10万公里可靠性试验，技术指标接近国际先进水平；为2008年奥运示范车队提供自主研发的电动客车车型产品已通过国家汽车产品公告，动力性、经济性均达到国际先进水平；开发出搭载锂离子动力电池的纯电动轿车在国内第一次顺利通过了正面碰撞试验，并已向美国出口；单一燃料CNG汽车2006年实现了批量出口。

◎ 汽车车身结构及部件快速设计、制造分析KMAS软件系统

成功开发出具有共性技术特征的CAE数字化仿真设计、制造与分析软件系统，为解决汽车车身的自主开发，提供了具有完全自主知识产权的核心技术。

◎ 汽车防抱死制动系统（ABS）

成功解决了从ABS控制参数的确定理论和方法，到ABS的生产、检验和匹配的一系列关键技术问题，形成了拥有全部自主知识产权的ABS设计开发平台，打破了国外企业在该领域的垄断。

◎ Z系列AT自动变速器

成功掌握了AT自动变速器的控制原理、控制策略、换挡规律等关键技术，攻克了各种关键零部件的制造技术，创建了具有完全自主知识产权的AT自动变速器研发平台和国内配套产业链，实现了零部件国内自主配套及系列化批量生产。

◎ 特殊地质地区筑路成套技术

沙漠地区、多年冻土地区、岩溶地区等特殊地质地区筑路成套技术取得重大进展，突破一批关键技术，直接经济效益显著，为相关标准规范的编制及修订提供了依据。

图10-3 塔克拉玛干沙漠公路

三、船舶及水路运输

2005—2006年，中国船舶工业继续快速发展，实现了大型集装箱船、海上浮式生产储存卸货

装置、大型液化天然气船等方面的技术突破；具备了制造大缸径低速主机的技术能力；L21/31、L27/38和DK26中速柴油机的国产化研制已经启动；开发了大型船用曲轴。

◎ 大型集装箱船

完全实现了大型集装箱船的自主设计和建造。自主开发了8000TEU级集装箱船，承接了9艘8530箱超大型集装箱船订单，目前正在设计建造中，第一艘船将于2007年底交船。万箱级集装箱船也已经完成9600TEU和10200TEU两个船型的方案设计。大型和超大型集装箱船的开发和建造，为中国成为世界第一造船大国打下了坚实的基础。

◎ 海上浮式生产储存卸货装置（FPSO）

掌握了超大型FPSO总体布置优化设计、运动性能预报、载荷预报、结构疲劳分析、特殊结构设计与连接技术、管系应力计算分析、系泊系统、大型电站及相关设备系统配置和建造工艺等方面的关键技术。已交付的30万吨级蓬莱19－3FPSO是中国迄今为止设计与建造的吨位最大、造价最高、技术最先进的FPSO。

◎ 大型液化天然气船（LNG）

通过引进国外货舱围护系统专利技术，逐步掌握了LNG船舶建造关键技术。已经实现了绝缘箱制造、殷瓦管制作、围护系统安装平台制作、岩棉防火材料和珍珠岩材料等的初步国产化，为中国天然气引进提供了运输装备。

第五节 化工行业和轻纺工业

2006年，中国主要化工产品产量中硫酸为4981万吨，纯碱为1597.2万吨，烧碱为1511.8万吨，乙烯为940.5万吨，分别比2004年增长了24.7%、22.6%、42.6%、50.1%。中国轻工业和纺织工业取得了一大批科技创新成果，规模以上轻工业增加值为2.4万亿元，比2004年增长了31.1%。

一、化工行业

◎ 一步法甲醇制汽油技术

一步法技术省略了甲醇转化制二甲醚的步骤，甲醇在ZSM－5分一筛催化剂的作用下一步转化为汽油和少量液化石油气产品，工艺流程短，汽油选择性高。2006年，一步法甲醇制汽油技术完成中试，规模为500kg/天甲醇，汽油选择性为37%～38%，LPG选择性为3%～4%，催化剂单程寿命22天。

◎ 甲醇制低碳烯烃（DMTO）技术

在已建成的设计甲醇加工能力年产1.5万吨的DMTO工业化试验装置上，完成了具有自主知识产权的新型专用催化剂工业放大、试验装置工程设计、工程技术开发、工业化条件试验等过程的技术开发，取得了专用分子筛合成及催化剂制备、DMTO工艺包设计基础条件、工业化装置开停工和运行控制方案等系列技术成果，为规模化建设DMTO工业化示范装置提供了技术基础。

◎ 大规模二苯基甲烷二异氰酸酯及其同系物（MDI）生产技术

开发出了以多级甲醛加入和二级连续转位为特点的连续缩合反应技术、以先进光化液综合处理技术为特点的高效多胺光气化反应技术、以高效精馏——结晶一体化为特点的分离技术及其他配套技术，同时开发出了高效二级水洗和多胺萃取新工艺、高纯度一氧化碳制造新工艺和16万吨／年的MDI制造技术软件包，在产品质量提高的同时使整体能耗在8万吨MDI技术的基础上下降27%。中国已成为继德国、美国之后第三个拥有大规模MDI制造技术自主知识产权的国家。

◎ 无碱玻璃纤维纯氧燃烧节能技术

成功开发了无碱玻璃纤维纯氧燃烧节能技术。创新了液气两用纯氧燃烧器的设计技术、纯氧燃烧的玻纤池窑熔制技术、纯氧燃烧窑炉及尾气净化控制技术、纯氧燃烧窑炉尾气治理技术和制氧自增压系统的设计技术，实现了万吨级大型无碱玻璃纤维池窑拉丝节能技术的突破。

◎ 阻燃热塑性树脂系列产品

突破了多项热塑性树脂阻燃技术及其工业化生产技术,形成阻燃HIPS、PP、ABS、PBT、PC及合金、PPE、尼龙66七大系列上百种产品，并全部通过美国UL认证，技术经济及环境指标均达到国际先进水平。已获得8项国家发明专利授权。国内市场占有率超过40%，国外市场占有率近10%。

◎ 面向超细颗粒悬浮液固液分离的陶瓷膜设计

通过建立超细颗粒和胶体体系的陶瓷膜分离功能－微结构定量关系模型，实现面向超细颗粒悬浮液固液分离的陶瓷膜材料微结构的优化设计，从而解决了陶瓷膜过滤过程中膜孔堵塞的关键技术问题，保证了膜过程长期稳定运行。已经推广应用50余套工业装置，取得了过亿元的综合经济效益和良好的社会效益。

◎ 非晶态合金催化剂和磁稳定床反应工艺

非晶态合金催化剂和结合其磁性与加氢性能开发的磁稳定床反应工艺，在催化材料和反应工程技术创新的基础上进行了工业化集成，形成了50项专利技术，建成了百吨级SRNA工业生产装置，在国际上首次实现非晶态合金催化剂和磁稳定床反应工艺的工业化应用。

◎ 55孔的TJL5550D型捣固焦炉

该焦炉是目前中国炭化室高度最高、容积最大的新型捣固焦炉，其每孔装煤量超过35吨，已接近世界先进水平。

◎ 创制农药

啶菌唑是继氟吗啉之后成功开发并已经实现产业化的又一个具有全新结构和良好杀菌活性的新型农用杀菌剂。目前已经获得一项化合物发明专利和两项由啶菌唑与其他杀菌剂混配的混剂发明专利。原药的合成采用先进的绿色合成方法，有利地保护了自然资源和生态环境。

二、轻纺工业

◎ 轻工业

成功研制中国载人航天工程“神舟五号”航天员个人装备和航天服气密性检测计时仪器，其耐振动性能等关键技术指标优于现行钟表国家标准，达到国际同类产品先进水平。

建立了乙烯基聚合物鞣剂共单体配比与应用性能间的量化关系，并首次采用定量分析的方法研究了乙烯基聚合物鞣剂与皮胶原的作用机理，提出了乙烯基聚合物鞣剂与皮胶原的互穿网络交联结合模型，开发出了系列乙烯基聚合物精细化工产品，已在国内多家企业投入生产。

开发了烷氧基化羧酸酯的一步法催化技术，替代当前的两步法酯醚封端传统工艺，采用调节铝镁配比、过渡元素掺杂、表面处理提高选择性等技术，开发了高效系列双活性位无机催化剂，实现了产业化。

成功开发了麦草浆黑液挤压－扩散置换集成提取技术，将具有不同功能的提取设备集成组合，充分发挥了挤浆机对制浆浓黑液提取效率高和鼓式或带式洗浆机扩散置换效果好的特性，降低了污染物排放总量。

◎ 纺织工业

开发了高性能聚乙烯纤维干法纺成套技术，生产过程环保、高效，已建成了30吨/年规模的扩大试验线，实现了纤维的连续、稳定生产。

通过对导电复合纤维开发过程中炭黑与聚合物复合体系的制备、纺丝工艺的控制和喷丝板的设计等方面的关键技术的研究，自行设计并建成了年产60吨导电长丝和导电短纤维生产线，形成国内导电纤维最大生产能力。

第十一章 能源、资源、环境科技进步

依靠科技进步节约能源、提高能源和资源利用效率、降低污染物排放、保护生态环境是目前迫切需要解决的重要任务。2005—2006年，中国在节能降耗、提高能效、能源可持续利用、资源开发、环境保护、气候变化等多个领域取得了一系列创新成果。

第一节 能源技术

“十一五”能源科技工作主要是加大节能技术研发、提高化石能源利用效率、发展可再生能源技术、推进能源国际科技合作等。

一、节能技术

为实现国家“十一五”规划节能目标，国家发改委、科技部联合发布《中国节能技术政策大纲（2006年）》。充分考虑10年来节能技术发展状况，提出了重点研究、开发、示范和推广的重大节能技术，限制和淘汰的高耗能工艺、技术和设备。2006年在工业节能技术、建筑节能技术、交通节能技术等方面进行了重点部署。

◎ 工业节能技术

重点研究能源资源优化开发利用与合理配置技术，煤炭、电力、钢铁、有色金属、化工生产等重点行业节能技术，生产过程余热、余压、余能利用技术，高效节能设备，节能新技术和节能新材料等。如研发新一代可循环钢铁流程技术，确立高效化钢铁生产新工艺，提高钢铁生产流程的资源、能源利用效率，开发新一代熔融还原炼铁技术，提高钢铁行业市场竞争力。加强高效节能大型矿山成套设备研制，包括高效凿岩设备、新型高效破碎（超细碎）设备、高效节能磨矿设备、大型高效浮选设备，以及关键配套采矿设备等，加快冶金行业的技术进步。大力开展半导体照明工程项目研究，重点解决半导体照明市场急需的产业化关键技术，完善半导体照明产业链，形成具有国际竞争力的半导体照明新兴产业。

◎ 建筑节能技术

开发符合中国建筑节能标准的若干项具有自主知识产权的关键技术和成套设备。重点研究建筑节能设计方法与模拟分析软件，供热系统节能、新型建筑节能围护结构、降低大型公共建筑空调系统能耗等关键技术，以及太阳能在建筑中规模化应用、建筑节能技术标准和既有建筑节能改造技术等。

◎ 交通节能技术

建设中国节能型综合交通运输体系，充分发挥铁路、公路、水运、民航及管道运输的优势，合理配置运输资源，提高交通运输能源利用的整体效率。实施了《交通行业节能管理实施条例》、《交通行业节能技术政策大纲》、《全国在用车船节能产品（技术）推广应用管理办法》等部门规章，组织制定一系列道路运输节能标准。此外，节能与新能源汽车的研发将推进燃料电池汽车发展，实现混合动力汽车规模产业化，拓展纯电动汽车的应用范围，进一步扩大代用燃料汽车的推广应用。

◎ 特高压输变电系统技术

结合国家特高压电网工程建设，开展特高压输变电关键技术和设备的研究开发。2006年8月，国家电网公司特高压直流试验基地在北京奠基，创下特高压直流试验线段总长900米、同塔双回电压等级世界最高、特高压直流试验基地综合试验能力等12项世界第一。此外，高效节能与分布式供能技术重点开展重大机电产品的节能技术、建筑节能技术、分布式供能技术与优化集成，以及高效、安全电力系统等关键技术研究。

二、传统能源开发利用技术

中国是以煤炭为主的能源消费大国，煤炭和石油工业的技术改造与提升对减少排放、提高能源利用效率、充分利用现有能源具有十分重要的意义。

◎ 煤气化整体联合循环技术

煤气化整体联合循环（IGCC）技术是中国未来燃煤发电的主要方向之一，其技术重点包括大型煤气化技术、燃烧合成气低污染的重型燃气轮机技术、液体产品合成技术、运行及控制技术、先进动力循环和系统优化集成技术等。中国IGCC技术开发、设备研制、技术合作和示范电站建设正在积极推进。2006年开工并在2010年前将在天津滨海新区、杭州半山和广东东莞分别投资建设250MW级的IGCC示范电站项目。与此同时，国内几大电力集团也纷纷开始发展IGCC发电项目。

◎ 干煤粉加压气化技术和水煤浆加压气化技术

干煤粉加压气化技术和水煤浆加压气化技术是IGCC、煤制油、煤化工及多联产系统的核心技术，代表着大型煤气化发展方向。随着国内多喷嘴水煤浆加压气化炉和具有自主知识产权的干煤粉加压气化技术通过验收，技术指标已达到或超过国际先进水平，标志着IGCC及煤化工多联产系统的核心技术已取得重大突破，大型水煤浆和干煤粉气化技术的大型化将在“十一五”期间大规模商业化示范与建设。

◎ **煤液化技术**

2006年是煤直接液化项目工程建设高峰年，煤液化反应器、加氢稳定反应器、煤制氢气化炉等超大型设备已吊装就位，特别是煤液化反应器这一核心设备的吊装到位，标志着中国煤直接液化工程取得了突破性进展。

◎ **石油开发与加工利用技术**

瞄准深层、复杂山地、碳酸盐岩这三个国际油气勘探前沿课题，以寻找大型气田为目标，围绕着海相碳酸盐岩勘探开展联合攻关，在海相油气成藏理论与认识、复杂山地高精度地震勘探技术等方面取得了一系列创新成果。依靠海相碳酸盐岩油气成藏理论和勘探技术，发现了普光大气田。

依靠自主与合作开发技术，完成了茂名百万吨级乙烯改扩建项目，其重大装备国产化率达到70%，开创了中国乙烯工艺技术大型化和设备国产化的良好局面，为设计和建设更大规模乙烯装置奠定了坚实基础，标志着中国已具备建设百万吨级乙烯的能力。

三、后续能源技术

为贯彻落实国家《可再生能源法》，进一步加大了可再生能源的研发力度，不断增加具有自主知识产权的可再生能源产品，降低可再生能源的生产成本，支持可再生能源产业的发展。2006年重点围绕生物质能、风能、太阳能、海洋能、地热能等技术开展研究，积极发展核能技术。

◎ **生物质能技术**

2006年12月，中国第一座国家级生物发电示范项目——单县秸秆直燃发电项目投产发电，为加快中国生物质能发电积累了经验。

◎ **风能技术**

据不完全统计，到2006年底，全国已建成约80个风电场，装机总容量达到约230万千瓦，比2005年新增装机100多万千瓦。为促进风能的快速发展，国家启动了“大功率风电机组研发与示范”项目，重点解决1.5兆瓦级以上的风电系统关键技术和设备（包括海上风电场技术），推进兆瓦级风电机组的产业化进程。

中国启动了兆瓦级并网光伏电站系统、太阳能热发电技术及系统示范、太阳能电池硅材料产业化制备技术等研究。

◎ 核能及其他可再生能源技术

在新型氢与高温燃料电池技术、核安全与核燃料循环、大型蒸发冷却技术、燃气轮机等方面进行了部署。开展了百万千瓦级核电机组的自主研发，在成功建设运行30万千瓦、60万千瓦核电机组的基础上，开发了二代半核电技术。2005年完成自主品牌二代半百万千瓦级核电站（CNP－1000）的初步设计，2006年初步完成CNP－1000安全分析报告，标志着中国基本具备了自主设计、建造百万千瓦级核电机组的能力。

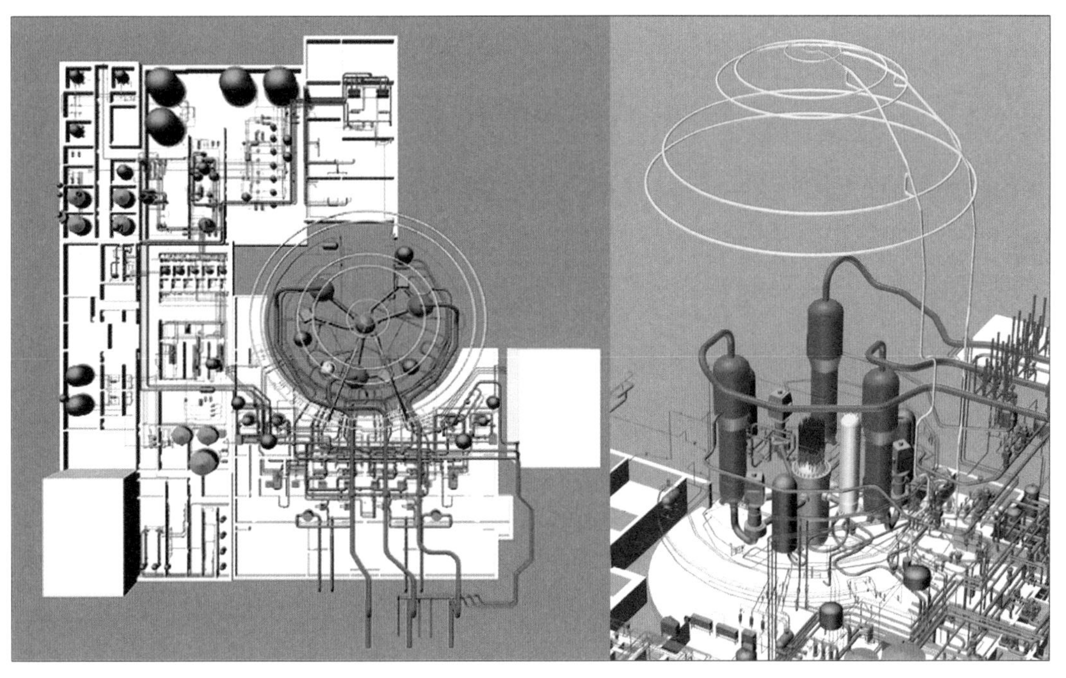

图11-1　二代半百万千瓦级核电站示意图

2006年，秦山、田湾、大亚湾和岭澳核电站安全运行。累计发电548.5亿千瓦时，上网电量518.1亿千瓦时，发、售电量同比分别增长3.3%和2.9%。2006年4月，秦山二期核电站的建成，实现了中国自主设计、自主建造商用大型核电站的重大跨越。

专栏11-1

田湾核电站

中国单机容量最大的核电站——田湾核电站1号机组于2006年5月12日首次并网成功。田湾核电站在工程建设中实现了多项技术改进与创新，采用了双层安全壳结构，安全系统采用完全独立和实体隔离的4通道，增设了堆芯熔融物捕集器，采用全数字化仪控制系统等，其安全设计优于当前世界上正在运行的大部分压水堆核电站，在某些方面已接近或达到国际上第三代核电站水平。

第二节
资源技术

根据“十一五”规划部署，2005—2006年重点加强水资源综合利用、矿产资源勘探开发、油气资源勘探开发等方面的研发，攻克一批重大关键技术和共性技术，形成一批矿产资源和油气资源勘探开发基地，提交一批矿产资源储量和资源量。

一、水资源综合开发利用技术

中国是水资源匮乏的国家，人均水资源仅为世界平均水平的1/4。严重的水污染又加剧水资源的短缺。

◎ 水资源优化配置与调控技术

启动了“南水北调工程若干关键技术研究与应用”、“黄河健康修复关键技术研究”、“东北地区水资源全要素优化配置与安全保障技术研究”等项目，突出流域水量与水质两个关键因素，将流域/区域水质改善作为重要内容，以推动流域水体质量整体改善。

◎ 节水技术

启动了“海水淡化与综合利用技术研究与示范”、“重点耗水行业节水技术开发与示范”、“城市综合节水技术开发与示范”等项目，着力开展重点行业和城市水循环利用等方面的关键技术研究与示范，强调技术转化成本与效益，在提高重点行业与区域水资源利用效率的同时，减少污染物外排，促进重点行业产业优化升级。

◎ 海水、苦咸水资源利用技术

开发形成了海水淡化关键设备、预处理优化技术和智能化控制系统。建成日产1000吨反渗透海水淡化示范工程，在国内首次利用系统排出的浓盐水进行制盐研究，为大规模反渗透海水淡化工程的应用奠定了基础。同时，攻克了海水循环冷却系列水处理技术与中试生产装置，建立了海水循环冷却技术2500t/h和10000t/h示范工程。开发了适用性强、操作简便、经济可靠的农村苦咸水淡化系列装置。

成功开发了盐湖卤水提锂新技术，突破了利用盐湖锂资源生产碳酸锂的技术难题。海水苦卤提取硫酸钾高效节能技术研发与应用取得突破，实现年产12000吨硫酸钾，联产70000吨精制盐、45000吨氯化镁、450吨溴素。沸石法海水直接提取硝酸钾技术提高了海水苦卤综合利用水平。

二、资源勘探开发利用技术

围绕提高资源勘探精度、资源利用率和节能降耗减排等方面进行关键技术研发和示范应用，开发了一批资源勘探、高效开发利用的技术系统和装备。

◎ 地球化学勘探技术

在深穿透地球化学勘查技术方面，制定出碱性蒸发障和风成沙地区地球化学信息获取方法，突破了沙漠戈壁区地球化学勘查的长期瓶颈，提高了该类地区的勘查效率。改进了特殊景观条件下高精度、大覆盖、快速伪随机多功能电磁法探测技术。空气潜孔锤取心跟管钻机的成功研制，显著提高了西部困难地区的勘查效果和效率。

◎ 冶金矿山技术

开展了“大型深凹露天矿高效运输系统及强化开采技术”、“大间距集中化无底柱采矿新工艺”、“高质量铁精矿选矿技术与关键装备研究”、“西部典型复杂氧化铁矿石选矿新技术、新设备、新药剂研究”、“硼铁矿高炉分离技术研究”等一系列研究工作。露天矿卡车调度系统、大间距集中化无底柱采矿新工艺、大型磁筛设备及配套精矿自动排矿控制系统、难处理氧化铜矿选矿新工艺、非金属化高镍锍（高铁低铜）选择性加压浸出新技术和大通量高效萃取设备等研究成果的应用，提高了冶金矿山方面的整体技术和装备水平。

◎ 复杂地表、地质条件下油气勘探技术

形成了东部老油区沉积砂体岩性油气藏识别及预测技术方法系列，突破了岩溶缝洞型碳酸盐储层识别与盐层钻井技术，初步掌握了准噶尔大型叠合盆地石油富集规律，建立了塔里木全盆地大中型油气田气藏模式和中国前陆盆地的主要鉴别标志及前陆盆地类型划分方案。围绕复杂山地地震勘探，在近地表调查技术、山地地震资料去噪技术、近地表调查资料模型等方面共突破40项关键技术，3种新型传感器的研制在仪器性能优化及资料精细评价上取得突破，即将试投产运行。

◎ 复杂油气田提高采收率技术

针对中深井钻井、深探井固井等复杂油藏钻井方面的主要难题，在地质导向测量仪器、低密度高强度水泥固井技术、中深井钻井配套技术、硬地层扩眼技术等方面取得突破，为提高复杂油气藏开发提供了技术支撑。低渗透油气田增产改造关键技术开发进展显著，为吉林、大庆、长庆、新疆等典型低渗透油田开发提供了决策依据，促进了苏里格气田的开发。在国内首次将分子微生物生态研究技术运用于微生物采油技术研究。内源微生物驱和外源微生物驱均进入现场试验阶段，已见到明显的试验效果。成功研制三次采油表面活性剂烷基苯磺酸盐并实现工业化生产，产品性

能基本达到了国外同类产品的水平。

三、海洋资源高效开发技术

近年来，中国重视发展海洋资源勘探开发高技术，提高重大海洋工程装备水平。积极开展深海海洋科学研究，为维护国家海洋主权与权益，向更深、更远海洋进军提供技术支撑。

◎ 近海油气资源勘探开发技术与装备

建成了中国第一座抗冰振平台，在动冰荷载实验和理论、冰激平台振动研究、抗冰振平台设计和制造、冰振控制装置和系统研究等多个方面取得了创新性成果，研制出用于海上平台抗冰振的减振装置和控制系统样机，初步形成了抗冰振平台设计技术。钻井中途油气层测试仪首次在渤海油田进行海试并获得成功，使中国地层测试技术达到国际先进水平，为中国大油田的勘探开发提供技术支持。完成了旋转导向系统工具海上钻井试验，实现了增斜、稳斜、稳方位操作，旋转导向工具在井下工作正常。该项技术为开发渤海稠油油田和边际油田降低成本做出贡献。

在渤海成功进行了水下干式管道维修系统海上试验，填补了中国海洋工程维修领域的一项空白。在海底管道内爬行器及其检测技术方面形成了一套海底管道检测系统工程样机及其研制、试验与定标的开发系统，对中国海洋油气开发有着重大的现实意义。

◎ 深海资源探查技术和装备

研制成功多项具有国际先进水平的深海资源探查技术和装备。大洋固体矿产资源成矿环境及海底异常条件探测系统分别参加了DY105－12、14、16A、17A等航次海试，在大洋首次环球航行中为中国科学家在东太平洋隆起等地带发现热液异常提供了探测手段。研制成功多次取芯富钴结壳潜钻，在多点取芯、多视角彩色电视监控、全数字彩色视频和测控混合信号万米同轴电缆无中继传输、深海大功率均衡充电锂电池等新技术方面获得突破。

在单项技术和装备研制的基础上，以“大洋一号”科考船为平台，对“十五”期间形成的大洋探测技术成果与“大洋一号”船现有的探测设备进行系统集成，构成一个相对完整的大洋矿产资源立体探测体系。

在海洋药物开发方面，抗老年性痴呆新药HSH－971通过了国家药审中心评审及国家药监局批准，并获得了临床研究批文，标志着中国在抗老年性痴呆药物的研发上迈出了非常重要的一步。

专栏 11-2

大洋科考

“大洋一号”首次环球大洋科学考察，于2005年4月2日从青岛北海分局码头启航至2006年1月22日止，历时297天，航行43230海里，相当于绕赤道两周多，跨越太平洋、大西洋、印度洋，穿越巴拿马运河，横渡好望角。完成了多学科、多领域、综合性的三大洋考察任务，取得了丰硕成果。此次环球考察期间积累了丰富的基础资料，对促进中国大洋地球科学、生命科学、环境科学等众多科学的发展具有重大意义。

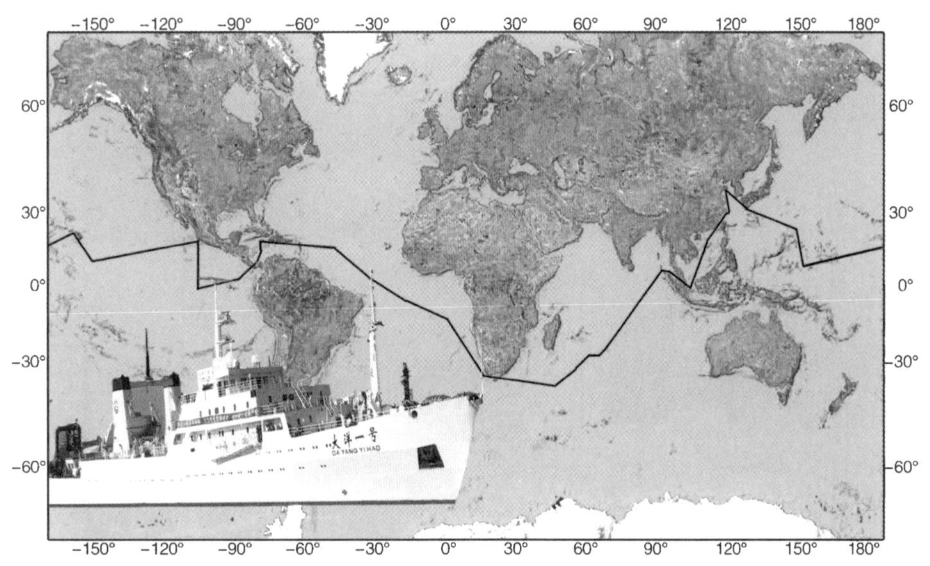

图 11-2　首次环球大洋科学考察航行路线图

第三节 环境技术

2005—2006年，根据生态与环境科学的发展特点以及全球和中国生态与环境发展趋势，重点开展了区域性污染综合治理、退化生态系统重建、环境监测等方面的研究。

一、环境污染治理技术

重点围绕污染控制治理、废弃物处置、清洁生产等技术，加强关键技术的集成与示范应用，形成了一批集成创新成果。

◎ **水污染控制与治理技术**

在“十五”期间水污染控制技术与治理工程研发的基础上，系统总结了湖泊水环境治理、河流水环境质量改善、饮用水水源地改善、饮用水安全保障、水处理等系列技术，以及业主制等水污染治理科技项目管理模式，加强了技术成果转化工作，技术辐射效应已初步显现，为深入开展水体污染控制与治理技术研发和工程建设奠定了良好基础。

◎ **大气污染控制技术与设备**

在燃煤锅炉废气污染控制方面，开发了适于中国燃煤电厂大型机组（300MW和600MW机组）

图 11-3　烟气脱硫工程装置

锅炉烟气条件的高效袋式除尘技术和装备。在汽车尾气控制方面，自主开发的柴油车排气氮氧化物控制技术与微粒捕集器/摩托车排气净化器，实现了产业化。

◎ **固体废弃物处理处置与综合利用技术**

以杭州市为示范城市，通过政策法规和管理技术配套，优化集成生态填埋、焚烧与安全填埋等处理处置单项关键技术，凝练出经济、高效、安全适用的城市生活垃圾综合处理处置成套化技术体系，推动了城市生活垃圾处理处置高新技术的产业化、关键设备的国产化。

◎ **危险废弃物处置技术**

成功研制了30 kW级直流等离子体弧技术裂解实验炉和新型水冷铜电极3～8 kW三相交流等离子体炬处理医疗废弃物示范装置。形成了焚烧飞灰处理处置的整套技术，所开发的具有协同功用的洗涤除盐添加剂，有效防止了二恶英的再合成。

◎ **土壤修复技术**

筛选了多种重金属超富集植物优良品种，发展了重金属超富集相关基因的克隆与植物基因工程改良技术，并提出了相关田间最佳栽培模式辅助技术，建立了铜和砷等重金属污染土壤植物修复基地，相关技术已在典型污染农田推广应用。

◎ **重点行业清洁生产技术**

针对纸浆生产、酒精生产、铬盐生产和皮革生产等行业，开发了一批包括降污、节水、节能、节料等在内的清洁生产新工艺、新技术及相关设备。其中，自主开发的铬盐工业清洁生产技术，集成了含铬废渣深度利用技术，能耗降低20%，将原来严重污染环境的铬渣变为脱硫剂等产品，建成了1万吨规模的示范工程，并正在推广到10万吨规模。

二、生态系统恢复与保护

2005—2006年通过生态功能保护区的建设，阻止导致生态功能继续退化的生产开发活动和其他人为破坏活动；同时加大现有植被和自然生态系统的保护，恢复和重建退化的生态功能，控制草原退化、水土流失、矿区生态功能退化，遏制重要生态功能区生态环境恶化的趋势。

◎ **西部脆弱生态区恢复与重建**

揭示了西部脆弱生态区环境演变规律。围绕进行生态治理与地方经济发展，研发集成西部生态脆弱区治理模式41个，建立示范基地33个，建成示范面积总计18598公顷，海湾呈辐射推广面积10351公顷。各示范区植被覆盖率比示范前提高了40%～70%，土壤侵蚀模数下降了29%～56%，农牧民收入提高了40%～60%。

图 11-4　云南洱海生态修复工程

◎ 典型海岸带生态修复

深入分析了渤海典型海岸带生境退化特征，提出了海岸带生境退化诊断方法。在天津市进行了典型受损河口生态重建技术和示范研究，目前示范区内生态系统稳定性明显提高，植被覆盖率达到 90% 以上。

◎ 矿山塌陷区生态修复

开发了煤矸石的微生物（硫杆菌）脱硫新方法，开展了菌根技术在大田生态恢复的应用研究。建立了采矿塌陷区生态环境管理系统，开发了适宜的污染水体、土壤生物修复技术，在河北省唐山市采矿塌陷区进行了示范。

三、环境监测与控制

开展环境监测发展战略、管理体制与运行机制、环境监测网优化调整研究。加强现代采、制样技术和现代环境监测分析技术研究，重点加强环境优先污染物的痕量、超痕量监测分析技术、生物监测技术、形态分析技术、源解析技术、环境质量评价技术和发布技术、水和大气污染事故应急监测设备和技术的应用研究，同时积极开展海洋环境监测，将中国环境监测技术与产业提升到一个更高的水平。

◎ **水质监测**

具有自主知识产权的微囊藻毒素标准样品与快速检测试剂盒在多个国内饮用水厂中得到应用。针对“十五”研制的流速、pH、氨氮、温度、浊度、溶解氧、生物需氧量、化学需氧量、总有机碳、总氮、总磷、油类和叶绿素等水质指标的实时在线自动监测设备，开发了全套设备操作平台与数据传输系统。

◎ **大气监测**

加强了汽车尾气道边监测技术系统、城市大气污染自动监测技术系统、烟气连续排放监测技术与设备的批量生产和推广应用。研制的大气细粒子源解析技术系统，能够识别不同类型城市大气污染源，已在广州和深圳进行示范应用。

◎ **新型污染物监测**

建立了二恶英类、多氯联苯类的分析检测方法体系，完成了适合有机氯农药等污染物环境监测分析的28种方法，建立了环境内分泌干扰物的生物活性预测模型，为环境健康研究和毒害物质环境管理提供了技术基础。

◎ **海洋环境监测**

通过综合集成，形成了区域性海洋环境遥感综合监测技术应用体系，促进了海洋监测高技术的实际应用。通过对水下无人自动监测站、生态浮标系统、船载综合监测系统、航空（包括无人机）遥感应用系统、卫星遥感应用系统以及国家现有海洋监测台站的系统集成，实现了国家海洋环境业务化监测能力的提升和系统扩展。

第四节 全球环境技术、方法与对策

中国开展了“全球环境变化对策与支撑技术研究”、“中国短期气候预测系统研究”、“南海季风试验研究”、“青藏高原科学试验”、“中国重大气候灾害形成机理与预测理论研究”等一系列环境和气候变化方面的科研项目，提高了中国在全球环境与气候领域的研究水平。

一、全球环境监测与模拟

在中国近50～100年基本气候要素变化的观测事实分析方面，建立和完善了不同时间长度的全国和区域平均地面和高空基本气候要素时间序列，取得了若干新的发现和进展，为深入了解中国和全球气候变化的机理和原因提供了基础。

利用国内外全球和区域气候模式，对全球、东亚和中国地区未来100年气候变化趋势进行了多个排放情景下的预估，为政府间气候变化专门委员会（IPCC）第四次评估报告编写提供了研究成果，也为国家重大工程项目建设和生态、环境以及水资源规划等提供了科学咨询意见。

二、全球环境应对技术

在构建排放情景特别报告（SRES）区域气候变化情景的基础上，重点评估了气候变化对中国农业、自然生态系统、淡水资源、沿海生态系统的影响，并完善了各领域的评估模型。

对中国主要部门减缓碳排放的政策机制进行了分析和效果评价，评价了中国远期（2050年）减缓碳排放的宏观影响和减缓气候变化技术创新的作用与影响。分析了全球应对气候变化活动的国际合作及其对国际经济贸易的影响，综合评价了中国减缓碳排放对策。

三、全球环境政策

根据目前全球气候变化领域中国际谈判热点问题和国家社会经济发展需求，对在可持续发展框架下应对全球气候变化问题的理论、方法与谈判对策、后续承诺期国际气候制度框架、中国应对气候变化的承诺方案、适应性谈判对策、碳吸收汇方法学以及IPCC排放情景等重大问题进行了深入研究，并提出有价值的对策与建议。

跟踪分析了发达国家通过清洁发展机制（CDM）减排温室气体的政策和行动、CDM国际规则以及CDM方法学审批的最新进展；应用气候变化国际合作机制模型模拟了中国开展CDM项目的潜力并进行了不确定性分析，对中国主要的碳减排领域与技术进行了评价；提出了潜在的CDM项目，设计了试点省区清洁发展机制能力建设框架。

专栏11-3

清洁发展机制（CDM）

清洁发展机制（CLEAN DEVELOPMENT MECHANISM，简称CDM）是“京都议定书”规定的帮助发达国家履行温室气体排放义务的三种灵活机制之一。中国一直积极促进“京都议定书”的生效，并于2002年8月批准了“京都议定书”。实施CDM项目，在帮助缔约方以较低的成本履行其减排温室气体承诺的同时，可以通过资金、先进和适用技术的引进促进中国实施可持续发展战略。

第十二章
社会发展领域科技进步

第一节　人口与健康
一、计划生育与优生优育
二、重大疾病防治
三、创新药物研制
四、中医药现代化
五、现代医学工程

第二节　城镇化与城市发展
一、城镇区域规划与动态监测
二、城市功能提升与空间节约利用
三、建筑节能与绿色建筑
四、城市生态居住环境质量保障
五、城市综合管理信息平台

第三节　公共安全
一、生产安全
二、食品安全
三、社会安全

第四节　减灾防灾
一、地震、地质灾害
二、气象
三、海洋环境灾害防治
四、防洪减灾

第五节　文物保护等其他社会事业
一、文物保护
二、中华文明探源
三、大遗址保护
四、古代建筑保护及传统工艺
五、旅游行业信息化技术
六、体育科研

第六节　可持续发展实验区建设
一、实验区发展与基本经验
二、重点部署与任务

"十一五"期间，通过加强人口与健康、城市化与城市发展、公共安全、防灾减灾等领域的科技进步，为提高人民生活质量和健康水平、促进城镇可持续发展、保障公共安全、构建社会主义和谐社会奠定科技基础。

第一节 人口与健康

人口与健康领域的科技进步紧密结合国家卫生服务体系建设及人民群众防病治病的实际需要，重点围绕出生人口数量控制和健康素质提高、疾病防治以及医药技术产品开发，加快医药关键技术的突破及疾病防治技术产品的开发、应用和推广，加速推进医药与健康产业发展，开创中国疾病防治技术领域和医药产业领域的新局面。

中国在计划生育与优生优育、重大疾病防治、创新药物研制与中医药现代化、现代医学工程等方面取得了一系列科技成就，为人民健康水平的提高提供了支持，相关配套建设项目为人口与健康领域的科技进步打下了基础。

一、计划生育与优生优育

重点开展新型宫内节育器、高清晰宫腔操作可视系统、非堵塞性男性绝育技术、女性绝育新技术、长效埋植避孕剂、外用避孕新药、低剂量口服避孕药、阴道避孕环的研究、透皮避孕贴膜、人工流产新技术、男性免疫避孕制剂，以及避孕节育手术并发症防治技术等研究；开展避孕节育技术方法的综合评价、应用规范和大规模的人群队列示范推广研究；开展避孕节育技术方法应用安全性和有效性的监测和评估研究。

一根型避孕埋植剂、输精管内滤过装置等避孕节育新技术取得新进展。避孕药具安全性监测评价技术得到进一步完善，建立了比较系统的监测评价技术方法。

二、重大疾病防治

开展省部局联合实施防治艾滋病科技行动，在艾滋病防治、有效监测、预测、预警和疫情阻断等方面取得成效。

◎ 艾滋病防治技术

在艾滋病病人的抗病毒治疗方面，国产艾滋病抗病毒治疗药物被证明可以有效抑制病毒和提升免疫功能指标，58.8%的患者血浆中的病毒被抑制到测不出水平，患者免疫系统功能的恢复与国际上的临床研究数据相比未见明显差异，实现了免疫重建。

◎ 血吸虫病诊断试剂

成功研制了快速胶体染料试纸条法，适用于对现场目标人群的大规模筛查。该诊断试剂解决了血吸虫病诊断试剂的标准化、规范化问题，对于提高血吸虫病筛查技术水平、统一血吸虫病检测标准以及有效服务于血吸虫病防治宏观决策等方面具有重要作用。

◎ 转移性人肝癌模型系统的建立及其应用

开发了“肺克隆体内纯化筛选”、“体内外交替培养”和“定向（肺或淋巴结）逐级筛选”3项技术，并分别建成了高转移人肝癌裸鼠模型、高转移人肝癌细胞系和遗传背景相仿转移靶向和转移潜能不同细胞系，证实微环境确能影响癌的转移能力。用此模型发现了一些新的转移靶分子；筛选了多种药物，其中干扰素已被证实有预防病人术后转移的作用。

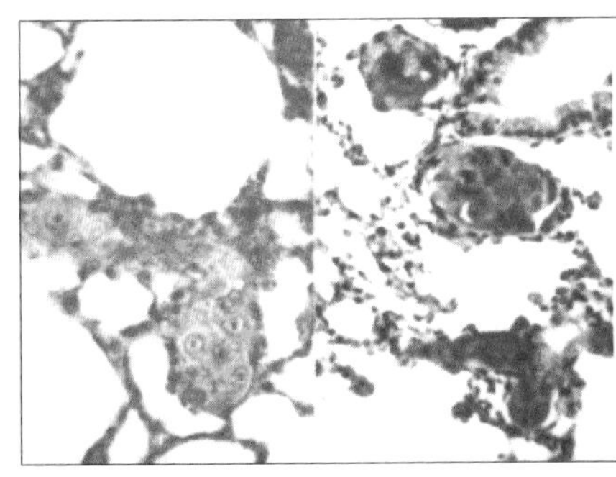
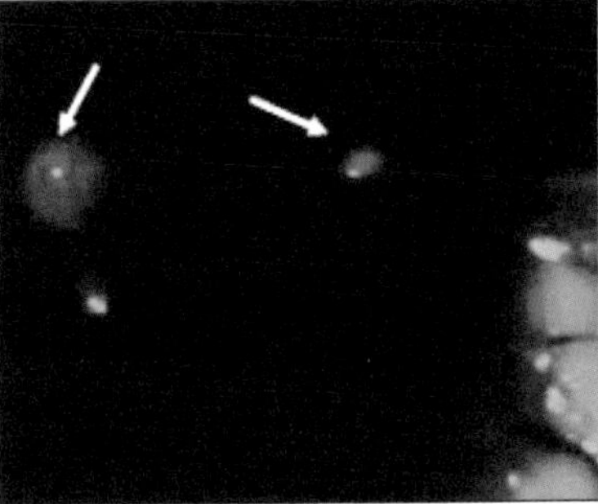
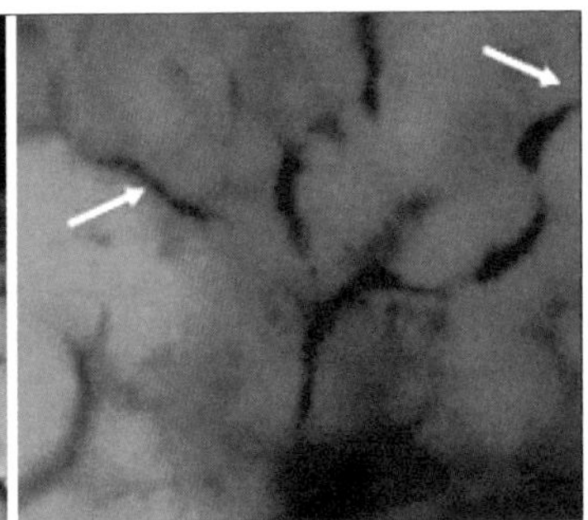

图 12-1　转移性人肝癌模型系统的建立及其在肝癌转移研究中的应用示意图

三、创新药物研制

◎ 艾滋病疫苗 I 期临床研究

中国自主研究的艾滋病疫苗已经顺利完成 I 期临床试验。I 期临床试验的完成，是中国艾滋病防治技术与产品科技攻关取得的一项标志性重大进展，标志着中国艾滋病疫苗研究的科技攻关取得重大突破。

◎ **人禽流感治疗药物**

人禽流感治疗药物研究开发与产业化取得重大突破，抗禽流感药物的批量生产和国家储备任务能力建设的基本完成，为抗击禽流感做出了重要贡献。

◎ **环孢菌素A生产新工艺关键技术及其应用**

环孢菌素A是一种目前临床上首选的抗排斥反应的药物。环孢菌素A发酵生产方法打破了中国连续10年发酵单位徘徊在900微克/毫升水平、产品质量难以达到国际标准的局面。依靠该技术生产的国产环孢菌素A在生产成本和产品质量方面都具有了国际竞争力，取得了显著的经济效益和社会效益。

◎ **头孢硫脒和万古霉素研发**

头孢硫脒是中国第一个也是至今惟一的一个自主创新研发成功,具有新型结构的半合成头孢菌素。万古霉素废菌渣循环利用的“变废为宝”技术,对解决其他抗生素废菌渣环境污染问题具有重要意义。

四、中医药现代化

◎ **中药现代化科技产业基地建设**

在全国建立了一批中药现代化科技产业基地和中药材规范化种植基地，18个省（区、市）规范化种植面积已达1424.4万亩，中药生产工艺技术、装备水平大大提升，中药产品的质量控制水平显著提高，现代中药产业的雏形已初步形成。

◎ **中药胰岛素增敏剂**

中国从1992年就开始研发以天然植物有效部位和有效成分为组方的中药胰岛素增敏剂。2006年,全球首个中药胰岛素增敏剂进入临床研究阶段。该制剂可有效改善机体对胰岛素的敏感性,达到治疗2型糖尿病的目的。

五、现代医学工程

◎ **重大数字化医疗设备关键技术及产品开发**

重点开发新型治疗和常规诊疗设备，数字化医疗技术、个体化医疗工程技术及设备，研究纳米生物药物释放系统和组织工程等技术,开发人体组织器官替代等新型生物医用材料。“0.35C-型开放式永磁磁共振成像系统”、“房间隔缺损堵闭器”、“室间隔缺损堵闭器”、“眼科超声生物显微镜”、“基于脑电信号的脑机接口技术及装置”和“无创伤人体血糖浓度检测技术及产品开发”等产品的研发已取得了重要进展。

专栏 12-1

移动P3实验室

成功研制了具有自主知识产权的移动P3实验室，使中国生物安全防护能力显著提高，成为继美、法、德之后极少数能够独立设计和制造该装备的国家。实验室由主实验舱和人员净化与技术保障舱组合而成，在总体布局上实现了“三区两缓”，即在污染区和半污染区之间、半污染区与清洁区之间分别设置了自净传递窗，安全门兼设备门设在半污染区；在工作流程上实现了对人、物、气、水“四流”的科学控制；自主设计的污水收集及高压蒸汽灭菌系统能够将实验产生的污水高温高压灭菌后安全排放；自主研制的充气密闭门安置在最可能产生泄漏的两舱之间，并加装常态密封胶条，实现了“双保险”。

第二节 城镇化与城市发展

根据“十一五”规划的部署，2005—2006年确立了城镇区域规划与动态监测、城市功能提升与空间节约利用、建筑节能与绿色建筑、城市生态居住环境质量保障、城市信息平台等研发重点。

一、城镇区域规划与动态监测

发展现代城镇区域规划关键技术及动态监控技术，实现城镇发展规划与区域经济规划的有机结合、与区域资源环境承载能力的相互协调。重点研发各类区域城镇空间布局规划和系统设计技术，城镇区域基础设施和公共服务设施规划设计、一体化配置与共享技术，城镇区域规划与人口、资源、环境、经济发展互动模拟预测和动态监测等技术。

二、城市功能提升与空间节约利用

突破城市综合节能和新能源合理开发利用技术，开发资源节约型、高耐久性绿色建材，提高城市资源和能源利用效率。重点研发城市综合交通、城市公交优先智能管理、城市轨道交通关键技术研究，市政基础设施、防灾减灾等综合功能提升技术，城市“热岛”效应形成机制与人工调控技术，土地勘测和资源节约利用技术，城市发展和空间形态变化模拟预测技术，城市地下空间开发利用技术等。

三、建筑节能与绿色建筑

重点研发绿色建筑设计技术、建筑节能技术与设备、可再生能源装置与建筑一体化应用技术、精致建造和绿色建筑施工技术与装备、节能建材与绿色建材、建筑节能技术标准。

◎ **绿色建筑关键技术**

形成了包括绿色建筑室内环境评估体系、监控系统、模拟方法、相关配套模拟软件等一批技术成果。在绿色建筑绿化配套技术研究方面，完成了包含500种植物与42个群落的绿色建筑适生植物资源信息库的建立，以及500种植物改善微气候的生态效益指标研究。在建筑综合节能技术应用研究方面，建设了若干节能示范建筑，搭建起了绿色建筑技术集成平台，为推进中国实现建筑“零能耗”、“资源高效循环利用”、“智能高品质居住环境”三大目标提供了技术支撑。

◎ **建筑节能关键技术**

通过科技创新，在降低北方地区采暖能耗、长江流域室内热湿控制能耗和大型公共建筑能耗三方面重点突破，形成完整的技术体系、产品系列和政策保障机制，并在示范工程中全面实现预定的节能目标。

四、城市生态居住环境质量保障

围绕人居环境的安全、健康、舒适、高效和适宜五大目标，开展人居环境规划设计、预测评估、监测检测、控制改善等关键技术研究、集成创新和科技示范工程建设。发展城市污水、垃圾等废弃物无害化处理和资源化利用技术，开发城市居住区和室内环境改善技术，显著提高城市人居环境质量。重点研发室内污染物监测与净化技术，发展城市环境生态调控技术，城市垃圾资源化利用技术，城市水循环利用技术与设备，城市与城镇群污染防控技术，居住区最小排放集成技术，生态居住区智能化管理技术。提高中国城镇人居环境改善与保障技术水平，开展城镇人居环境改善与保障关键技术研究，推动绿色建筑及生态和谐城镇的建设和可持续发展。

五、城市综合管理信息平台

加强信息技术应用，提高城市综合管理水平。开发城市数字一体化管理技术、风景名胜区信息系统技术，建立城市高效、多功能、一体化综合管理技术体系，提高城市、风景名胜区等的综合管理水平。重点研究开发城市数字化关键技术研究与示范、城市网络化基础信息共享技术，城市基础数据获取与更新技术，城市多元数据整合与挖掘技术，城市多维建模与模拟技术，城市动态监测与应用关键技术，城市网络信息共享标准规范，城市应急和联动服务关键技术。

第三节 公共安全

重点围绕生产安全、食品安全、社会安全等方面开展研发，通过技术创新实现公共安全从被动应付型向主动保障型、从传统经验型向现代高科技型转变。

一、生产安全

重点研究煤矿瓦斯、火灾与顶板重大灾害防治关键技术，非煤矿山典型灾害预测控制关键技术研究与示范工程，危险化学品事故监控与应急救援关键技术与工程示范，职业危害预防控制关键技术与装备，生命线工程和特种设备安全保障关键技术与工程示范，安全生产检测检验与物证分析关键技术和装备，矿井重大灾害应急救援关键技术，矿井老空区探测与水害防治关键技术及装备等。

◎ 煤矿瓦斯治理

在国有重点煤矿的286处高瓦斯、高突矿井中，已有264处建立了抽采系统。2006年抽采量达到26.14亿立方米，利用量6.15亿立方米。煤与瓦斯突出区域预测技术已在山西晋城和阳泉、辽宁铁法等矿区进行了推广应用。

◎ 交通安全

率先提出并创建了机车车辆—轨道耦合动力学全新理论体系，系统建立了机车车辆—轨道统一模型，解决了轮轨动态耦合建模和散粒体道床振动建模两大国际性难题，突破了传统模型假设的局限性。研制了具有自主知识产权的机车车辆—轨道耦合动力学仿真系统VICT和TTISIM，开发了机车车辆—轨道动态作用安全性现场测试评估技术，提出了机车车辆与线路最佳匹配设计技术和山区铁路困难路段安全改造配套技术，及时满足了超负荷铁路运输动态安全设计的迫切需求，广泛应用于中国铁路机车车辆开发设计。

二、食品安全

重点开展食品安全风险评估技术、检测技术、溯源技术、预警、全程控制技术及其标准攻关，逐步建立起食品中病原微生物、农药和兽药残留、化学污染物、食品添加剂和包装材料等风险评估技术体系、模型、基地以及高通量分析技术体系，建立健全食品安全监管的长效机制，整体提升食品安全水平。

◎ 食品安全风险分析

开展食品毒理学安全性评估、食品污染物随机和有害残留物暴露评估技术研究，建立食品安全风险分析基地及模型。研究建立并完善中国食品安全病原微生物风险分析平台、农药残留和兽药残留分析平台、化学污染物等4类分析平台。

◎ 食品安全标准

建立中国重要食品安全标准及其数据库，开展食品安全技术措施研究，制备针对中国贸易中实施技术壁垒的食品安全重要标准物质。

◎ 食品安全检测

开发食品危害物多残留前处理及代谢表征技术、污染物的快速与高通量检测技术与仪器，研究建立食源性微生物基因分型识别及食品安全突发事件溯源和细菌耐药性监测技术和相关检测试剂。

◎ 食品预警与溯源

重点开展食物中毒诊断与处理技术、食品溯源与原产地保护技术、大型活动与食品反恐的预警技术研究，建立国家食品安全预警监控网络体系。

◎ 食品安全综合示范

针对大宗食品选择典型地区，将关键共性技术集成组装后进行综合示范，建立从农田到餐桌全程食品安全控制体系，最终形成一套符合中国国情的食品安全保障运行模式并推广应用。

三、社会安全

重点研究数字化与智能化的刑事侦控、现场勘察、物证信息采集与检验鉴定新技术，个体识别与生物特征信息采集、快速筛查与证实技术和数据库，毒品的探测与检验鉴定技术，网络与信息安全保障技术，高科技与网络犯罪防控技术，恐怖事件和群体突发事件的情报获取技术、快速辨识证实技术、预警技术和应急技术及特种装备。

◎ 城市火灾防治关键技术

重点研究重大火灾危险源辨识、火灾风险定量评估和消防安全保障能力评估技术；火灾安全性能的量化指标体系和评价标准；火灾发展时空特性的快速预测和仿真技术；指挥训练模拟技术；火灾人群疏散行为和疏导技术；性能化防火设计、纳米复合材料阻燃、结构耐火性能评价与抗火设计技术；重大火灾的空间立体监测监控、烟气控制、决策指挥和灭火救援技术与装备；火灾相关的多灾种耦合预防与控制关键技术；重大火灾安全防范标准等关键技术。

◎ 人体个体识别与物证溯源关键技术

建立起人体个体识别、物证溯源等方面的一批新技术方法，实现对人和物的准确认定、对案（事）件的精确判定，提高物证的证据能力；研究解决物证信息平台建设的关键技术，实现信息共享，提高综合应用水平与打击犯罪的快速反应能力；研制出相关专用试剂与仪器设备，替代进口、降低检验成本，为检验鉴定提供物质条件保障。

◎ 社会治安动态预警、综合防控技术研究与示范

实现对社会治安不稳定因素和重大隐患的监测与预警、对重点要害单位和重要活动进行风险评估、提出安全对策、研究社会公共场所突发事件处置方法和预案；集中攻克动态预警监测、研判处置集成平台等领域的关键技术，建立社会治安综合防控技术支撑体系，有效预防和控制各种犯罪及恐怖活动，保障国家安全和社会稳定。

◎ 预防与打击毒品违法犯罪关键技术

建立大麻资源及大麻毒品种类数据库，建立吸毒人员人体生物样本中毒品检测标准方法和研发现场快速检测技术，为全面监测毒情、掌握禁毒情报信息和科学评估禁毒行动的实际效果和禁毒法规的实施提供技术支持。

◎ 金盾工程

金盾工程一期建成了全国性的8大基础数据资源库，建成覆盖主要公安业务领域的60个应用系统，开发出综合查询、搜索引擎、请求服务等重要应用手段，建成覆盖各级公安机关的信息通信专用网络，基本实现了数据、语音、图像的同网传输。通过该工程，基层所队计算机连通率达到90%以上。

第四节 减灾防灾

2005—2006年重点研究地震、气象、洪水、海洋环境、地质灾害等重大自然灾害的监测、预警和应急处置技术，加强自然灾害防御信息与数据共享平台建设，提高重大自然灾害防御科技自主创新能力，增强防灾减灾业务化应用水平。

一、地震、地质灾害

重点发展动态地震预测指标和判据，建立地震预测预警指标和技术方案。开发地震风险区划、地震灾情快速获取与评估、救灾指挥等方面关键技术和地震废墟搜索设备，推动国家防震减灾目标的实现和国家突发公共安全事件总体应急预案的实施。同时加强中国大陆活动火山的监测研究，开展重大地质灾害监测预警及应急救灾关键技术研究，区域降雨型滑坡泥石流灾害的预警区划、监测预警方法和特大型灾难性滑坡的突发机理及成灾过程研究，研发突发地质灾害光纤传感等关键监测技术和应急处置的快速治理工艺，加强风险管理决策支持系统研制，提出地质灾害风险评估和预警的技术标准。

◎ 强震防御重大技术

研制了成套地震前兆观测、数据采集与信息传输技术与设备，完成了中国数字化地震前兆台网设计，形成了集测震、前兆和GPS等组成完整的数字化地震观测技术系统，在全国数字化地震观测网络建设中得到应用。开发的国务院抗震救灾指挥部实验性技术平台，实现了国家抗震救灾指挥技术的动态化、实时化，提高了应急评估的精度和可视化水平。

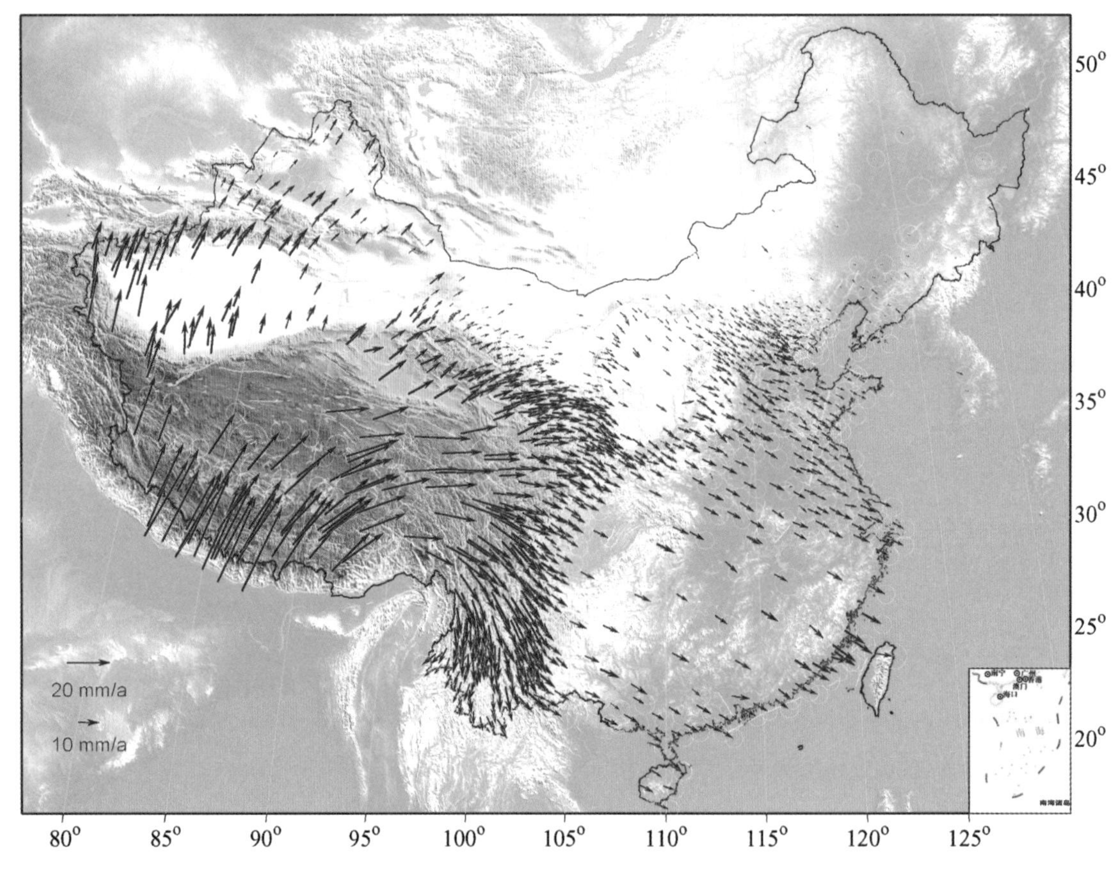

图 12-2　基于中国地壳运动观测网 GPS 观测结果的中国大陆现今地壳运动速度场

◎ **中国地壳运动观测网络**

该网络是以监测地壳运动、服务于地震预测为主要目标，同时兼顾大地测量和国防建设需要的重要科技基础设施。该网络已成为减轻地震灾害损失、整合国家已有资源、建设国家级科学研究重大基础设施的典范之一。

◎ **地质灾害防御技术**

"中国西南高边坡稳定性评价及灾害防治"为西南地区高边坡稳定性评价及灾害防治提供了较为系统、先进、适用的理论和技术方法，已先后在地质灾害防治、资源开发、交通基础设施建设等领域近100项工程中得到推广应用。

二、气象

重点开展"数值预报系统－全球和区域同化预报系统"（GRAPES）的全面业务化和评估改进，努力实现在全球中期模式系统GRAPES-Global的业务化。

◎ **重大气象灾害预测预报技术**

建立了中国第一代短期气候监测、预测、影响评估和服务系统，使中国的短期气候预测和评估由经验统计阶段飞跃到定量和客观预报阶段，对中国每年汛期的旱涝预报发挥了突出作用。

◎ **地基、空基和天基相结合的气象立体观测系统**

截至2005年底，气象部门在2404个国家级地面观测站中建设了2002个自动气象站，建成158个雷电监测站，6部风廓线仪；建成了81部GPS/MET站。已建成新一代天气雷达801部。

◎ **风云气象卫星**

2005年初，风云（FY）2C气象卫星在轨测试验收，投入业务运行；2006年底，成功发射风云（FY）2D卫星。至此，中国首次实现了双星组网观测体系，并使中国成为同时拥有极轨和静止两个系列气象业务卫星的少数国家之一。

三、海洋环境灾害防治

以发展近海风暴潮、海浪、海冰、赤潮、海啸等重大海洋灾害预警技术和溢油、可溶性污染物、船舶失事等海上突发事件应急保障技术为重点，突破海洋变异预测及全球海浪预报关键技术，提升中国海洋灾害预警和海上突发事故应急保障能力，最大限度地保障人民生命财产安全。

开展了中国近海有害赤潮发生的生态学、海洋学机制及预测防治，海洋数值预报技术，海岸带资源环境利用关键技术等方面研究，在海洋环境预报数值模式研制及业务化方面取得重要进展，

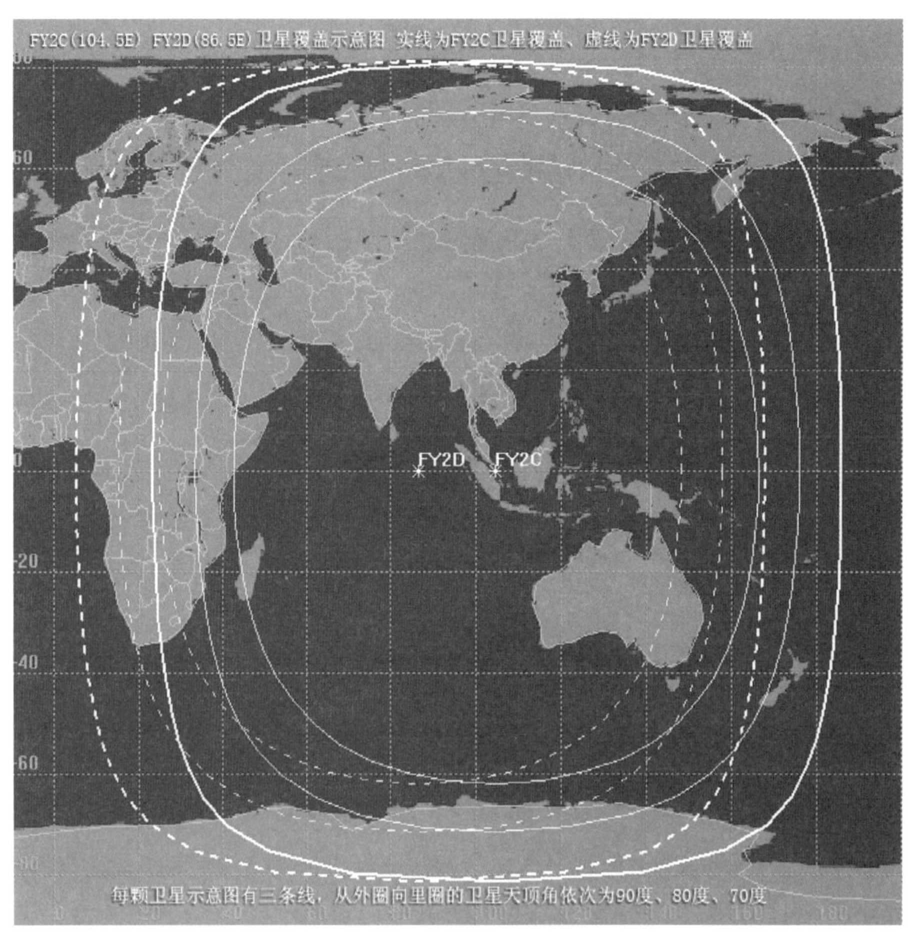

图 12-3 风云 C、D 气象卫星双星组网观测

研制成功了业务化海浪数值预报模式和风暴潮数值预报模式，建立了覆盖整个中国沿海及邻近水域的新型业务化风暴潮数值预报系统。

四、防洪减灾

开展流域洪水预警预报及风险管理关键技术、水库大坝安全保障关键技术研究；在加强防洪工程体系建设的同时，强调流域三维防汛决策支持平台、洪水预报预警技术以及蓄滞洪区风险评估技术研究，为科学防洪应急管理和洪水风险管理提供技术支撑。

重点开发全国病险水库与溃坝数据库信息管理系统，建立大坝安全预测预警技术系统和溃坝洪水风险分析平台，提出病险水库大坝工程与非工程措施。开展雨洪资源利用技术研究及应用。为充分发挥三峡工程的综合效益，开展三峡工程运用后泥沙与防洪关键技术研究。

第五节 文物保护等其他社会事业

文物保护、文化、体育、旅游等是社会事业的重要方面。随着中国国民经济的快速发展、综合国力的不断加强，这些社会事业将得以快速发展，通过科技创新和科技进步为这些事业的发展提供有效支撑，是科技工作的重要任务之一。

一、文物保护

针对丝织品、铁质等脆弱易损文物本体保护问题，开展生物化学、冶金学、新材料技术等高新技术的应用研究。针对中国馆藏文物保存环境监测、控制技术及设备基础薄弱的客观现状，研究保存环境温度、湿度、光线、大气污染物、持久性有机释放物对文物的影响机理，初步探明文物保存环境有害影响因素的分布特征和变化规律，建立适合文物保存环境特点的微量污染物的采集、监测和分析方法，确定环境有害因素对馆藏文物的影响参数，制定其保存环境中所用材料的监测、分析、评价和控制使用的技术标准，研发馆藏文物保存和陈列的微环境控制技术、材料和设备，为其预防性保护提供技术手段。

二、中华文明探源

以距今5000年左右的古代文化遗存为研究对象，通过对已有考古资料的系统整理，以及重点区域调查和重点文化遗存的勘察和研究，在黄河流域、长江流域和辽河流域等中华早期文明率先启动的区域，逐步完善这一时期的年代框架，开展自然环境、社会环境的变迁及其经济、技术发展与文明化进程的关系研究，并加强对中华文明形成的认知和展示方法的研究。

三、大遗址保护

开展大遗址保护规划方案评价指标体系研究、评价模型研究、实施效果、评价方法研究和规划数据模型库的建设和应用研究；综合应用地理信息系统和虚拟现实技术，设计并建设南水北调东线工程京杭大运河文物抢救保护辅助支持子系统；系统研究中国土遗址的类型及特征、建筑形制及布局、建造工艺及技术、赋存环境和病害类型及分布规律，研究各种土遗址病害的不同成因，开展土遗址防风化加固的材料和关键技术，探索中国土遗址保护数据库的框架。

针对中国壁画普遍存在的盐害问题，探索和试验运用壁画盐害分析检测技术，研究盐害壁画的发生和发展规律，通过模拟试验研究各种脱盐材料的有效性，研发系列壁画脱盐吸附材料。针对大遗址的考古调查技术装备率低及现场文物保护问题，通过现代调查工具的适用性研究，提高大遗址考古现场的信息提取技术水平，开展出土文物的应急处理技术研究。

图 12-4　专家正在修复敦煌莫高窟壁画

四、古代建筑保护及传统工艺

开展古代建筑油饰彩画保护及传统工艺科学化、古代建筑琉璃构件保护及传统工艺科学化、古代建筑保护与修复技术、古代建筑保护知识库系统与知识处理和古代建筑虚拟修复及互联网表现等研究，建立古代建筑油饰彩画与琉璃构件的材料、配比与技术的年代排列序列数据库以及古代建筑保护知识库，研究提出相关行业标准草案。

五、旅游行业信息化技术

利用现代技术手段改进促销方式，扩大中国目的地营销系统的覆盖面和宣传力；联合有关部门改善对全球分销系统的利用，紧跟全球化、信息化发展趋势；整合分散的网络营销、网络预订，建设市场面广、信息充分的营销预订系统。引导企业采用成熟的信息管理系统提升经营水平，引导宾馆饭店、旅行社信息管理系统的行业共享，促进行业进步。

六、体育科研

“中国优秀运动员竞技能力状态的诊断和监测系统的研究与建立”研究项目，是在对运动员的竞技能力以及对竞技能力有着重要影响的身体健康水平、身体承受训练负荷状态进行广泛研究的基础上，建立起来的中国优秀运动员提高运动训练科学化水平的工作平台。

第六节
可持续发展实验区建设

2006年是可持续发展实验区创建20周年。开展了国家可持续发展实验区调研，组织召开了国家可持续发展实验区20周年总结表彰大会，成立了可持续发展实验区专家指导委员会，举办了《走向可持续发展》大型成就展和第四届可持续发展实验区论坛等，并研究部署了“十一五”实验区建设工作。

一、实验区发展与基本经验

20年来，实验区在实施《中国21世纪议程》和推动可持续发展战略中，进行了积极研究、探索与实践，取得了显著的成效，获得了许多有益的经验，为推进区域可持续发展进程和整体能力的提升起到了重要的示范作用。截至2006年底，已建立国家级实验区58个，覆盖总人口4000多万，占全国总人口的3.09%；国土面积共12万平方公里。同时，各省陆续建立了省级实验区90余个，遍及全国25个省、自治区、直辖市，形成了从国家和地方共同推进可持续发展战略的格局。

实验区在践行科学发展观，推进区域可持续发展方面积累了丰富的经验。将可持续发展战略贯彻到当地经济社会发展规划和计划，并积极实践；结合自身情况，创新机制、积极探索有效的协调发展模式；适应形势发展的需要，赋予实验区建设工作新的内容，增强了实验区的活力；依靠科技进步解决协调发展中的重大关键问题，体现了科技的支撑和引领作用；形成了一支可持续发展意识强、综合素质好的领导和管理干部队伍，涌现出一大批致力于可持续发展事业，为区域可持续发展做出突出成绩和贡献的先进集体和先进个人。

二、重点部署与任务

◎ 实现四个突破性转变

由全方位可持续发展的研究实验向着力解决本地区经济社会发展的关键问题为主的实验转变，由单一行政区划为主体的可持续发展实验示范向跨区域的实验示范转变，由推进实验区区域布局均衡发展向整体提升可持续发展能力方面转变，由实施可持续发展单项技术项目的引导向复合型集成技术的推广应用转变。

◎ 加强五项重点工作

控制人口数量，提高人口质量，防治出生缺陷，加强对重大疾病的预防和控制能力，提高人口受教育程度和综合素质。推行清洁生产技术，发展循环经济，实行废弃物达标排放管理。形成良好的社会化灾害救助机制，重视安全生产，实施公共安全相关的实验示范项目或工程。重视人的发展，推进公共事业进步，完善社会保障体系，加强社区可持续发展宣传和教育，增强公众社会责任，推进信息化建设。提高城市综合发展能力和综合管理水平，推行绿色建筑理念，引导绿色消费，提高城市资源和能源利用效率，综合治理污染，提高农村组织化程度。

◎ 组织实施三大行动

开展创建资源节约型社会行动，在实验区创建节约型政府、节约型企业、节约型学校、节约型社区。开展创建环境友好型社会行动，积极推进公众参与治理污染、保护环境。开展社会主义和谐社会创建行动，在实验区宣传和倡导民主法治、公平正义、诚信友爱、充满活力、安定有序、人与自然和谐相处的社会环境。

◎ 实施“双百”工程

将国家级实验区规模扩大到100个，省级实验区扩大到100个，形成实验区主题特色鲜明的格局。“十一五”期间，建设20个示范区。继续推进实验区和示范区的机制创新和管理创新，调动社会和公众参与的积极性，使实验区公众可持续发展意识整体增强，影响和带动更广泛的区域推进可持续发展战略实施。

第十三章 高技术产业与高新区发展

高技术产业包括航空航天器制造业、电子及通信设备制造业、电子计算机及办公设备制造业、医药制造业和医疗设备及仪器仪表制造业等行业。2005年，我国高技术产业快速发展，完成增加值占GDP的比重达到4.3%，对国民经济的贡献进一步增强。国家高新技术产业开发区（以下简称高新区）的经济持续平稳增长，工业增加值达6820.6亿元。火炬计划、国家重点新产品计划、高技术产业化专项、科技型中小企业创新基金等一批促进高新技术成果转化的科技行动不断取得新进展。

第一节 高技术产业发展

2006年，高技术产业规模不断扩大，有力地拉动了国民经济增长。科技活动经费筹集额与发明专利不断增加，电子及通信设备制造业的科技活动与成果尤为突出。

一、发展概况

◎ 高技术产业规模及其特点

2006年，高技术产业继续保持快速增长，企业数达到19161个，从业人员达到740多万，总产值达到41996亿元，完成增加值10056亿元，比上年增长23.7%，实现利税2611亿元，出口交货值23476亿元。

电子及通信设备制造业在增加值中占有最大比重，达到50.9%，医药制造业和电子计算机及办公设备制造业的比重分别为18%和21%，航空航天器制造业、医疗设备及仪器仪表制造业所占的比重较少，分别为2.4%和7.7%。

从增加值的增长情况来看，医疗设备及仪器仪表制造业的增幅最大，为上年的41.4%，电子及通信设备制造业为27.5%，医药制造业为18.2%，电子计算机及办公设备制造业、航空航天器制造业增幅相对较低，分别为15.8%和15.4%。

2006年，东、中、西部高技术产业当年价总产值同比增速分别达到22.4%、22.3%和18.6%，产业增加值增幅分别达到23.3%、29.1%和22.1%，东、中部地区的高技术产业发展速度高于西部地区。

◎ 科技活动人员与经费

2006年，高技术产业从事科技活动的人员达到近39万人以上，其中科学家和工程师为26万人；科技活动经费筹集额达742亿元，其中企业资金为627亿元，占总经费的84.5%；新产品开发经费支出达510亿元，比2005年增长了近22.6%；高技术产业技术改造经费支出172亿元，技术引进经费支出79亿元，引进技术消化吸收经费11亿元，购买国内技术经费支出10亿元；企业科技机构数达到1929个，科技机构人员近19万人，经费支出达到366亿元，比2005年增长了40.1%。

从行业看，2006年电子及通信设备制造业科技活动经费筹集额达到449亿元，占高技术产业科技活动经费筹集总额的60%，电子计算机及办公设备制造业、医药制造业、航空航天器制造业的科技活动经费筹集额分别为109亿元、101亿元和53亿元，占14%、14%和7%，医疗设备及仪器仪表制造业为37亿元，占5%。

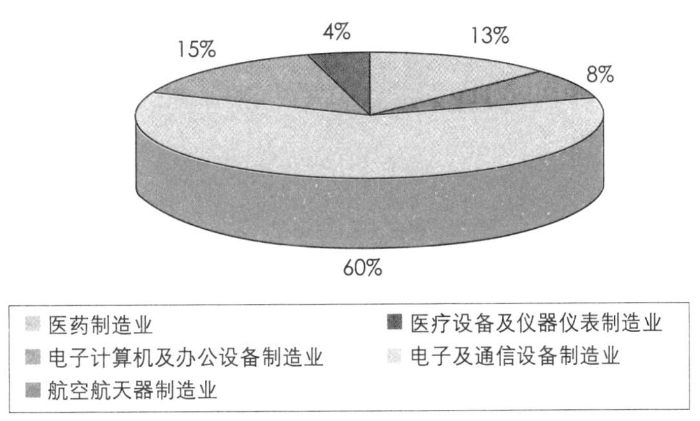

图13-1　2006年不同产业科技活动经费筹集情况

数据来源：《中国高技术产业统计年鉴2007》，下同

从企业规模看，在电子及通信设备制造业、电子计算机及办公设备制造业和航空航天器制造业中，2006年大型企业的科技活动经费筹集额高于中型企业；在医药制造业与医疗设备及仪器仪表制造业中，2006年大型企业的科技活动经费筹集额低于中型企业。

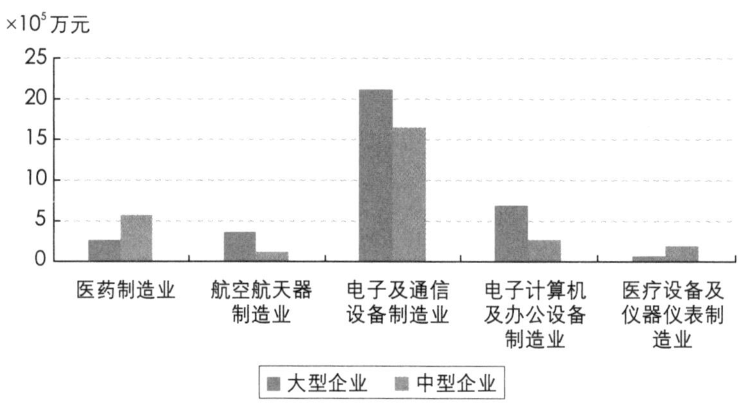

图 13-2　2006 年不同高技术产业大型企业与中型企业科技活动经费筹集比较

从企业类型看，在医药制造业与医疗设备及仪器仪表制造业中，2006 年国有及国有控股企业的科技活动经费筹集额略高于三资企业；在电子及通信设备制造业，2006 年国有及国有控股企业的科技活动经费筹集额远低于三资企业；在电子计算机及办公设备制造业，国有及国有控股企业的科技经费筹集额只有三资企业的 20%。

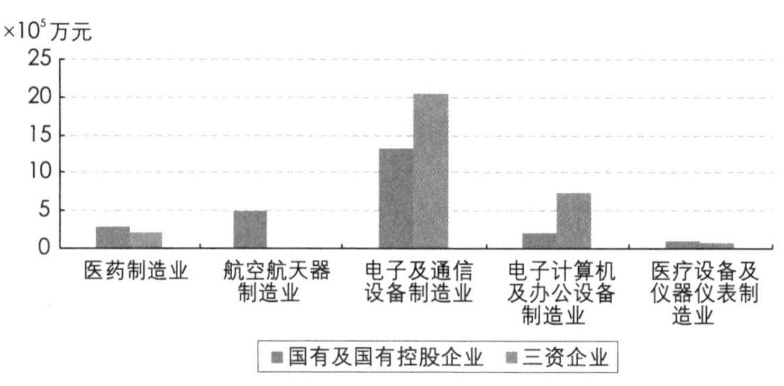

图 13-3　2006 年不同高技术产业国有及国有控股企业与三资企业科技活动经费筹集比较

◎ 发明专利

2006 年高技术产业共申请专利 24301 项，比 2005 年增长了 44.5%，拥有发明专利 8141 项，比 2005 年增长 22.3%。

从拥有发明专利看，2006 年电子及通信设备制造业拥有发明专利 3807 项，占高技术产业拥有发明专利数的 47%；医药制造业拥有发明专利 1965 项，占 24%；电子计算机及办公设备制造业、航空航天器制造业和医疗设备及仪器仪表制造业拥有发明专利为 1174 项、228 项和 967 项，分别占高技术产业拥有专利数的 14%、3% 和 12%。

在电子及通信设备制造业，大型企业拥有发明专利 2185 项，为中型企业的 1.3 倍；电子计算机及办公设备制造业的大型企业拥有 729 项，为中型企业的 1.6 倍；航空航天器制造业的大型企业

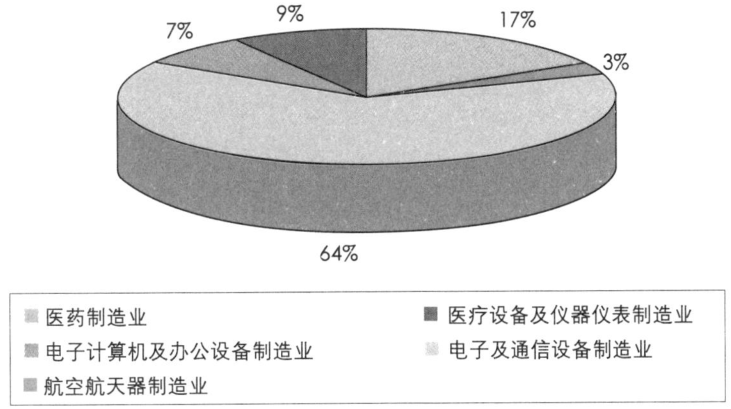

图 13-4　2006 年不同高技术产业拥有发明专利情况

拥有发明专利高于中型企业；医药制造业与医疗设备及仪器仪表制造业，大型企业拥有发明专利数均明显低于中型企业。

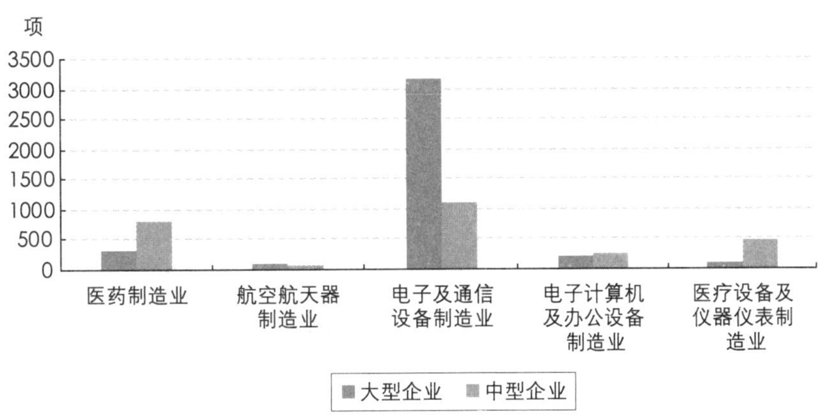

图 13-5　2006 年不同高技术产业大型企业与中型企业拥有发明专利数比较

在医药制造业与航空航天器制造业，国有及国有控股企业拥有发明专利数高于三资企业；在

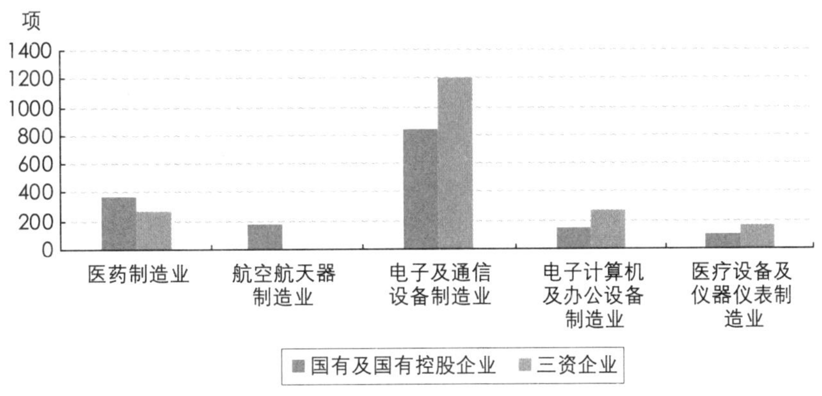

图 13-6　2006 年不同高技术产业国有及国有控股企业与三资企业拥有发明专利数比较

医疗设备及仪器仪表制造业、电子及通信设备制造业和电子计算机及办公设备制造业，国有及国有控股企业拥有发明专利数均低于三资企业。

二、“十一五”发展部署

《国民经济和社会发展第十一个五年规划纲要》提出重点发展电子信息制造业、生物产业、航空航天产业、新材料等四大高技术产业，按照产业集聚、规模发展和扩大国际合作的要求，加快促进高技术产业从加工装配为主向自主研发制造延伸，推进自主创新成果产业化，引导形成一批具有核心竞争力的先导产业、一批集聚效应突出的产业基地、一批跨国高技术企业和一批具有自主知识产权的知名品牌。

◎ 电子信息制造业

根据数字化、网络化和智能化总体趋势，大力发展集成电路、软件和新型元器件等核心产业，重点培育光电通信、无线通信、高性能计算及网络设备等信息产业群，建设软件、微电子、光电子等产业基地，推动形成光电子产业链。开发信息产业关键技术，增强创新能力和竞争力，延伸产业链。

◎ 生物产业

发挥中国特有的生物资源优势和技术优势，面向健康、农业、环保、能源和材料等领域的重大需求，重点发展生物医药、生物农业、生物能源和生物制造。实施生物产业专项工程，努力实现生物产业关键技术和重要产品研制的新突破。健全市场准入制度，保护特有生物资源，保障生物安全。

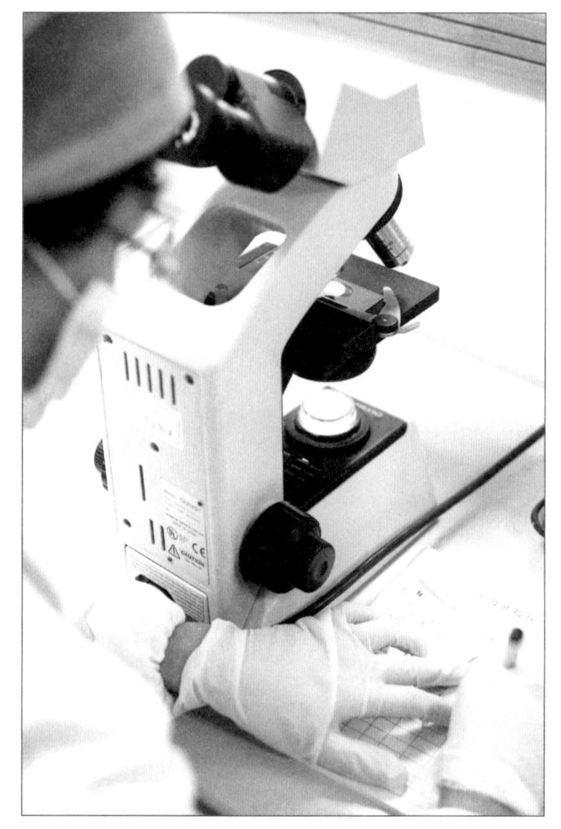

图 13-7 生物医药是“十一五”高技术产业发展的重点

◎ 航空航天产业

坚持远近结合、军民结合、自主开发与国际合作结合，发展新支线飞机、大型飞机、直升机和先进发动机、机载设备，扩大转包生产，推进产业化；推进航天产业由试验应用型向业务服务型转变，发展通信、导航、遥感等卫星及其应用，形成空间、地面与终端产品制造、运营服务的航天产业链。

◎ 新材料产业

围绕信息、生物、航空航天、重大装备和新能源等产业发展的需求，重点发展特种功能材料、高性能结构材料、纳米材料、复合材料和环保节能材料等产业群，建立和完善新材料创新体系。

第二节 国家高新技术产业开发区发展

2005—2006年，在经济增长、创新环境、产业结构、创新能力、国际影响力等方面，国家高新技术产业开发区继续呈现良好的发展局面。

一、“十一五”发展部署

国家高新区坚持以科学发展观为指导，以“营造创新创业环境，集聚科技创新资源，提升自主创新能力，培育自主创新产业，辐射带动区域发展”为根本宗旨，以体制创新为突破，进一步解放和发展第一生产力；以技术创新为着力点，进一步提升科技园区的综合竞争能力；以创新平台建设为抓手，进一步优化创新创业环境。通过鼓励中小企业技术创新，培养产业的创新集群，深入实施国家高新区“二次创业”发展战略，把国家高新区建设成为实施自主创新战略的核心基地、区域和城市科技创新的辐射中心以及落实科学发展观的示范区。

国家高新区发展坚持“自主创新，循环集约”、“市场导向，面向全球”、“产业特色，集群发展”、“改造升级，重点跨越”、“区域协调，带动就业”和“体制创新，环境优化”六大原则，使自主创新能力、国际竞争力、可持续发展能力、辐射带动作用得到显著提升，推动2～3个领先园区跨入世界一流高科技园区行列，建设一批自主创新能力较强的创新型园区，扶持一批具有地区特色的高新技术产业园区。

国家高新区发展实现从主要依靠土地、资金等要素驱动向主要依靠技术创新驱动的发展模式转变；从主要依靠优惠政策、注重招商引资向更加注重优化创新创业环境、培育内生动力的发展模式转变；从推动产业发展由大而全、小而全向集中优势发展特色产业、主导产业转变；从注重硬环境建设向注重优化配置科技资源和提供优质服务的软环境转变；从注重引进来、面向国内市场为主向注重引进来与走出去相结合、大力开拓国际市场转变。

二、国家高新区的创新活动

◎ 从业人员

2006年，国家高新区就业人员已达573.7万人，是1992年建区初期的16.9倍，比2005年增长10.1%。高新区大专学历以上人员达到231.8万人，占到高新区从业人员总数的40.4%。按学位分类：具有学士学位毕业生103.8万人、硕士学位毕业生16.8万人、博士学位毕业生2.5万人，并且吸引了近2.2万名留学归国人员回国创业。从事科技活动的人员超过98.6万人，占到高新区从业人员总数的17.2%。其中研发人员达到59.8万人，占到科技活动人员总数的60.7%。2006年，高新区新吸纳了22.5万名应届高校毕业生。

◎ 科技经费

2006年，国家高新区企业用于科技活动筹集到的资金总额已达到1765.4亿元，比上年同期增长27.6%。其中，由企业筹集的资金达到1468.3亿元，来自金融机构的贷款118.3亿元，来自各级政府部门的资金90.2亿元，来自各事业单位的资金13.3亿元，来自国外的资金32.2亿元，来自于其他方面的资金43.1亿元。科技经费支出前五位的高新区有：中关村科技园区、上海张江高新区、深圳高新区、西安高新区、成都高新区。高新区企业的R&D经费支出为1054亿元，比上年同期增长30.7%。占到高新区营业总收入的2.4%，占到产品销售收入的2.9%，R&D经费支出占到GDP的比重为8.7%。

从R&D经费支出的情况看，2006年，外商投资企业投入的经费最高为295.4亿元。其次是有限责任公司282.1亿元、股份有限公司168亿元、国有企业投入经费114.4亿元。

2006年，高新区内经认定的30403家高新技术企业中，R&D活动经费投入达到946.7亿元，同比增长32.1%。占营业总收入比例为3.0%，占高新区全部R&D活动经费投入的89.8%。

◎ 科技活动产出

2006年，国家高新区的新产品产值达到8456.5亿元，新产品销售收入为8119.8亿元，新产品销售收入占产品销售收入的比重为22.5%。新产品的出口达到195.2亿美元，占高新区出口创汇的14.3%。

2006年，高新区企业已拥有发明专利数为32600件，比上年增加了16188件，同比增长101.4%。其中外商投资企业10169件，有限责任公司7255件，股份有限公司4918件。高新区每万人拥有发明专利56.8件。

2006年，高新区申请专利37872件，其中申请发明专利20707件。在申请的发明专利中，有限责任公司5392件，股份有限公司4875件，外商投资企业4816件。

2006年，高新区专利授权数达到了17618件，其中授权发明专利6145件。在2006年当年授权的发明专利中，有限责任公司1738件，股份有限公司1384件，外商投资企业1249件。

◎ **创新环境**

国家高新区在行政管理体制、运行机制等方面积极进行探索，建立了“小机构、大服务”的管理和服务体系。国家高新区管理机构规模只相当于一般行政区的1/4～1/5，工作人员数量只有行政区的1/8～1/10。北京、天津、上海等国家高新区在地方立法、人事制度、投融资制度、知识产权制度、信用体系制度等方面率先进行了改革与探索。

三、国家高新区经济发展

◎ **总体经济发展**

2006年，国家高新区的国内生产总值达到12048.7亿元，比2005年高出2018亿元，占全国国内生产总值的比重为5.8%。53个高新区营业总收入达到43319.9亿元，工业增加值达到8520.5亿元，分别比2005年增长了25.9%和24.9%。2006年高新区各主要经济指标与2005年比较，营业总收入年增长25.9%，工业销售产值24.2%，工业总产值24.0%，工业增加值24.9%，净利润32.8%；实现上缴税额22.4%，出口创汇21.9%。高新区的出口额占全国外贸出口的比重达到14%。高新区营业总收入、工业总产值、实现利润、上缴税额、出口额以上五项经济指标自1992年以来，保持的年均增长率分别为45.3%、45.6%、37.8%、46.0%和51.4%。

2006年，国家高新区人均GDP为21万元，接近了国际发达地区的水平。国家高新区平均万元GDP能耗0.44吨标准煤，仅为全国平均水平1.2吨标准煤的36.7%。国家高新区在中国转变经济发展方式，促进国民经济又好又快发展方面发挥了积极的引领和示范作用。

◎ **产业结构**

高新区产业结构不断优化，初步形成了特色化、规模化和集群化的产业发展态势。北京的信息技术、上海的微电子、深圳的通信技术、长春的光电子和汽车及零部件、西安通讯及软件、成都的生物医药、杭州的通讯设备、武汉的光电子、天津的绿色能源等产业集群已经或正在形成，构筑了长江三角洲、珠江三角洲和环渤海地区高新技术产业带，在促进西部大开发、东北老工业基地振兴、中部经济崛起等国家重大战略的实施中发挥了重要的支撑作用。国家高新区倡导绿色和清洁生产，严格限制污染企业，在推进环境管理体系认证和示范区创建工作中取得明显成效。

◎ **对区域经济的贡献**

国家高新区企业创造的工业增加值在其所在城市的工业增加值中占有的份额越来越大。2006年，占到30%以上的有21个高新区：杨凌高新区94.2%、西安高新区62.2%、淄博高新区51%、合肥高新区46.6%、宝鸡高新区46.1%、常州高新区46.1%、吉林高新区45%、威海高新区44.6%、海口高新区41.9%、成都高新区39.5%、珠海高新区39%、中关村科技园区38.9%、南宁高新区33.6%、襄樊高新区33.5%、太原高新区33.4%、桂林高新区32.6%、惠州高新区32.3%、长春高新区31.7%、长沙高新区30.6%、武汉高新区30.5%、石家庄高新区30%。

国家高新区的国内生产总值占当地城市国内生产总值达到20%以上的有11个，分别是杨凌高新区、淄博高新区、威海高新区、珠海高新区、潍坊高新区、常州高新区、中关村科技园区、吉林高新区、西安高新区、苏州高新区、合肥高新区。

◎ 国际影响力

国家高新区积极实施国际化战略，对外开放度日益提升，国际影响力不断提高。大部分国家高新区在吸纳国际资源、积极参与国际产业分工、抢占国际市场等方面不断进取，高新技术产品出口额持续增长，吸纳的跨国公司和跨国人才不断增加，所承接的软件外包业务成倍增长，对外投资不断取得进展。“中关村”和“上海张江”等一批知名科技园区已经引起世界科技产业界的高度关注。

2006年，全国53个国家高新区吸引外商实际投资额累计760.8亿美元，这一数额占同期我国实际利用外资额6733.8亿美元的11.3%。全国53个国家高新区吸引外商实际投资额108.4亿美元，比上年增加9亿美元，增长9.1%，占2006年我国实际利用外资额694.7亿美元的15.6%。2006年，高新区共有三资企业6968家，比上年增加699家，增长11.2%。

四、国家高新区高技术产业

◎ 高技术产业

2006年，国家高新区企业在各高技术领域中的发展情况是，电子信息领域继续领先，产品销售收入大大高于其他领域达到10060.7亿元，比上年多出1125.1亿元，占全部产品销售收入的37.1%，处于领先地位；新材料领域发展也较快，比上年增加了791.3亿元，达到3975.2亿元，占到14.7%；光机电一体化紧随其后，达3281.8亿元，比上年增加了617.8亿元，占到12.1%；生物技术领域为1944.2亿元，占到7.2%。

2006年，国家高新区内属高技术产业的制造业企业有9056家,比2005年增加369家。其中最多的是电子与通讯设备制造业，为3279家；排在第二位的是专业科学仪器设备制造业，为2179家；以下依次为医药制造业1416家，电气机械及设备制造业1031家，新材料制造业616家，计算机及办公设备制造业474家，航空航天制造业61家。

◎ 高新技术产品出口

2006年，国家高新区以高新技术产品实现的出口产品品种达48372种，产品品种比上年又多了4560种。实现产品出口额849.6亿美元，比2005年的760.7亿美元增长了11.7%，占高新区全部出口总额的62.4%。

2006年，高新区企业产品出口领域最多的是电子与信息领域，达595.5亿美元，占到产品出口总量的70.1%；居第二位的是光机电一体化领域，为72.9亿美元，占到产品出口总量的8.6%；排在第三位的是新材料领域，为55亿美元，占到产品出口总量的6.5%；新能源及高效节能技术首次超过生物技术领域达到21.8亿美元，占到产品出口总量的2.6%。

第三节 促进高新技术成果转化

2006年，继续实施火炬计划、国家重点新产品计划、科技型中小企业技术创新基金、高技术产业化专项等，推动国家工程技术研究中心建设，促进了中国高新技术成果的产业化发展。

一、火炬计划项目

国家火炬计划重点支持具有自主知识产权的高新技术产品等科技成果产业化示范项目，优先支持国家高新区、火炬计划软件产业基地和特色产业基地发展等高新技术产业化环境建设项目。

2006年共认定国家火炬计划项目1662项，其中产业化示范项目1583项，环境建设项目79项。产业化示范项目按技术领域分布情况为：电子与信息224项，占14.1%；生物工程与新医药183项，占11.5%；新材料及应用455项，占28.7%；光机电一体化562项，占35.5%；新能源与高效节能108项，占6.8%，环境与保护51项，占3.2%。在产业化示范项目中，来自国家科技计划和部门、地方攻关计划项目245项，占15.5%；企业自主开发项目1200项，占75.8%；引进消化再创新项目59项，占3.7%。项目承担单位中，有1269个企业是高新技术企业，占80%。

据对正在执行的5514项火炬计划项目调查，2006年共实现工业总产值3112.1亿元，产品销售收入2982.3亿元，实现利润315.1亿元；出口创汇61.2亿美元，产品出口率为16.4%。这些项目中，2006年企业申请的专利数量达到6319项，其中发明专利2184项，向国外申请的专利208项。企业已获得各类专利授权3250项，比上年多912项；其中获授权的发明专利791项，比上年多112

项；国外获授权专利68项，比上年多13项。

二、国家重点新产品计划

2006年，国家重点新产品计划重点支持创新性强、技术含量高，拥有自主知识产权，对行业共性技术有较大带动作用的新产品，以及积极研究、制定或采用国际标准、国内外先进技术标准的新产品的开发和试制工作，特别加强了对信息技术在传统产业应用、促进解决“三农”问题、节约资源和改善环境、公共健康与安全的新产品的支持。

2006年新产品计划注重向高新技术企业及其创新产品的倾斜，列入年度计划的项目中，有1432项为高新技术企业开发的产品，占当年计划项目总数的79.56%；获经费支持的项目为469项，占当年经费支持项目总数的81.57%；对高新技术企业的财政补助额度为1.1亿元，占当年计划补助总额的81.94%。

2006年新产品计划继续引导、扶持和鼓励科技型中小企业的产品创新活动，加大了对科技型中小企业的支持。列入本年度计划的科技型中小企业开发的产品为1562项，占当年计划项目总数的86.78%，比2005年增长2.88%；获经费支持的项目为493项，占当年经费支持项目总数的85.74%；对科技型中小企业产品项目的财政补助额度近1.2亿元，占当年计划补助总额的84.32%。

三、高技术产业化专项

2005年以来，国家发改委组织实施了现代农业、生物等一批高技术产业化专项，近期实施重点内容包括：

◎ 现代农业高技术产业化专项

重点围绕具有明显增产和改善品质的农、林、牧、渔良种选育和快繁技术，以及畜禽疫病诊断与疫苗、生物制剂的产业化，促进农业结构调整和农业生产的技术进步，提高农业生产效益。

◎ 生物高技术产业化及结构调整专项

生物高技术产业化重点一是重要的化学合成新药、基因工程药物和现代中药；二是具有介入治疗等生物医学工程技术特征的生物医学工程产品；三是应用发酵工艺、酶工程等生物技术，促进工业微生物产业化，促使生化工业生产过程减少污染，提高效率、降低成本、提高质量和纯度。

◎ 新材料高技术产业化专项

重点是围绕铝合金预拉伸板、钛及钛合金板材、高温合金和复合材料四类对国防建设、重大工程和产业结构升级具有重要推动作用的大宗材料开展产业化，解决当前航空、航天、交通运输和机械制造领域大型结构件制造关键材料的短缺问题，在未来3～5年内，努力促使我国上述四大类材料的产品质量与综合性能达到国际先进水平；促使我国中高厚度铝合金预拉伸板实现年产万吨规模化生产、高质量钛合金板材实现5000吨规模化生产，促使高性能镍基高温合金粉末和部件实现年产百吨级产业化、高性能碳纤维实现百吨级产业化。

◎ **民用非动力核技术高技术产业化专项**

重点是围绕新型放射性诊断、治疗装置与药物、新型辐照加速器等辐照装置、同位素及其应用开展产业化，促进核技术在医疗、卫生、环保等领域的应用。

◎ **城市节水和海水利用高技术产业化专项**

重点是开展海水直接利用、工业水循环利用高技术和装备产业化。主要包括海水循环冷却等先进技术及其专用新材料、新产品、新装备的工程应用示范和产业化；新型节水技术及废水资源化技术产业化，使有限的水资源得到最大限度的利用。

◎ **西部高技术产业化专项**

重点主要包括特色生物资源开发转化、特色矿产资源的开发、转化及其节能、环保技术的开发、产业化等。在专项组织实施中，突出生物技术、先进适用技术与资源优势的结合，提升西部工业的技术水平，促进西部资源的有效利用，促进资源的转化增值和优势特色高技术产业发展。

◎ **汽车电子高技术产业化专项**

重点是突破汽车电子关键技术和推进关键产品的产业化。主要包括汽车设计、制造、实验的CAD/CAM/CAE软件；车载系统包括车载信息系统、车载网络系统、车载智能多媒体系统等；汽车电子基础器件包括电子控制单元、各种传感器、执行器、核心芯片等。

四、科技型中小企业技术创新基金

2006年创新基金的重点工作是完善以服务企业为导向的创新基金网络工作系统；继续推动地方创新基金的建立，增加地方管理部门对创新基金项目评审的参与度，调动地方政府积极性，巩固以地方管理为着力点的全国创新基金工作体系；支持以中小企业为主要服务对象的中介机构；充分发挥创新基金的政策引导作用，初步建成以市场化为目标的创新基金社会化协作体系。

对尚在执行的2632个项目进行统计，2006年度实现产品销售收入337.47亿元，净利润总额43.54亿元，上缴税金29.11亿元，出口创汇6.59亿美元。执行期内累计实现产品销售收入574.05亿元，净利润总额72.91亿元，产品的销售净利润率达到12.7%。

企业产品化和产业化能力提高。根据对上述执行项目的统计，这些项目立项时590个处于研发

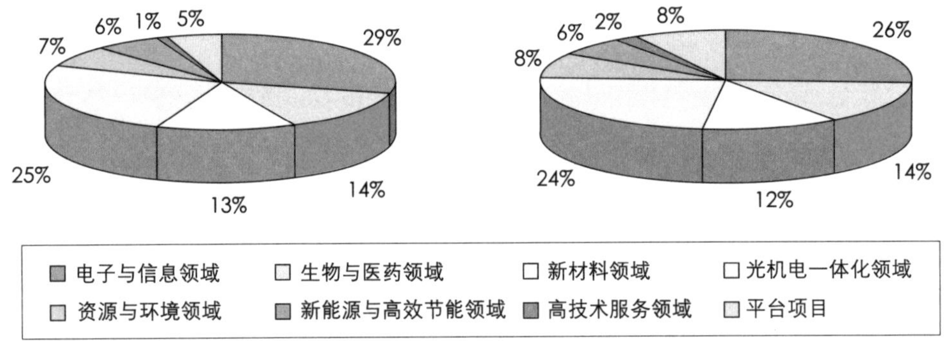

图 13-8　2006 年中小企业创新基金立项项目数（左图）与经费（右图）的技术领域分布

阶段、1717 个处于中试阶段、325 个处于小批量生产阶段。到 2006 年底，有 416 个项目完成了研发，转入中试阶段，有 670 个项目由中试进入了批量生产阶段。目前，有 2119 个项目产品已经进入市场产生收益，其中 50% 以上的项目已经进入产业化阶段。

五、国家工程技术研究中心

2006年新批准组建了国家镁合金材料工程技术研究中心等12个工程中心，累计组建了工程中心 160 个（包含分中心在内共计 172 个），共建成中试基地 148 个，中试生产线 121 条，建立技术服务网点 2092 个。2006 年工程中心新增大型设备（设备原值在 50 万元以上）258 台（套），总金额 2.47 亿元。其中，进口设备 144 台（套），国产设备 90 台（套），自制设备 24 台（套），具有国际先进水平的大型设备占 43.4%。2006 年工程中心共承担科研项目 7039 项，完成科研项目 4273 项，完成项目占承担项目总数的 60.7%；共承担国家级项目 1194 项，占承担项目总数的 16.7%。

第十四章
区域科技发展与地方科技工作

区域科技和地方科技是国家整体科技工作的重要组成部分，建设创新型国家必须统筹区域科技发展，从区域和地方经济社会、科技发展的特点出发，分类指导，重点部署，优化科技资源布局，促进中央与地方科技力量的有机结合，显著提高区域的自主创新能力。

第一节
“十一五”区域科技发展总体思路与重大举措

2006年国家对区域与地方科技工作进行了总体部署。“十一五”期间，国家将切实加强区域和地方科技工作，协调区域科技发展，统筹中央与地方科技力量，形成中央与地方科技联动、各区域科技协调发展的良好局面。

一、区域科技发展总体思路

把推动区域地方科技发展作为推动创新型国家建设的重要内容。“十一五”期间，区域地方科技工作将根据综合协调，分类指导，注重特色，发挥优势的原则，以促进中央与地方科技力量的有机结合，推动区域紧密合作与互动，促进区域内科技资源的合理配置和高效利用为重点，紧密结合国家区域经济社会发展战略，围绕区域和地方经济与社会发展需求，构建各具特色、优势互补的区域科技创新体系，全面提高区域科技创新能力，加强科技成果转化和产业化，支撑和引领区域地方经济社会发展。

“十一五”期间，国家将加强对区域地方科技工作的指导，集成中央和地方的科技资源，形成中央和地方联动的机制，支持有条件的地方组织实施国家重大科技项目；支持区域科技合作，推动区域性科技基础条件平台建设；发挥企业在技术创新中的主体作用和高等院校、科研机构在区域知识扩散中的辐射作用；积极推进区域科技创新试点，发挥国家高新区的引领作用，强化中心城市的带动作用和对科技资源的聚集作用；加强县（市）基层科技工作，深入实施科技富民强县行动，加强县（市）科技服务平台建设。

二、区域科技发展重大举措

◎ 全面推进部省会商合作工作

自2002年科技部启动部省会商机制以来，有力地推进了地方科技工作，有效地调动了地方经济、科技资源，增强了科技对地方经济社会发展的推动作用。部省会商是部省双方根据科学发展观和建设和谐社会的需要，实行科技工作思路、工作重点和工作措施三方面对接，加强合作，系统推进地方科技工作的重要举措和工作平台。

部省会商工作制度已成为贯彻落实全国科技大会精神和《规划纲要》的一项重要举措，仅2006年一年，全国就有7个省份与科技部签订了会商议定书。截至2006年底，与科技部建立会商关系的地方政府已达12个省市，占全国省份的38.7%。其中，东部沿海有5个（上海、天津、山东、

图 14-1 科技部与湖北省工作会商会议

福建、江苏）、中部有4个（湖北、湖南、安徽、江西）、西部有2个（四川和云南），东北地区1个（辽宁）。

2006年，部省会商工作围绕着企业自主创新、特色产业发展、科技创新基地建设、重大科技项目、科技体制改革等方面展开。科技部与安徽省政府继续共同推进部省共创奇瑞名牌工作，提高了奇瑞汽车的自主创新能力和知识产权自有率；分别与湖南、江西、山东等省就推进当地特色产业的发展进行了合作，共同支持湖南有色金属研究实验基地、江西景德镇陶瓷新材料产业化基地、山东青岛国家海洋科学研究中心的建设等工作，推进了地方特色产业发展和基地建设工作；与辽宁省等省市合作共同推进创新体系建设。

实践证明，部省会商搭建了部省高层对话的重要平台，促进了科技资源的集成和优化配置，有力地推动了一批国家和地方共同关注的重大科技工作和科技项目的实施，使国家科技发展部署和目标与地方发展需求密切结合，初步形成了国家和省（市、区）合力支持的机制，同时提升了对地方科技工作的统筹和协调层次。

◎ 加强区域科技发展的统筹和协调指导

开展典型区域科技发展战略研究，加强区域科技规划工作，加强对区域科技发展的统筹协调和指导。以科学发展观为指导，在建设创新型国家战略的总体指导下，以实现经济社会又好又快发展为目标，配合国家区域发展战略，加强对区域科技发展政策及重大科技问题的研究。组织开展长三角、京津冀、泛珠三角等典型地区的科技发展战略研究，深入分析各地科技资源、发展特点和经济社会发展的重大需求，提出不同区域的科技发展重点。

采取有效措施，引导区域间开展科技交流与合作。完善区域互动机制，重点鼓励发达地区和欠发达地区之间的科技合作和人才交流，鼓励东部地区与中西部地区开展技术、产业转移，在更大范围实现资源的优化配置。

◎ 加强国家和地方科技计划的衔接

促进地方科技部门参与国家项目的组织实施。鼓励和引导基础较好的地方参与国家重大科技专项的实施。根据各地区的经济发展水平、产业优势和特色、科技实力、政策环境等因素，以重大项目为纽带，引导和推进地方经济社会发展中的重大科技需求列入国家科技计划予以支持。制定相关政策，鼓励和推动欠发达地区参与国家科技项目实施，促进区域均衡发展。

整体设计，抓紧建设“一网两库”，通过完善项目申报评审机制、完善专家参与国家科技计划管理机制，进一步提高国家科技计划管理的公开性和透明度，以及资源配置的合理性。推进国家和地方科技资源的共享，做好国家和地方在科技计划、项目的衔接。

专栏 14-1

"一网两库"

为了推进国家和地方科技创新服务体系建设，整合国家和地方等各方面的科技创新资源，近两年许多省市都相继开展了"一网两库"建设工作。"一网两库"是指大型科学仪器及重要科研设施协作共用服务网、"科技基础数据库"和"科技文献资源库"，它是科技创新服务体系建设的重要平台。

第二节 促进重点区域科技发展

"十一五"期间，东部、中部、西部和东北等各区域都将围绕经济社会发展需求，进一步加强科技的支撑引领作用，增强区域自主创新能力。东部地区加强高技术的研发和基地建设，大力推动我国自主创新能力和产业技术的提升与跨越,形成具有国际竞争优势的产业；中部地区充分发挥区域综合优势，重点提升农业、能源等支柱产业和特色产业的技术水平；西部地区综合应用多种科学技术手段，保护和治理生态环境，合理开发优势资源，发展区域特色产业；东北地区加强高新技术改造传统产业，积极开拓新兴产业，振兴东北老工业基地。

一、西部开发科技工作

西部开发科技工作将遵循科技能力建设与支撑引领经济社会发展并重、科技创新与制度创新并举的战略思路，切实加大对西部开发的支持力度。加强东引西联、东中西合作，扩大西部地区与周边邻国等的科技合作交流。2006 年，西部开发科技工作取得了新的进展。

◎ 完成西部开发"十一五"科技发展战略研究

2006 年，科技部完成了对"十五"期间西部地区科技工作的进展情况的全面总结和评估。评估结果显示，"十五"期间西部地区的科技能力得到较大提高，是改革开放以来发展最快的 5 年，西部地区创新能力与环境建设得到有效增强和改善，科技实力和科研水平有了明显提高。在此基础上开展的"十一五"西部科技发展战略及规划研究，提出了西部科技工作的指导思想和重点任务。

◎ 安排启动一批重要的支撑项目

围绕新农村建设、生态环境恢复与重建、优势特色产业发展和加强公共服务能力建设等，在

图 14-2　科技对西部开发的支持力度不断加大

农业、能源资源、装备制造业、生态环境、健康与安全、现代服务业等领域安排了一批科技项目。据不完全统计，2006 年国家主要科技计划在西部地区共安排 1265 个项目（课题），支持经费 11.2 亿元。

◎ **进一步加强西部地区的科研基础设施建设**

积极推进西部科技能力建设和科技资源共享。结合特色优势领域，在西部地区推动建立省级和部门的重点实验室、工程技术研究中心。同时西部省份自身也加大了用于支持文献、数据、种质等资源采集，仪器设备购置和基本建设等科技基础条件资源建设的经费投入力度，大部分省份已经完成了对本省科研基础设施条件的资源清查，重庆、陕西、甘肃、广西等地已经初步建立了大型仪器服务平台、科技图书文献资源共享平台等。截至2006年底，西部已经拥有了22个国家重点实验室和23个国家工程技术研究中心，科技部目前与相关省市共建的38个省部共建国家重点实验室培育基地中有 14 个建在西部省份。

二、振兴东北老工业基地科技工作

东北老工业基地科技工作将按照“创新支撑、集群发展、轴心辐射、区域联动”的发展思路，体现国家目标，突出区域特色，加强高新技术改造传统产业，积极开拓新兴产业，把东北老工业基地建设成为中国新型产业基地和新的重要经济增长区域。继续加强部省和省际沟通协调和工作集成，大力推进东北区域创新体系建设，积极促进双边和多边科技合作。2006年，在推进东北老工业基地科技工作方面又有了新的进展。

◎ 重点支持科技创新骨干力量

振兴东北老工业基地以东北高新技术发展、高新技术改造传统产业和国家高新区二次创业为重点，根据东北地区产业布局和优势，选择重大高新技术产业化和国家高新区公共技术创新服务平台建设项目给予支持。截至2006年底，已在东北地区组建国家工程技术研究中心14家、国家重点实验室18家，成为科技创新的骨干力量。据不完全统计，2006年国家主要科技计划在东北地区围绕装备制造业、软件业、能源资源等领域共安排1815个项目（课题），经费总额达7.8亿元。

◎ 积极建设以企业为主体的技术创新体系

东北三省积极推动“技术创新引导工程”，开展创新型企业试点工作，重点推动国有骨干企业建立和完善有利于创新的体制和机制，激励企业加大研发投入、健全研发机构、培育创新人才，增强技术创新的内在动力和能力，支持企业加强管理创新和创新文化建设，引导企业走创新型发展的道路。

◎ 广泛开展国际科技合作

促进东北地区与日本、俄罗斯、韩国及欧洲国家的联系与合作，继续加强东北亚区域国际科技合作。科技部与东北三省共同举办的“东北亚高技术及产品博览会”，成为国内外科技成果在东北地区扩散和转化的平台；与德国签署了振兴东北工业科技合作备忘录，目前已有多个合作项目进入实质性操作阶段，项目进展顺利。

三、促进中部地区崛起科技工作

2006年，中部地区积极推进企业为主体、产学研相结合的技术创新体系建设，进一步深化部省联动机制，实施了若干重大科技项目，加强科研条件和基地建设。

◎ 支撑县域经济发展和新农村建设

科技部扩大了“科技富民强县专项行动”在中部地区试点范围，2006年在中部地区安排30个试点，比上年增加9个，投入经费4291万元，提升了中部地区县域特色产业的技术水平，并进一步推动科技特派员、专家大院等工作的深入开展。

◎ 围绕区域支柱产业发展组织实施重大项目

科技部围绕中部地区支柱产业和特色产业发展的科技需求，将能源、矿产资源、先进制造、中药现代化等领域关键技术研究和国家特色产业化基地建设等纳入国家相关科技计划给予大力支持。

图 14-3　振兴东北老工业基地的重要项目——大庆石化80万吨乙烯改扩建项目

◎ **促进中部地区高新区“二次创业”**

2006年，科技部启动了建设世界一流高科技园区的试点工作，并组织中部六省的9个国家高新区共同主办了中部国家高新区创新联盟首届峰会和自主创新论坛，成立了中部国家高新区创新联盟。

四、推动东部地区率先发展科技工作

东部地区科技工作继续加强高技术研发和基地建设，支持有条件的地方牵头组织实施国家重大科技项目，增强科技对提高外向型经济水平、增强国际竞争力方面的支撑能力。2006年，科技部在东部地区加强了高新技术产业化环境建设，启动了一批重大科技项目，继续推进了长三角、京津冀等重点区域科技发展规划的研究制定工作，通过多种措施积极鼓励东部地区率先提高自主创新能力，东部地区间的科技合作取得很大进展。

◎ **奥运科技行动专项**

2006年度国家科技支撑计划“奥运科技专项”共支持22个课题研究。重点安排了关键技术攻关和应用示范项目、奥运建设业主（企业或赞助商）牵头的产学研结合项目、多部门共同推进成果应用项目等三类科技项目。

◎ **科技世博行动计划**

自2005年科技部与上海市政府会同教育部等相关部委制定《世博科技行动计划》以来，两年中陆续确立了99个专项，推动了一批重大科技项目的实施，支持重点已逐步向以企业为主体的产学研联合攻关倾斜。如高性能宽带信息示范网完成了覆盖2.8万用户的网络体系，实现了包括上海、南京、杭州在内的长三角地区网络的全网贯通。

◎ 支持天津滨海新区建设

科技部积极落实《国务院关于推进天津滨海新区开发开放有关问题的意见》。“十一五”期间，科技部将与天津市共同组织实施重大科技项目，共同规划滨海高新区的建设，推进滨海新区的发展。为系统推进支持滨海高新区以及滨海高新区的工作，2006年，科技部、天津市人民政府签署了《科学技术部、天津市人民政府关于共建国家生物医药国际创新园的议定书》，正式启动了滨海新区“国家生物医药国际创新园”和“国际生物医药网络研究院”的建设工作和“2007国际生物经济大会”的筹备工作。

◎ 东部地区间科技合作

近几年，环渤海地区各省市相互合作、加快发展的势头日益强劲。“十五”期间环渤海地区技术合同成交总额超过2000亿元、技术合同成交总数39.34万项，分别占全国的40%和31%。截至2006年底，仅天津与环渤海地区其他区域达成的科技合作协议就达5937项，合作金额1050亿元。环渤海地区合作正在向深层次、广领域、全方位发展。

图14-4　正在建设中的“水立方”

2006年，长三角地区科技部门在规划编制、平台建设、项目攻关、技术交易、国际合作等方面加大协同推进的力度。进一步发挥长三角地区科技合作专项资金的引导作用，实施了重大科技项目的联合攻关，促进了区域内的技术转移和推广，建设了覆盖长三角地区的科技公共研发服务平台，引入专业中介服务机构，构建了长三角技术转移网络。

自2005年启动《泛珠三角区域科技创新合作“十一五”专项规划》编制工作以来，泛珠三角区域科技创新合作逐步深入。2006年底，泛珠三角区域科技合作第五次联席会议决定建立泛珠三角区域科技项目联合招标工作机制及合作、资源共享机制，筹建泛珠三角区域科技合作战略研究中心。

专栏 14-2

长三角科技合作专项资金

按照“长三角创新体系建设联席会议”制度安排，在科技部的指导下，由上海、江苏和浙江“两省一市”共同出资，设立长三角创新体系建设专项资金，用以支持科技合作项目的联合攻关、公用技术平台和创新载体建设等内容，鼓励和支持参与长三角科技合作与交流的活动，引导和加快推动长三角创新体系建设。

第三节 地方科技规划

全国科学技术大会召开之后，各地区都研究和部署了本地区中长期和“十一五”期间的科技工作。2006年，各省市相继召开了科技大会，做出加强自主创新的决定，颁布了促进区域科技创新的若干政策和规定，制定了本地区中长期和“十一五”期间的科技发展规划。

一、明确科技发展目标

为全面落实《规划纲要》，全国各省市积极把“提高自主创新能力”作为本地区科技发展的首要目标，提出了建设创新型省（区、市）的发展战略，并根据各地实际情况，在重要科技领域的技术突破、产业竞争力的提升、加强成果转化、推动高技术产业发展、企业技术创新体系和区域创新体系建设方面提出了明确的具体目标。

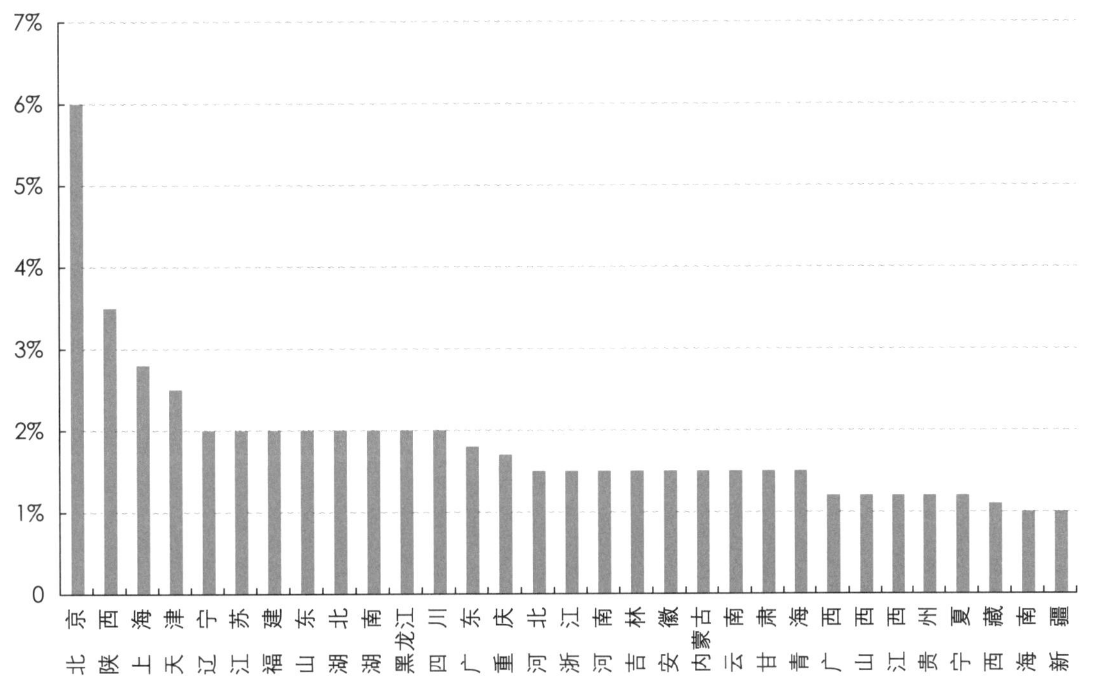

图 14-5 各省市区确定的 2010 年全社会 R&D 支出占 GDP 的比例

数据来源：各省市区科技发展“十一五”规划或中长期科技发展规划。其中福建、湖北两省 2010 年全社会 R&D 支出占 GDP 的比例目标是达到全国平均水平，本图以国家 2010 年全社会 R&D 支出占 GDP 的比例目标 2% 替代。

各省市都提出了加大科技投入的要求。各省（区、市）颁布的规划显示，到 2010 年，东部省市全社会 R&D 投入占 GDP 的比重大多达到 2.0% 以上，中部地区这一比重大多达到 1.5% 以上，大部分西部地区该比重也将达到 1.0% 以上。2006 年，山东、湖北、湖南、安徽、江西等省份的财政科技投入或科技三项费都比上年增长 1 倍以上。

二、凝练科技发展重点

按照国家“十一五”科技工作支撑、引领经济社会发展的基本要求，着眼于技术进步和科技自身发展，全国各省市区围绕区域发展的需求、重点产业、特色资源和科技优势凝练出本地区科技发展的重点。

为了充分高效利用有限科技资源，保障科技发展重点的实现，全国大部分省市都凝练了若干重大科技专项。重大科技专项的组织实施旨在集中力量突破和攻克一批重大关键技术，开发一批具有核心自主知识产权的战略性产品，提高优势领域的创新能力和水平，提高相关企业自主创新能力和产品国际竞争力，培育一批战略性产业和具有较强竞争力的企业。

三、优化区域创新的政策环境

全国各省（市、区）结合本地实际，积极出台鼓励和激励创新的地方政策法规，进一步细化配套政策，在支持企业创新、加大科技投入、营造创新环境等方面出台了大量具体措施，努力使国家政策和地方特点相结合，力图营造有利于创新、创业的大环境，调动企业自主创新的积极性，提高了政府服务管理水平。地方积极配合国家科技基础条件建设的整体部署，依托科研院所、大学，整合当地科技条件和设施资源，加强科技资源共享机制建设与科技中介服务体系建设，打造科技创新平台。

第十五章
国际科技合作

2006年，中国政府发布了《“十一五”国际科技合作实施纲要》（以下简称《实施纲要》），对“十一五”国际科技合作的重点任务进行了部署。在全国的共同努力下，双边多边科技合作向纵深迈进，参与和牵头组织的国际大科学计划、大科学工程进展顺利，对外科技援助工作成效显著。

第一节 “十一五”重点任务

《实施纲要》明确了新时期国际科技合作工作的指导方针和主要目标，凝练了合作重点、合作领域及主要方向，提出了相关的政策措施，是未来五年中国开展国际科技合作工作的重要指导性文件。

一、总体战略

◎ 指导方针

“十一五”期间，中国国际科技合作要以科学发展观为指导，全面贯彻“自主创新，重点跨越，支撑发展，引领未来”的科技工作方针，紧密围绕建设创新型国家的总体目标和《规划纲要》的重点任务与要求，以提高自主创新能力为中心，服务于社会主义现代化建设和国家外交工作两个大局，努力在拓展合作领域、创新合作方式和提高合作成效三个方面取得新的突破，为促进经济结构调整、转变增长方式、提高国家竞争力做出重要贡献。

◎ 重点任务

围绕国际科技合作总体战略的实施，形成双边、多边及区域合作的新格局；加强政府引导作用，实施一批重大国际科技合作项目；充分利用国际智力资源，培养和引进一批顶尖科技人才；建设一批高水平的国际科技合作基地；积极参与或组织国际大科学计划和大科学工程，合理分享国际前沿科技成果；增强中国在国际科技组织中的“话语权”，扩大中国的国际影响力；鼓励企业和研发机构实施“走出去”战略，充分利用全球科技资源；积极开拓对外科技援助的渠道和形式，扩大技术输出和高技术产品出口；加强科技发展战略、政策和管理等领域研究的国际合作。

◎ **战略转变**

在战略目标上，从一般性国际科技合作转向以《规划纲要》为目标、以需求为导向的国际科技合作；在合作方式上，从注重项目合作转向整体推进“项目－人才－基地”相结合；在合作内容上，从注重技术引进转向“引进来”和“走出去”相结合；在合作主体上，从以政府和科研机构为主转向政府引导、多主体共同参与；在任务确立上，从“自下而上”的立项机制转向以《规划纲要》为导向的“自上而下”的立项机制。

◎ **合作重点**

重点开展清洁能源，先进核能开发与利用，节能和资源节约，清洁生产和循环经济，水资源节约、保护、配置技术与矿产资源综合利用技术的合作研究。

重点开展重大慢性疾病与传染病防治技术，中医药现代化与生物医药开发技术，农产品加工技术，绿色农业、节水农业技术，现代农业技术开发、集成与农业机械化、信息化，新农村建设支撑技术的合作研究。

重点开展信息技术开发与应用，新材料技术，绿色制造与先进制造关键技术的合作研究。

重点开展生命科学、纳米技术、空天技术、海洋技术、基础学科和科学前沿等领域的合作研究。

二、部门与地方的举措

2006年，科技部、国家自然科学基金委员会、中国科学院、卫生部、农业部等部门在国际科技合作方面加强了沟通和协调，明确了各自在“十一五”期间的重点国际科技合作领域，提出了加强国际科技合作的举措。

◎ **科技部**

积极推动高层互访活动，促进政府间科技合作的深入发展；组织“国际科技合作计划”，起草《国际科技合作计划管理办法》，完善“国际科技合作计划管理系统”；颁布《关于国际科技合作项目知识产权管理的暂行规定》，明确了国际科技合作项目管理部门和项目承担单位有关知识产权管理和保护的职责，规范了国际科技合作中的知识产权管理和保护。

◎ 国家自然科学基金委员会

制定《国家自然科学基金“十一五”发展规划》，明确提出国际(地区)合作与交流的重点任务：积极拓宽国际合作渠道，促进政府组织间的交流；发挥科学基金对外合作交流的优势和导向作用，支持科学家积极参与实质性、高水平的国际合作；加强国别政策研究和顶层设计，明确优先领域和资助重点；完善资助格局，加强国际合作项目管理，积极组织重大国际（地区）合作研究项目和双边、多边协议合作项目，有选择地支持科学家共同发起或参与国际大科学研究计划；充分用好国外科技人才资源为我服务，营造良好的国际合作与交流环境。

◎ 中国科学院

中国科学院出台了《关于加强国际科技交流合作的指导意见》，制定了《中国科学院国际合作发展规划(2006—2010)》，确定了未来五年间的战略目标：坚持“独立自主、合作共赢，立足前沿、着眼长远，突出重点、注重实效”的原则，加强与欧、美、日、俄、澳等科技发达国家和地区的合作与交流，推进与发展中国家的交流与合作，发展与重要国际科技组织的联系与交往；通过开展全方位、多层次、重实效的国际科技合作，促进国际合作和科技创新水平的战略性提升，使中国科学院成为在世界范围内开展合作十分活跃、区域科技合作中能够起到引领或核心作用，在重要国际科技组织中发挥积极影响的国家科研机构。

◎ 其他部门与地方

其他中央部门围绕自己负责的中心工作，提出了“十一五”期间国际科技合作的重点任务和优先领域，如卫生部确定的优先领域包括重大传染病防治技术、重大慢性病防治技术、公共卫生领域防控技术、诊断与检验关键技术等；国家环保总局确定的优先领域包括区域性环境污染、跨界流域水污染控制与水环境管理等；中国气象局确定的重点领域包括综合气象观测、灾害性天气与天气预报、气候与气候资源、气候变化、生态和农业气象、大气成分、人工影响天气、空间天气、大气雷电、气象服务与经济社会发展等。

各地方也按照国家《“十一五”国际科技合作实施纲要》的指导原则和总体要求，围绕各地方经济、社会与科技发展的需求、热点和重点任务，研究部署了各自在“十一五”期间的国际科技合作。如广东省部署的国际科技合作重点任务包括加强国际科技合作创新平台建设、组织实施一批重大国际科技合作项目、建设一批高水平的国际科技合作示范基地、进一步推进粤港澳台科技合作等；吉林省确定的国际科技合作重点任务包括倾力打造国际科技合作基地、建立多元化的国际科技合作体系、推进实施“走出去”战略；黑龙江提出到2010年要完成以对俄科技合作为重点的国际科技合作平台和基地建设等。

第二节
双边和多边科技合作

2006年，中国针对不同国家、不同地区和不同国际组织的特点和需求，积极开展和深化与世界各国和地区的科技合作，使得双边和多边科技合作继续向纵深发展，呈现出合作层次高、领域广、成果多、潜力大的良好发展态势。截至2006年底，中国已经与152个国家和地区建立了科技合作关系，并与其中99个国家签订了政府间科技合作协定。

一、中美科技合作

2006年，科技合作与创新成为中美高层交往的重要议题，科技合作在推进中美建设性合作关系中的重要作用进一步突出。

◎ 政府科技合作文件

2006年4月，中美两国续签了《中美科技合作协定》，两国有关部门还新签订涉及能源、卫生、环保等领域的《能效和可再生能源议定书》、《卫生健康医药科学合作谅解备忘录》、《补充替代及传统医药研究国际合作意向书》、《环保领域科技合作谅解备忘录》等科技合作文件。中美双方还

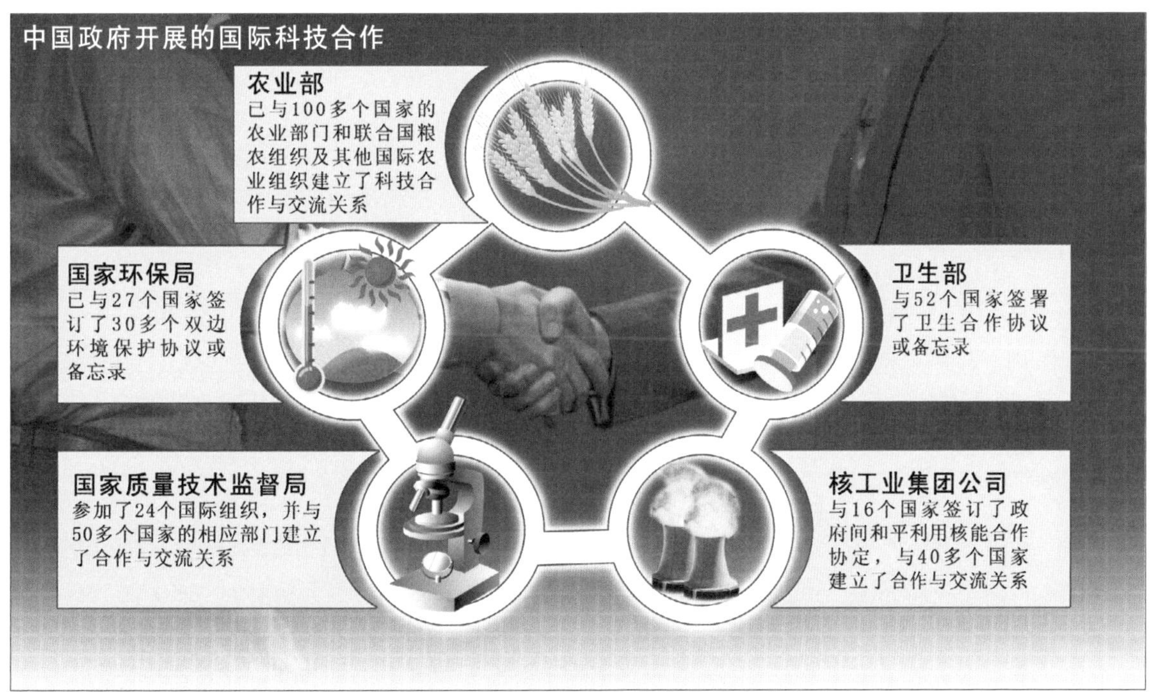

图15-1　中国政府开展的国际科技合作

专栏 15-1

未来发电计划

"未来发电"计划由美国总统布什2003年宣布实施，旨在建设一座集二氧化碳捕集和封存、发电、制氢于一体的发电容量为275MW的商业示范电站。原型电厂建成投产后，将成为世界上第一座实现零排放的最洁净的燃煤电厂。整个项目计划需用10年左右时间，投资约10亿美元。

就中国加入"未来发电"计划政府指导委员会一事展开谈判。

◎ 重要会议

2006年3月，科技部与美国国务院、美国科学院联合在华召开"中美新兴科技对话——基因革命：抗击传染病的新手段"研讨会。2006年10月，中美科技联委会第12次会议在北京成功召开，双方将先进清洁能源、核安全与和平利用核技术、农业科技等13项领域作为会议议题和未来合作优先领域。10月，科技部、中国科学院、国家自然科学基金委与美国国家科学基金会在华联合召开首次中美科技政策论坛。另外，12月在北京举行了中美首次战略经济对话，科技对话亦是其中一项重要内容。

◎ 重大科技合作成果

中美科技合作硕果累累。例如，两国科学家小组合作，在中国宁强碳质球粒陨石富Ca，Al包体中发现了已经灭绝的核素——氯-36。这一新核素的发现提供了超新星触发太阳星云塌缩并最终形成太阳系的有力证据，并给出研究太阳系早期演化的新同位素计时器。在"聚合物纳电子学"研究中，中美科学家密切合作，在导电高分子合成方法、导电高分子/半导体纳米粒子复合材料基于导电高分子的纳电子器件等方面取得了一系列显著的创新性研究成果。在奥运会气象保障科学技术试验与研究中，中美科学家合作完成的一套针对北京地区的对流天气自动临近预报预警系统，对制作北京地区灾害性天气的临近预报和预警起到了积极的帮助作用。

◎ 新的合作项目

2006年，中美两国有关方面就软件外包、信息通讯技术、生物医药技术、农业、核物理、高能物理、生物质能、清洁能源、传统医药、对地观测、全球变化、纳米科技、基础研究、风险基金等领域的合作达成共识，启动了液压混合动力汽车、镁合金车体等合作研究，并将第一个由中国科学家设计和实施的在艾滋病预防和控制领域的大型国际研究项目——"中国综合性艾滋病研究项目"纳入了两国卫生部签署的关于艾滋病合作的谅解备忘录。

二、中欧科技合作

图 15-2　中国同欧盟的科技合作已经进入健康、稳定发展的快车道

中国同欧盟的科技合作已经进入健康、稳定发展的快车道，双方的合作体制逐步完善，合作成果日益显现。2006 年，中欧科技合作继续保持上升的势头。

◎“中欧科技年”活动

经国务院批准举办的中欧科技年活动（2006—2007 年）是中欧科技合作交流史上的一件大事，也是中国对欧洲开展的一项重大外交行动。2006 年中欧科技年共举办了中欧航空航天科技日、“未来中欧科技合作——战略与优先领域”高层论坛、中国地区参与欧盟框架计划研讨会、中欧纳米技术研讨会、中国参加欧洲信息技术大会及专场展览、中欧（北欧）国家种质资源共享平台研讨会等各类活动 19 项。

◎ 与欧盟重要国家的合作

2006 年，中国与欧洲大国之间的科技高层往来和对话频繁，表明中欧科技合作进入了一个新的时期。其中，中英主要合作计划包括洪水防治项目、能源研发、通过碳捕获和埋存达到近零排放的煤炭技术的可行性研究。中德双方一致同意，围绕两国的国家科技发展计划开展重点科技合作，将双边科技合作扩展到清洁能源、可再生能源和生命科学等领域。中医药国际合作计划已经落实到与欧盟各主要国家的合作中，中丹签订了中医药合作协议，中英、中意、中荷、中奥有关协议和联委会都把中医药列入重点合作领域。

◎ 重大科技合作项目新进展

2006 年，中国科研单位新参与欧盟第六框架计划达 70 余项，使得中方参与欧盟第六框架计划项目达到 180 余项。按照欧盟的统计，有中国科学家参与的欧盟第六框架计划项目的研究经费总额已达 6 亿欧元，占该框架计划总研究经费的 4% 以上。中欧伽利略合作取得新的进展，双方已在中方加入伽利略计划管理机构和频率协调等问题上开展政治和技术层面的商谈。中国联合组按时按质完成了欧洲核子研究中心大型强子对撞机在 ATLAS 探测器上的 MDT、TGC 等具有世界一流水平的探测器建造工作，并得到国外同行的赞誉。由中法牵头联合25个欧亚国家共同申请的“亚欧水资源可持续利用平台建设项目”获得欧盟批准并正式启动实施。中法高安全等级生物实验室合作项目取得新的突破，目前武汉P4实验室合作项目进展顺利。中德国际反质子和离子加速器与X射线自由电子激光装置合作项目正在商谈启动中。中国与意大利合作的羊八井宇宙线项目、中英太湖水资源项目已经启动并获得外方经费支持。

三、中俄科技合作

中俄科技合作已经成为两国战略协作伙伴关系的重要组成部分。2006年，在中俄总理定期会晤委员会科技分委会第十届例会上，双方讨论了中长期重大科技合作项目的问题，并交换了第一批重点合作项目清单，这标志着两国科技合作进入到一个新的层次和水平。

◎ 中俄“国家年”科技活动

2006年，在中国举行的“俄罗斯年”框架下，中俄双方共集中举办了21项内容丰富的科技活动。主要包括举办系列研讨会、中俄科技合作高层论坛、俄罗斯科技展和项目对接会、中俄青少年科技文化交流活动以及老中青科学家联谊会等活动。

◎ 中俄科技园

2006年，中俄两国在建设联合研发基地和产业化示范基地方面的双边合作取得了较大的进展，有效地提升了双方合作的水平和质量。其中，烟台中俄高新技术产业化合作示范基地、黑龙江中俄科技合作及产业化中心、浙江“巨化”中俄科技园等中俄高新技术产业合作示范基地已经进入了实质性发展阶段。经过3年多的探索与发展，中俄莫斯科“友谊科技园”对于中俄科技与创新合作的影响和推动作用得到进一步的增强。

◎ 重点科技合作项目

中俄在“系列超声涡街流量计的开发”、“超级电容器”、“7000米载人潜水器”和“硅橡胶技术”等项目上的技术合作都取得了显著进展。

四、中日韩科技合作

在中日两国的合作中，中国始终坚持发挥科技合作的独特优势，推动两国科技界的交往。同时，以抓实质性合作为重点，在中日羊八井宇宙线观测合作、水稻/小麦FACE研究 、西藏高原能量水循环降雨共同观测研究、太湖水环境修复示范项目、新型传染病联合实验室建设项目等多项合作上取得了重大进展。两国有关部门还就加强信息通信领域的研究合作签订了协议。

专栏 15-2

中日羊八井宇宙线观测合作

在国家自然科学基金委员会、科技部和中国科学院的长期支持下，中日科学家在西藏羊八井宇宙射线观测站“西藏大气簇射探测器阵列”上开展的合作研究取得重要进展。依据近9年所积累的近400亿观测事例和实验数据的系统分析，中日两国物理学家在2006年10月20日出版的《科学》杂志上合作发表了有关高能宇宙线各向异性以及宇宙等离子体与星际间气体物质和恒星共同围绕银河系中心旋转的最新结果。

2006年，中韩对两国的科技合作中心进行了全面评估，进一步加强了对这些中心的协调和管理，同时加大对两国产业合作推动的力度，为2007年以中韩友好年为契机，提升双边科技合作层次做好准备。

由国家自然科学基金委员会、日本学术振兴会和韩国科学与工程基金会共同设立的A3前瞻计划，旨在联合资助中、日、韩三国科学家在选定的战略领域共同开展世界一流水平的合作研究，使亚洲在该领域成为世界有影响的研究中心之一。2006年，三方在生物技术领域共同资助了两项为期三年的合作项目。

五、中非科技合作

2006年中非论坛领导人峰会的举行，标志着中国－非洲合作进入了一个新的历史时期。在继续加强与埃及和南非科技合作的同时，2006年科技部启动了与摩洛哥和突尼斯的政府间科技合作协定的谈判工作，并最终完成了协定的签署，为今后推动中国与北非国家的科技合作奠定了基础。利用实用技术的一些优势，中国在非洲先后实施了中国－津巴布韦太阳能热利用项目、中国－南非远程医疗项目、中国－莫桑比克玉米水稻品种资源引进及开发利用研究项目，组织参加了第二届“南非科技创新展”。

六、与其他国家的科技合作

2006年是中澳科技合作取得突破的一年。2月，科技部与澳大利亚联邦教育、科学与培训部以及新南威尔士州签署了“科技与创新合作谅解备忘录”。4月，澳大利亚政府将“中澳科技合作特别资金”增加了4倍。7月，中澳青年科学家交流计划成功启动。10月，在澳大利亚堪培拉举行了中澳政府科技合作联委会第六次会议，会议确定了中澳科技合作未来的重点领域和30项“中澳特别资金项目”。联委会还确定中澳双方将在干细胞、免疫与表型组学、纳米科学、清洁能源等领域建立联合研究中心，集成两国最优秀的研究力量共同开展世界领先的研究和探索。

中国与新西兰科技合作与交流在2006年跨上新的台阶。首届中新政府科技联委会于2006年9月在北京召开。联委会确定了中新双方下一步合作的重点领域，并同意探讨建立中新科技合作基金和青年科学家交流机制以及联合举办高技术论坛等合作与交流活动。

2006年，中国与加拿大科技合作协定谈判成功结束。双方宣布将建立联合基金支持协定下的科技创新与产业化合作，并成立中加政府科技合作联委会。加拿大联邦政府将为该协定提供525万加元（约3600万元人民币）的支持。中加双方将重点支持在能源、环境、医药健康和生命科学、农产品和生物制品等领域的合作。

为配合中国与印度两国战略合作伙伴关系的建立，成立了中印科技合作指导委员会，加强对双边科技合作的指导和协调，并召开了第一届中印科技合作指导委员会会议。

第三节 国际大科学计划、大科学工程

2006年，中国政府制定了“中医药国际科技合作计划”，启动了“新能源国际科技合作计划”的研究和制定工作，中国参与或牵头组织的国际大科学计划、大科学工程也都取得了新的进展。

一、中医药国际科技合作计划

2006年7月，科技部会同卫生部、国家中医药管理局发布了《中医药国际科技合作规划纲要》，正式启动“中医药国际科技合作计划”。这是第一个由中国政府倡议制定的国际大科学工程研究计划，旨在通过在世界范围内构筑中医药国际科技合作平台，动员全球科技资源，以治疗和预防危害人类健康的世界性重大疾病作为基本出发点，引导世界医疗健康模式的转变，为构建和谐社会、提高人类健康水平提供科技支撑。

为配合中医药国际科技合作计划的实施，国际科技合作重点计划2006年支持了40多个中医药国际科技合作项目，支持金额达4500万元。这些项目的实施将大力推动中医药国际科技合作计划的开展，促进中医药走出去战略的实现。到2006年底，中医药国际科技合作计划得到了美、加、英、德、法、意、日、韩等近20个国家和国际组织的普遍关注和积极响应。

专栏 15-3

中医药国际科技合作计划的优先领域和重点内容

一是开展神经精神性疾病、心脑血管疾病、肿瘤、艾滋病等重大疑难疾病的中医治疗、预防和养生保健临床研究。二是研究并促进开发符合国际市场需求的现代中药产品。三是加强中医药国际标准与规范研究。四是构筑中医药国际科技合作平台。五是推进中医药知识的传播。六是培养国际科技合作人才。

二、ITER 计划

国际热核聚变实验堆（ITER）计划是当今世界最大的大科学工程国际科技合作计划之一，也是迄今我国参加的规模最大的国际科技合作计划。ITER 计划吸引了包括中国、欧盟、印度、日本、韩国、俄罗斯和美国等世界主要核国家和科技强国共同参与。

经过近 5 年的艰苦谈判，2006 年 11 月 21 日在法国爱丽舍宫，参与 ITER 计划的谈判七方共同签署了《联合实施国际热核聚变实验堆计划建立国际聚变能组织协定》和《联合实施国际热核聚变实验堆计划建立国际聚变能组织特权和豁免协定》以及其他相关文件。至此，ITER 计划谈判圆满结束。12 月 1 日 ITER 临时国际组织成立，ITER 计划正式开始实施。

三、伽利略计划

伽利略计划合作是目前中欧之间最大的科技合作项目。根据 2003 年《中华人民共和国和欧洲

图 15-3 ITER 计划谈判圆满结束

共同体及其成员国关于全球卫星导航系统（伽利略计划）合作协定》和2005年《中国国家遥感中心与欧洲伽利略计划联合执行关于中欧伽利略计划合作技术协议》，中国政府出资7000万欧元支持双方在伽利略计划开发阶段的合作工作。截至2006年9月，共签署了12个合作项目，合同金额近3500万欧元，项目覆盖了伽利略计划空间段、地面段和应用段的内容。目前中欧双方正在就启动伽利略外部完好系统、接收机与芯片组研发等开发阶段项目进行协商。

四、国际人类肝脏蛋白质组计划

中国科学家领导并实施的国际人类肝脏蛋白质组计划取得阶段性新进展。截至2006年，中国科学家围绕人类肝脏蛋白质组的表达谱、修饰谱及其相互作用的连锁图等九大科研任务，已经成功测定出6788个高可信度的中国成人肝脏蛋白质，系统构建了国际上第一张人类器官蛋白质组"蓝图"；发现了包含1000余个"蛋白质－蛋白质"相互作用的网络图；建立了2000余株蛋白质抗体。目前参与这项计划的国家有中国、美国、加拿大、法国等18个国家和地区的100多个实验室的数千名科技工作者。

五、国际大陆科学钻探计划

中国参与的国际大陆科学钻探计划（ICDP）取得了重要进展。迄今为止，中国大陆科学钻探已经竣工和正在启动的有3个工程：中国大陆科学钻探、中国环境钻探和白垩纪科学钻探。2006年3月，中国成立了国际大陆科学钻探中国委员会（ICDP-CHINA），旨在促进大陆科学钻探事业的发展和地球科学理论的创新，加强与国际大陆科学钻探领域的交流合作。

六、全球变化研究计划

中国参与的全球变化研究计划也取得了重要进展。2006年11月，由全球环境变化的人文因素计划（IHDP，该计划是全球变化研究计划的四大分计划之一）与中国IHDP国家委员会共同发起的IHDP中国区域会议在北京召开。在此次会议上，中国IHDP国家委员会提出了设立IHDP"综合风险防范"核心科学计划的建议，得到了与会代表的积极评价。

七、新能源国际科技合作计划

可再生能源和新能源作为清洁、可持续利用的能源，将为解决人类未来能源供应问题提供重要的途径和手段。2006年8月，科技部启动了"新能源国际科技合作计划"的研究和制定工作。该计划将重点在大容量风电技术、生物质发电技术、生物质液体燃料转化技术、太阳能建筑一体化技术、太阳能光伏发电技术以及氢能和燃料电池等领域加强国际合作，提高中国可再生能源和新能源领域的技术水平。目前，中国在可再生能源和新能源领域的双边、多边国际合作已具有广泛基础，各国都在积极扩大与中国在该领域的合作。

此外，中国参与的全球对地观测系统、国际综合大洋钻探计划、氢能经济国际合作伙伴计划、大型强子对撞机等国际大科学计划、大科学工程也都取得了新的进展。

第四节 “国际科技合作计划”

2006年，“国际科技合作计划”选择了一批政府间科技合作协定中的重点项目和《规划纲要》确定的重点项目进行资助，取得了良好的成效。

一、项目分布

2006年，国际科技合作计划共资助项目276项。这些项目主要集中在基础研究和应用研究领域，涉及生命科学、地球科学、环境科学、材料科学、化学与化工、交通科学、工程与技术、信息科学、能源科学及前沿与交叉等十大专业领域。这些项目大部分由科研院所和大专院校承担，分别为116项和93项；企业承担了46项。合作项目涉及30多个国家和组织，主要集中在欧洲、北美洲和亚洲，独联体（主要为俄罗斯）也占有较大比例。按照合作项目数统计，美国、俄罗斯、日本、德国、澳大利亚、加拿大、英国、法国分别名列前八位。

二、经费和人员

2006年，国际科技合作经费增长显著。据不完全统计，通过国际科技合作计划政策引导，2006年度共集成国际科技合作经费16.9亿元，较2005年增长了236.7%。其中，通过国家财政投入“国际科技合作与交流专项”经费3亿元，引导其他部门和地方配套投入1亿多元，项目承担单位自筹经费7亿多元，外方合作单位投入5.8亿元。

在人员投入方面，2006年共有4458位研究开发人员参加了国际科技合作计划，是2005年参加人数的2倍多。其中，国内参加人员为3122人，国外参加人员为1336人。国内参加人员中有47.3%为高级职称研究人员，29.5%具有博士学位。

三、成果与效益

截至2006年，国际科技合作计划共资助项目953项。这些项目紧紧围绕国家发展需求，有效地利用全球科技资源，积极引进国外先进技术和优秀人才，加速了科技创新与国际前沿的接轨，提升了自主创新能力和国际竞争力，促进了国家科技发展总体目标和科技外交目标的实现。

◎ 典型合作项目

在新能源领域，“新型硅基薄膜太阳能电池大面积低成本技术研究”通过与美方合作单位的优势互补，建成了具有国际先进水平新型大面积硅基薄膜太阳能电池研究平台。

在先进制造领域，“船舶大功率激光建造技术”引进了德国先进大功率激光焊接装备系统，完成了具有自主知识产权的大功率激光系统和船用材料激光焊接技术研究及复合大功率激光焊接技术研究。“超精加工一体化制造技术”通过引进国际领先的超精加工技术，解决了中国超精加工领域的关键技术难题，提高了大尺寸光学镜面的加工效率和加工精度。

在新材料领域，“新型纳米自旋电子材料及其制备”引进了意大利独有的专利技术“渠道火花烧蚀法（CAS)”，建立了一套独特的、具有国际先进水平的CAS镀膜系统，并利用该系统研制出国内领先的新型纳米自旋电子材料。

在前沿技术领域，“阿尔法磁谱仪电磁量能器研制”通过国际合作综合了不同国家的科研和技

图15-4　15kW二氧化碳激光焊接系统

术优势，提出了优于法国和意大利的具有独创性的电磁量能器物理设计方案，提高了中国在该领域的国际地位。

在中医药领域，中国通过与联合国亚太技术转移中心及其14个成员国合作，建立本领域区域多边国际合作机制，成功构建亚太地区传统医药数字化知识系统技术平台，使中医药的区域合作发展取得了新突破。

◎ 知识产权和标准

据不完全统计，截至2006年，通过国际科技合作计划的实施，共发表了论著7923篇，其中SCI收录2787篇，SSCI收录102篇，EI收录1367篇，ISP收录236篇；获得国内发明专利313项，国外发明专利14项，其他专利215项；制定国际标准14项，国家标准45项，行业标准75项。2006年，国际科技合作计划项目在国内共发表论著1525篇，国外发表1157篇；在国内获得发明专利111项，其他专利71项。

◎ 人才培养和技术引进

截至2006年，通过国际合作计划，共引进博士后199人，博士616人，硕士192人，技术工程人员293人；培养博士后427人，博士1565人，硕士2138人，技术工程人员2193人；引进国外关键技术1114项。2006年，计划项目共引进国外关键技术464项。

◎ 产业化情况和经济效益

截至2006年，国际科技合作计划项目共实现成果转让数296项，获得成果转让收益2.7亿元，成果产值100.5亿元，成果利润8.9亿元。

第五节 科技援外

中国一贯致力于加强同发展中国家间的合作，即“南南”合作。通过科技援助，开展与其他发展中国家的科技合作，是促进“南南”合作的重要途径之一。2006年，针对发展中国家举办科技培训班和开展示范项目是中国科技援外的两个主要渠道。

一、对外科技培训

2006年，中国为发展中国家举办了26个培训班，来自亚洲、非洲、拉丁美洲和中欧的74个国家的546名学员参加了培训。培训领域涉及农业与农机、新能源、医药与医疗、汽车与化工机械、信息技术、环境资源等技术领域。培训项目的承担单位主要是高科技园区和国际科技合作基地的科技服务机构、重点大中型科技企业，另外还有其他科研机构。

2006年，国家共选定7个高新技术开发园区、国际科技合作基地的科技服务机构和区域性科技中介机构，5个大型科技企业，16个大中型科研院所承担科技援外培训项目。其中，由高新技术开发园区、国际科技合作基地的科技服务机构和区域性科技中介机构承担的援外培训班项目，重点在农业、能源、信息和摩托车制造四个技术领域，集结和引导数十家中小科技型企业向东北亚、东南亚、中欧等区域30多个发展中国家宣传他们的技术、人才和产品，集中展示中国在这些技术领域的综合实力。由大型科技企业承担的援外培训项目，通过政府的信誉支持和经费补贴，促进了中国企业的对外合作。由大中型科研院所承担的发展中国家技术培训班项目，涉及的技术主要包括技术标准与行业规范性技术、环境保护与资源开发性技术、中国的传统特色技术和其他优势技术。通过举办培训班，了解受援国的需求与资源等国情，增加了与这些国家在关键技术领域合作与资源互补性合作的可能性。

二、发展中国家示范项目

针对亚非发展中国家的实际情况，中国政府将科技示范项目和科技展作为加强与发展中国家科技合作的主要方式之一。

2006年，中国－南非政府间联委会项目——“中南远程医疗合作研究”的成果，已在南非的两个省得到了产业化应用，实现了远程医疗“乡乡通”，预计2007年将在这两个省实现“县乡通”，并将在今后的2～3年间，在南非国内实现“县县通”。中南双方在海藻产品开发、太阳能应用设备、柴油发动机、医疗器械、家电、农机等领域达成了一系列合作意向。

中国在津巴布韦实施了太阳能热利用项目。2006年8月，该项目在津巴布韦安装调试并通过验收，该项目为利用太阳能技术解决非洲的能源问题提供了典范。

中国－莫桑比克玉米水稻开发利用研究项目，利用莫桑比克特有的玉米和水稻种质资源，培育出新的优良品种，帮助莫桑比克提高粮食种植技术，解决该国粮食短缺问题。

中国政府还在亚洲支持实施了“在缅甸建立水稻育种及市场推广基地”项目、“在柬埔寨和印尼开展快速灭疟合作”项目、“在蒙古建立小型风力发电示范”项目、“在菲律宾建设农业技术推广示范平台”项目，有力地推动了中国与亚洲国家的合作。

第十六章
科普事业

2005—2006年，中国政府继续从各个方面加强了科学技术普及工作，相继出台了一系列关于科普事业发展的政策规划，组织了许多有影响的科普活动，进一步完善了科普基础设施。公众加深了对科学技术的理解。

第一节 重要科普政策

2005—2006年，国务院和相关政府部门相继出台了一系列重要的政策文件，进一步推动了中国科普事业的发展。

一、重大政策规划

《规划纲要》和《全民科学素质行动计划纲要（2006—2010—2020)》(以下简称《科学素质纲要》）对“十一五”期间以及未来十五年的科普工作做了规划部署。

◎《规划纲要》

《规划纲要》提出，要在全国范围内全面实施全民科学素质行动计划，以促进人的全面发展为目标，提高全民科学文化素质；要在科普场馆建设、科普创作、学科设置、人才培养等方面大力加强国家科普能力建设；要通过促进科技界、教育界和大众媒体之间的协作，鼓励经营性科普文化产业发展，推进公益性科普事业体制与机制改革等措施建立起科普事业的良性运行机制。

◎《科学素质纲要》

《科学素质纲要》提出了全民科学素质行动计划在“十一五”期间的主要目标、任务与措施和到2020年的阶段性目标。

专栏 16-1

全民科学素质行动计划

"全民科学素质行动计划"是走自主创新道路、建设创新型国家的一项基础工程，旨在通过发展科学技术教育、传播与普及，尽快使全民科学素质在整体上有大幅度的提高，实现到21世纪中叶中国成年公民具备基本科学素质的长远目标。具体目标是：到2010年，科学技术教育、传播与普及有较大发展，公民科学素质明显提高，达到世界主要发达国家20世纪80年代末的水平；到2020年，科学技术教育、传播与普及有较大发展，公民科学素质明显提高，达到世界主要发达国家21世纪初的水平。

全民科学素质行动由未成年人科学素质行动、农民科学素质行动、城镇劳动人口科学素质行动以及领导干部和公务员科学素质行动组成，领导机构是由国务院设立的全民科学素质工作领导小组。

为实施《科学素质纲要》，国务院成立了全民科学素质工作领导小组，各成员单位、相关政府部门和机构也都制定了相应的实施工作方案。中组部和人事部牵头制定了《2006—2010年领导干部和公务员科学素质行动实施工作方案》，教育部和共青团中央牵头制定了《未成年人科学素质行动实施方案》，农业部和中国科学技术协会（以下简称科协）牵头制定了《农民科学素质行动方案》，劳动保障部和全国总工会牵头制定了《2006—2007年城镇劳动人口提高科学素质行动方案》，中宣部牵头制定了《科学教育与培训基础工程实施方案》，教育部和人事部牵头制定了《大众传媒科技传播能力建设工程实施方案》，中国科协和科技部牵头制定了《科普资源开发与共享工程实施方案》，中国科协牵头制定了《科普基础设施工程实施方案》，科技部牵头制定了《政策法规、队伍建设与监测评估工作实施方案》。各省（自治区、直辖市）及新疆生产建设兵团成立了全民科学素质工作领导小组，组织领导本地区的公民科学素质建设工作。

二、具体科普政策

结合所涉领域的实际情况，有关部门还制定并颁布了一系列具体的科普政策。

◎《关于科研机构和大学向社会开放开展科普活动的若干意见》

该《意见》由科技部、中宣部、国家发改委、教育部、财政部、中国科协和中国科学院等部门联合制定并发布，目的是充分发挥科研机构和大学在科普事业发展中的重要作用，进一步建立健全科研机构和大学面向社会开放、开展科普活动的有效制度。《意见》提出了"十一五"期间推动科研机构和大学向社会开放工作的具体目标：2008年底前，实现中国科学院所属科研机构、国务院部门所属社会公益类科研机构和进入"211工程"的相关大学率先实现向社会开放；2010年底前，其他部门、地方所属科研机构和大学要积极创造条件，借鉴先期开放的科研机构和大学的经验与做法，实现向社会开放。

◎《关于加强国家科普能力建设的若干意见》

该《意见》由科技部、中宣部、国家发改委、教育部、国防科工委、财政部、中国科协和中国科学院等部门联合制定并发布。《意见》明确了中国“十一五”期间在科普创作、公众科技传播体系和科普基础设施建设、中小学科学教育体系、政府与社会的沟通机制、科普工作的社会动员能力和科普人才队伍建设等方面的国家科普能力建设任务，并提出了各项具体的保障措施，包括加强领导协调、加大科普投入、完善科普奖励政策、加强国家科普基地建设、建立监测和评估体系、加强科普的理论研究、加强科普资源共享等。

◎《关于加强县（市）科技工作和科普事业发展的指导意见》

该《意见》由科技部制定并发布，目的是进一步加强县（市）科技行政部门和科协组织的紧密合作，实现“科技富民强县专项行动计划”与“科普惠农兴村计划”、全国科技进步示范市（县、区）与全国科普示范县（市）创建工作的有机结合，全面促进县（市）科技进步和公众科学素质提高。

◎ 科普税收优惠政策

为支持中国科普事业的发展，财政部、税务总局等部门下发《关于宣传文化增值税和营业税优惠政策的通知》和《关于鼓励科普事业发展的税收优惠政策的通知》等文件，将相关科普税收优惠政策延长至2008年12月31日。

◎ 科普奖励政策

2004年12月新修订的《国家科学技术奖励条例实施细则》，首次将科普工作纳入国家科技进步奖社会公益类项目的奖励范围。2006年，科普音像制品又首次纳入了国家科技进步奖的奖励范围。

◎ 其他重要科普政策

2005—2006年，相关政府部门还颁布实施了旨在规范、指导重要的科普计划和科普项目的政策文件。如科技部、财政部联合发布了《科技富民强县专项行动计划实施方案（试行）》，科技部发布了《关于加强和推进科技进步示范市（县、区）建设的意见》，中国科协相继出台了《关于进一步加强农村科普工作的意见》、《关于加强科学发展观科普宣传的意见》、《关于深入开展全国科普示范县（市、区）创建活动的意见》、《科普大篷车管理暂行办法》、《关于公益性文化设施向未成年人免费开放的实施意见》和《“科普惠农兴村计划”实施方案（试行）》，教育部发布了《关于实施农村实用技术培训计划的意见》，农业部发布了《2005年春耕生产督导和科技入户春季行动工作方案》、《关于推进农业科技入户工作的意见》，财政部、农业部发布了《农村劳动力转移培训财政补助资金管理办法》，劳动与社会保障部发布了《关于印发城镇技能再就业计划和能力促创业计划的通知》。

第二节 重大科普事件与活动

2005—2006年，社会上出现了一些重要的科技事件，以此为契机开展的相关科普活动产生了广泛的社会影响。一些重要科普活动和项目也得以继续推进，取得了令人瞩目的成就。

一、重大科普事件

高致病性禽流感事件。2005年，禽流感席卷全球，在中国也有发生。相关部门开展了大量的科普宣传工作，使得相关预防知识在大众中得以普及。

“神六”飞天再掀航天科普热。2005年10月，神舟六号载人飞船飞天成功。“航天精神”、“载人航天”等成为公众最热心关注的词语，并在中小学生中掀起一股宇宙航天热，引发了科普图书热、航天展览热等。

全国科技大会召开引发公众关注。2006年1月9日，全国科学技术大会在京召开。大会提出了加强自主创新、建设创新型国家的战略部署。这次大会促使公众在科技政策、科技发展与国家经济社会发展等宏观层面感受科学、认识科学。

青藏铁路开通成为科普话题。2006年7月1日，青藏铁路开通运营。高原冻土、高原缺氧和生态环境保护等话题引起了整个社会的热切关注和深入了解。

食品医药事件增强公众安全意识。2006年相继发生了“齐二药”、华源“欣弗”、“福寿螺”、“苏丹红”红心鸭蛋、“多宝鱼”等多起公共食品、卫生安全事件，引发了全社会对普及公共食品、卫生安全关注，公众的安全意识大大增强。

二、重要科普活动

2005—2006年，继续推进科技活动周、全国科普日等重要科普活动。

◎ 科技活动周

2005年科技活动周以“科技以人为本，全面建设小康”为主题，开展了科普互动展览、科技游园会、“科技富民”活动（如科技列车井冈行、科技特派员巡讲活动等）、青少年科普作品大赛、科学经典名篇演诵会、学术演讲和报告会、科普影视片展播、网上互动科普、专家义诊、向公众开放科研设施等形式多样、内容丰富的科普活动，取得了良好的效果。

专栏 16-2

中国科学院公众科学日

为配合科技活动周的工作，中国科学院从2005年起，每年举办一次“中国科学院公众科学日”活动，集中展示中国科学院知识创新工程的创新成就，让公众和青少年走进研究所，走进科学，亲身感受科学研究的现状和成果。经过两年的发展，中国科学院公众科学日已经发展成为涵盖全国的大型公益性科学传播活动。

2005年首届公众科学日，中国科学院下属58个研究所向社会公众敞开大门，共接待全国各地公众近12万人次。2006年第二届公众科学日期间，76家中国科学院属科研机构同时开放，接待人数达22万人次。

2006年科技活动周以“携手建设创新型国家”为主题，举办了大规模的群众性科技活动。中宣部、中国科学院、国家粮食局、安全生产监督总局、卫生部、交通部、国家林业局、中国地震局等部门以及各地方结合自身情况举办了精彩纷呈的科技活动。据统计，2006年科技活动周期间，仅各部门和地方报来备案的主要活动就有3000多项，初步估计有近亿人(次)的公众参加了科技活动周的活动或收看了科技周的专题节目。

◎ 全国科普日

从2005年起，每年9月第3周的公休日固定举办全国科普日活动。2005年科普日活动的主题是“树立科学发展观，共建和谐社会”，突出宣传“珍惜资源、节约资源、建设节约型社会”。活动

图 16-1　中国科学院武汉分院 2006 年科技活动周现场

期间，全国各地共开展各类重点科普活动4151项，参与科普志愿者180万余人，群众5000余万人次。2006年全国科普日以“节约能源，你我共参与”和“预防疾病，科学生活”为主题，科协系统共举办各类重点科普活动4851项，参与的科普志愿者近75万人，直接参与群众近6000万人次。

◎ 农村科普

2005年10月，中国科协组织召开了第一次农村科普工作会议，对农村科普工作进行了新的定位。

开展多种形式的实用技术培训仍是农村科普工作的重要内容。2006年，农业部通过科技下乡、技术服务、科技直通车、农业广播电视等方式，全年培训农民1亿人次以上。科技部继续支持以省为单位继续开展“百万农民科技培训”，2006年全年共培训农民1000万人次以上。

科技示范是重要的农村科普手段。农业部于2005年启动“全国农业科技入户示范工程”，2005—2006年间在全国选择了200多个示范县，以水稻、小麦、玉米、大豆、生猪、奶牛、肉羊、农机、渔业为重点，培育了30余万个科技示范户，辐射带动了600万农户。2005年8月起，中国科协、财政部又联合组织实施了大型科普示范项目“科普惠农兴村计划”，大规模地资助和奖励了农村科普工作先进个人和单位。

专栏16-3

科普惠农兴村计划

“科普惠农兴村计划”由中国科协和财政部联合推出，目的是通过“以点带面、榜样示范”的方式，在全国评比、筛选、表彰一批有突出贡献、有较强区域示范作用、辐射性强的农村科普先进集体和个人，以进一步做好农村科普工作。获奖单位和个人分别被授予“全国科普惠农兴村先进单位”和“全国科普惠农兴村带头人”称号，由中央财政采用“以奖代补、奖补结合”的方式给予奖励和补助；奖补资金主要用于购置科普资料和设备、面向农民和农村青少年开展培训讲座、展览，引进推广新技术和新品种等农村科普活动支出。

2006年，中央财政安排奖补资金5000万元，评选表彰了100个农村专业技术协会、100个农村科普示范基地、100名农村科普带头人和10个少数民族科普工作队。

◎ 社区科普

“科教进社区”活动2005年的主题是“讲科学文明、建和谐社区”，工作的重点内容是围绕科学发展观宣传资源节约与可持续利用、破除封建迷信，反对伪科学和宣传世界物理年，努力提高社区科普能力建设。2006年的工作重点是大力开展社会主义荣辱观教育，促进社区公共服务体系建设；贯彻实施《全民科学素质行动计划纲要》，促进居民科学素质提高；加强科普队伍和资源建设，提高科普服务能力，逐步建立起社区科普长效机制。

2005年起，中国科协开展第三批全国科普示范县（市、区）创建活动。299个县（市、区）参加了第三批全国科普示范县（市、区）创建活动。

◎ **企业科普**

面向企业职工开展职业和创业培训是企业科普的主要内容。全国总工会通过制作“全国职工职业技能大赛”、“全国职工技术创新成果奖”等宣传光盘和职工创新发明成果展览等形式，积极开展职工技术培训，展示了职工的科技水平。

中国科协组织的“千厂千会”、“讲理想、比贡献”等面向企业的科普活动继续实施，并取得了良好的效果。此外，科协系统还面向企业积极开展促进科技成果转化的科技咨询工作。据统计，2005—2006年，全国科协系统和各级学会共完成技术咨询合同8.5万项，举办面向生产应用的培训班11.7万次，培训人员1900余万人次。

◎ **青少年科普**

2005—2006年，中国科协系统共举办各类青少年科技竞赛2万余次，共有6000余万人次参加；举办青少年科技夏冬令营7200多次，参加者达140余万人次。

中国共青团组织了“科技之光”百名青年专家服务团，面向公众开展科技服务活动。

第三节 科普能力建设

2005—2006年，科普队伍建设、科普场馆建设和科普创作与出版宣传等都取得了新进展。

一、科普队伍建设

各级科协组织和各类学会组织是中国科普队伍的主力军。截至2005年底，全国科协系统共有各类科普组织20余万个，科普工作者人数1100余万人。与2004年相比，各类科普组织以及科普工作者队伍都有明显的发展（表16-1）。

二、科普设施建设

2005年，中国科技馆新馆正式立项，中国科技馆新馆10.2万平方米、投资10.9亿元，列入北

表 16-1　科协系统科普组织数和科普工作者人数（2005 年）

	机构数（个）		科普工作者人数（万人）	
	2005 年	与 2004 年相比	2005 年	与 2004 年相比
各级科协属科普组织	4451	1%	2.85	2%
各级学会属科普组织	54639	4%	13.16	35%
城区 / 街道科普协会	7439	15%	1.95	3%
乡镇科普协会	32531	持平	8.80	40%
企业科协组织	4260	-22%	183.00	6%
大专院校科协组织	177	-14%	26.90	11%
农村专业技术协会	96000	7%	924.00	26%
合　计	201502	4%	1160.66	22%

数据来源：中国科协

京市 2008 年工程建设总体规划。新馆建成后将成为国内最大、国际上名列前茅的科普场馆。

中国数字科技馆进入试运行，以 30 个主题虚拟博物馆（A 馆）、40 个网上互动科学体验馆（B 馆）、九大科普资源库（C 馆）和专用信息共享平台为重点，着力搭建数字化科普资源共享服务平台，为社会公众、尤其是青少年提供丰富的网络科普服务。

三、科普创作出版与媒体宣传

2005—2006 年，全国科普创作出版和媒体宣传继续呈现出繁荣景象。以科协系统主办的各类科技传媒为例，各类科技传媒（包括科技期刊、科技图书和科技网站）尤其是科技网站，无论是

表 16-2　科协系统主办的科技出版与传媒情况统计（2004 — 2006 年）

		2004 年	2005 年	2006 年
主办科技期刊	（种）	2158	2148	2314
总印数	（万册）	10758.58	11921.76	13750.03
主办科技报纸	（种）	103	112	102
总印数	（万份）	18303.2	15645.28	13963.03
编著科技图书	（种）	1421	1889	2428
总印数	（万册）	1434.04	1132.54	1607.73
主办科技网站数	（个）	–	870	1133
浏览人数	（万人次）	–	20471.05	34838.59

数据来源：中国科协

网站数目还是浏览人数都有大幅度的发展。

许多优秀科普作品获得了国家级的科技奖励。2005年，国家科技进步奖首次开展科普著作类项目的受理和评审工作，共受理44项科普著作类项目，其中7项被评为国家科技进步奖二等奖。2006年共有6项科普著作被评为国家科技进步奖二等奖。

第四节 科普与公众

2005年，中国科协组织实施了第六次中国公众科学素养抽样调查，对公众获取科技信息、参与科普活动以及对科学技术的理解等进行了研究。

一、公众获取科技信息

◎ 半数公众对科技信息感兴趣

中国公众对科学新发现、新技术的应用和医学新进展等科技发展类信息的感兴趣比例分别达到54.5%、50.9%和45.9%。

除科技发展类信息外，公众最感兴趣的信息主要是健康与卫生保健（73.1%）、农业发展（58.1%）和国家经济发展（53.5%）、防灾与减灾（50.0%）、生产实用技术（49.7%）、环境污染与治理（49.2%）、文化与科技教育（49.1%）等与日常生活比较贴近的信息。

◎ 大众媒体是公众获取科技信息的主要渠道

调查显示，电视是中国公众科技信息的最主要来源，高达91.0%的公众通过“电视”获得科技发展信息；“报纸杂志”的利用比例为44.9%；公众通过“广播”获得科技发展信息的比例为22.4%；通过“图书”、“科学期刊”和“其他”途径获得科技发展信息的比例依次为10.2%、9.5%和7.9%；通过“因特网”获得科技发展信息的比例仍然最低（7.4%）。

二、公众参与科普活动

◎ 公众参加科普活动

2005年，中国公众参加过科技培训的比例为30.8%，参加过科技咨询的比例为30.4%，参加过科普讲座的比例为23.9%，参加过科技周（节、日）和科普宣传车活动的比例为11.9%和11.6%。

◎ 公众利用科普设施

2005年，中国公众参观过科普画廊或宣传栏的公众比例最高，为36.7%；参观过科技示范点和动物园、水族馆、植物园的比例次之，分别为30.9%和30.3%；去过图书阅览室和公共图书馆的比例分别为29.2%和26.7%；参观过各种科普场馆的比例均比较低，参观过美术馆或展览馆、科技馆等科技类场馆和自然博物馆的比例分别为11.2%、9.3%和7.1%。

"本地没有科普设施"和"不知道科普设施在哪里"是造成公众没有利用这些科普设施的最主要原因。例如，没有参观过科技馆等科技类场馆的公众（90.8%），56.0%的人回答没有参观的原因在于"本地没有"；回答"不感兴趣"的比例仅为10.7%。"门票太贵"并不是阻碍公众参观科技馆的主要原因，选择这一原因的公众仅占1.8%。与城镇公众（18.8%）相比，使用过各类科普设施的农村公众比例明显偏低（11.8%），主要原因在于农村地区科普设施的缺乏。

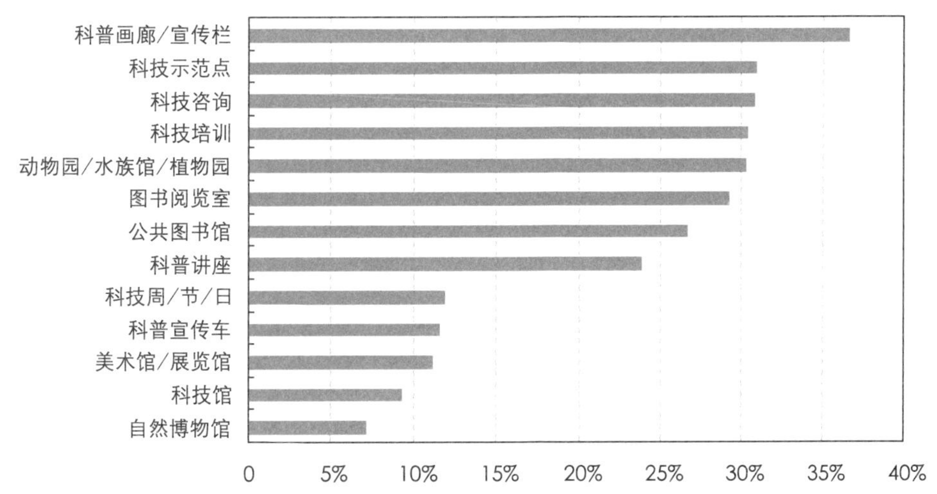

图16-2　公众参与科普活动和使用科普设施的比例（2005年）

三、公众对科学技术的态度

◎ 大多数公众对科学技术的发展持积极态度

87.5%的公众赞成"科学技术给我们的后代提供了更多的发展机会"的观点；72.1%的公众赞成"科学技术给我们既带来好处也带来坏处，但是好处多于坏处"的看法；76.0%的公众赞成"科学技术使我们的工作更轻松愉快了"的观点；70.3%的公众赞成"总体上说，科学家的工作使我们的生活更简单舒适了"的观点；84.9%的公众赞成"尽管有些科学研究不能立即给我们带来利益，但是科学研究是必要的，政府应该支持"的观点。

◎ 部分公众对科学技术的发展持过于乐观的态度

40.6%的公众同意"仅仅依靠科学技术，就能使中国在近几年内迅速强大起来"的观点；

22.3%的公众同意“科学技术能解决所有问题”的看法。

◎ **少数公众对科学技术的发展持保守态度**

10.0%的公众同意“即使没有科学技术，人们也可以生活得很好”的看法；12.8%的公众同意“科学技术的发展会使人与人之间的关系越来越疏远”的观点；18.3%的公众同意“我们过于依靠科学，而忽视信仰”的说法；34.4%的公众同意“科学技术的发展会使越来越多的人失业”的观点。

◎ **少数公众对科学技术的发展持消极态度**

11.4%的公众同意“科学家因为拥有了改变世界的知识和能力，而变得很可怕”的说法；13.4%的公众同意“持续不断的技术应用，最终会毁掉我们赖以生存的地球”的观点；21.9%的公众同意“科学技术不能解决我们面临的任何问题”的说法。

◎ **科学技术职业在公众心目中享有较高的声望**

调查显示，教师、科学家、医生这三种科学技术职业在公众心目中的声望排在前三位，工程师排在第七位。科学技术职业也是公众最为期望子女去从事的职业之一。

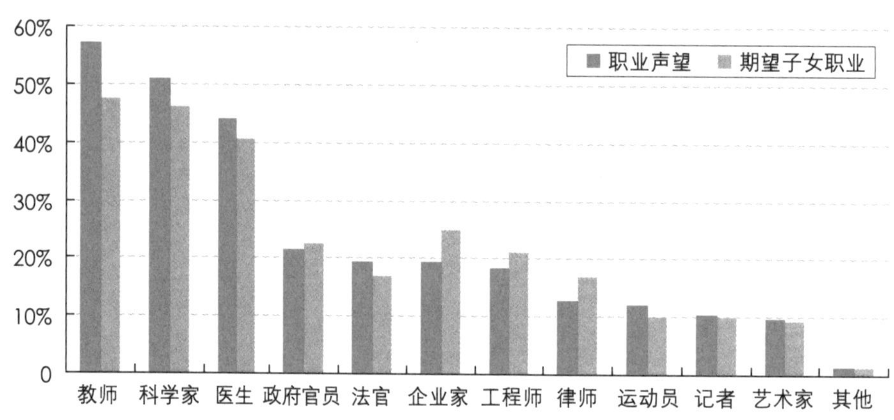

图16-3 选择职业声望最高和期望子女从事该职业的公众比例（2005年）

附 录
主要科技指标

一、科技人力资源

二、R&D 经费

三、政府研究机构的科技活动

四、高等学校的科技活动

五、大中型工业企业的科技活动

六、科技活动产出

七、高技术产业发展

目录

一、科技人力资源

表 1-1 科技人力资源概况（2000—2006 年）

	2000 年	2001 年	2002 年	2003 年	2004 年	2005 年	2006 年
全国							
经济活动人口（万人）	73992	74432	75360	76075	76823	77877	78244
科技活动人员（万人）	322.35	314.11	322.18	328.40	348.14	381.48	413.15
科学家工程师	204.59	207.15	217.20	225.47	225.20	256.06	279.78
R&D 人员（万人年）	92.21	95.65	103.51	109.48	115.26	136.48	150.25
科学家工程师	69.51	74.27	81.05	86.21	92.62	111.87	122.38
基础研究	7.96	7.88	8.40	8.97	11.07	11.54	13.13
应用研究	21.96	22.60	24.73	26.03	27.86	29.71	29.97
试验发展	62.28	65.17	70.39	74.49	76.33	95.23	107.14
研究机构							
科技活动人员（万人）	47.25	42.70	41.48	40.62	39.80	45.60	46.20
科学家工程师	29.65	27.60	27.10	26.60	26.30	31.90	32.90
R&D 人员（万人年）	22.72	20.50	20.59	20.39	20.33	21.53	23.19
科学家工程师	14.95	14.80	15.23	15.60	15.82	16.88	17.7
高等学校							
科技活动人员（万人）	35.22	36.64	38.30	41.10	43.70	47.09	50.87
科学家工程师	31.51	35.88	37.61	40.38	36.40	39.51	42.93
R&D 人员（万人年）	16.30	17.11	18.15	18.93	21.17	22.72	24.25
科学家工程师	14.70	16.80	17.80	18.60	20.62	22.19	23.7
企业及其他[a]							
科技活动人员（万人）	239.88	234.77	242.40	246.68	264.66	288.78	316.08
科学家工程师	143.43	143.67	152.49	158.49	162.52	184.66	203.95
R&D 人员（万人年）	53.19	58.04	64.77	70.16	73.76	92.24	120.80
科学家工程师	39.85	42.67	48.02	52.01	56.17	72.80	81.0

a：其他是指政府部门所属的从事科技活动但难以归入研究机构的事业单位。

资料来源：国家统计局、科学技术部《中国科技统计年鉴》2001—2007。

表 1-2　部分国家（地区）R&D 人员

	年　份	R&D 人员（万人年）	每万劳动力[a]中R&D 人员（人年 / 万人）	R&D 科学家工程师[b]（万人年）	每万劳动力[a]中 R&D 科学家工程师[b]（人年 / 万人）
中　国	2006	150.2	19.2	122.4	15.6
澳大利亚	2004	11.9	123.1	8.2	84.3
奥地利	2005	4.7	112.1	2.8	67.8
比利时	2004	5.4	129.5	3.2	76.5
加拿大	2002	17.7	113.8	11.3	72.4
捷　克	2005	4.3	86.6	2.4	48.3
丹　麦	2005	4.4	157.7	2.6[c]	95.5[c]
芬　兰	2005	5.7	239.8	4.0	165.1
法　国	2004	35.2	141.2	20.0	80.1
德　国	2005	47.0	120.9	26.8	69.1
希　腊	2005	3.4	82.0	1.7	41.0
匈牙利	2005	2.3	59.9	1.6	40.9
冰　岛	2003	0.3	181.1	0.2	118.1
爱尔兰	2005	1.6	82.7	1.1	57.0
意大利	2004	16.4	67.7	7.2	29.7
日　本	2004	89.6	140.7	67.7	106.4
韩　国	2005	21.5	94.3	18.0	78.8
卢森堡	2005	0.4	141.9	0.2	68.0
墨西哥	2003	6.0	14.8	3.3	8.3
荷　兰	2004	9.2	111.6	3.7[d]	45.0[d]
新西兰	2003	2.1	140.1	1.6	101.9

[续表 1-2]

	年 份	R&D 人员（万人年）	每万劳动力[a]中 R&D 人员（人年/万人）	R&D 科学家工程师[b]（万人年）	每万劳动力[a]中 R&D 科学家工程师[b]（人年/万人）
挪 威	2005	3.1	132.2	2.2	94.6
波 兰	2005	7.7	58.3	6.2	47.2
葡萄牙	2005	2.6	49.9	2.1	40.9
斯洛伐克	2005	1.4	69.1	1.1	52.4
西班牙	2005	17.4	90.5	11.0	57.1
瑞 典	2005	7.8	180.0	5.4	124.9
瑞 士	2004	5.2	125.1	2.5	60.8
土耳其	2004	4.0	18.6	3.4	15.8
英 国	1998	25.7[e]	90.3[e]	15.8	54.6
美 国	2002	–	–	133.5	96.2
OECD 总体	2002	–	–	355.0	68.6
欧盟 25 国	2004	208.8	102.9	120.9	59.6
欧盟 15 国	2004	191.5	109.7	108.7	62.3
阿根廷	2005	4.5	32.9	3.2	23.1
罗马尼亚	2004	3.3	36.6	2.1	23.4
俄罗斯	2005	92.0	134.7	46.5	68.1
新加坡	2005	2.9	123.2	2.4	102.5
斯洛文尼亚	2005	0.7	74.0	0.4	40.4
南 非	2004	3.0	26.1	1.8	15.7

a：中国“劳动力”指经济活动人口；b：中国以外的其他国家和地区 R&D 科学家工程师数据为参与 R&D 活动的研究人员；c：2004 年；d：2003 年；e：1993 年。

资料来源：国家统计局、科学技术部《中国科技统计年鉴 2007》，OECD, Main Science and Technology Indicators 2007-1。

二、R&D经费

表 2-1　R&D 经费按活动类型和执行部门分布（2000—2006 年）

单位：亿元

年　份	R&D 经费	按活动类型分布			按执行部门分布			
		基础研究	应用研究	试验发展	研究机构	企业	高等学校	其他
2000	895.7	46.7	151.9	697.0	258.0	537.0	76.7	24.0
2001	1042.5	55.6	184.9	802.0	288.5	630.0	102.4	21.6
2002	1287.6	73.8	246.7	967.2	351.3	787.8	130.5	18.0
2003	1539.6	87.7	311.4	1140.5	399.0	960.2	162.3	18.1
2004	1966.3	117.2	400.5	1448.7	431.7	1314.0	200.9	19.7
2005	2450.0	131.2	433.5	1885.2	513.1	1673.8	242.3	20.8
2006	3003.1	155.8	504.5	2342.8	567.3	2134.5	276.8	24.5

资料来源：国家统计局、科学技术部《中国科技统计年鉴 2007》。

表 2-2　中央和地方财政科技拨款及其占财政总支出的比重（2000—2006 年）

年　份	国家财政支出（A）			国家财政科技拨款（B）			B/A		
	（亿元）	中央	地方	（亿元）	中央	地方	%	中央	地方
2000	15886.50	5519.85	10366.65	575.60	349.60	226.00	3.62	6.33	2.18
2001	18902.58	5768.02	13134.56	703.30	444.34	258.94	3.72	7.70	1.97
2002	22053.15	6771.70	15281.45	816.22	511.20	305.02	3.70	7.55	2.00
2003	24649.95	7420.10	17229.85	975.50	639.91	335.59	3.96	8.62	1.95
2004	28486.89	7894.08	20592.81	1095.3	692.4	402.9	3.84	8.77	1.96
2005	33930.28	8775.97	25154.31	1334.91	807.82	527.09	3.93	9.20	2.10
2006	40422.73	9991.40	30431.33	1688.5	1009.7	678.8	4.2	10.1	2.2

资料来源：国家统计局《中国统计年鉴 2007》，国家统计局、科学技术部、财政部《2006 年全国科技经费投入统计公报》。

表 2-3 部分国家（地区）R&D 经费与国内生产总值的比值（2000—2006 年）

单位：%

	2000年	2001年	2002年	2003年	2004年	2005年	2006年
中 国	0.90	0.95	1.07	1.13	1.23	1.34	1.42
澳大利亚	1.51	–	1.69	–	1.76	–	–
奥地利	1.91	2.03	2.12	2.23	2.23	2.42	–
比利时	1.97	2.08	1.94	1.89	1.86	1.82	–
加拿大	1.92	2.09	2.04	2.01	2.01	1.98	–
捷 克	1.21	1.20	1.20	1.25	1.26	1.42	–
丹 麦	–	2.39	2.51	2.58	2.50	2.45	–
芬 兰	3.34	3.30	3.36	3.43	3.45	3.48	–
法 国	2.15	2.20	2.23	2.17	2.14	2.13	–
德 国	2.45	2.46	2.49	2.52	2.49	2.46	–
希 腊	–	0.51	–	0.50	0.48	0.49	–
匈牙利	0.78	0.92	1.00	0.93	0.88	0.94	–
冰 岛	2.69	2.98	2.99	2.86	–	2.81	–
爱尔兰	1.12	1.10	1.10	1.18	1.25	1.26	–
意大利	1.05	1.09	1.13	1.11	1.10	–	–
日 本	3.04	3.12	3.17	3.20	3.17	3.33	–
韩 国	2.39	2.59	2.53	2.63	2.85	2.99	–
卢森堡	1.65	–	–	1.66	1.66	1.56	–
墨西哥	0.37	0.39	0.44	0.43	0.47	0.50	–
荷 兰	1.82	1.80	1.72	1.76	1.78	–	–
新西兰	–	1.14	–	1.15	–	–	–
挪 威	–	1.59	1.66	1.71	1.59	1.52	–
波 兰	0.64	0.62	0.56	0.54	0.56	0.57	–
葡萄牙	0.76	0.80	0.76	0.74	0.77	0.80	–
斯洛伐克	0.65	0.63	0.57	0.58	0.51	0.51	–

[续表 2-3]

单位：%

	2000 年	2001 年	2002 年	2003 年	2004 年	2005 年	2006 年
西班牙	0.91	0.91	0.99	1.05	1.06	1.12	–
瑞　典	–	4.25	–	3.95	3.71	3.89	–
瑞　士	2.57	–	–	–	2.93	–	–
土耳其	0.64	0.72	0.66	0.61	0.67	–	–
英　国	1.86	1.83	1.83	1.79	1.73	1.78	–
美　国	2.74	2.76	2.66	2.66	2.58	2.62	–
OECD 总体	2.22	2.27	2.23	2.24	2.21	2.25	–
欧盟 25 国	1.76	1.78	1.79	1.78	1.76	1.77	–
欧盟 15 国	1.84	1.87	1.88	1.88	1.85	1.86	–
阿根廷	0.44	0.42	0.39	0.41	0.44	0.46	–
以色列	4.45	4.77	4.74	4.46	4.43	4.50	–
罗马尼亚	0.37	0.39	0.38	0.39	0.39	0.41	–
俄罗斯	1.05	1.18	1.25	1.28	1.16	1.07	–
新加坡	1.88	2.11	2.15	2.12	2.24	2.36	–
斯洛文尼亚	1.43	1.55	1.52	1.32	1.45	1.22	–

资料来源：国家统计局、科学技术部《中国科技统计年鉴 2007》，OECD, Main Science and Technology Indicators 2007-1。

三、政府研究机构的科技活动

表 3-1　政府研究机构概况（2000—2006 年）

	2000 年	2001 年	2002 年	2003 年	2004 年	2005 年	2006 年
研究机构合计							
机构数（个）	5064	4593	4347	4193	3979	3901	3803
从业人员（万人）	70.26	62.27	58.91	56.89	56.15	56.32	56.6
科技活动人员（万人）	47.25	42.70	41.48	40.64	39.75	45.59	46.2
科学家工程师（万人）	29.65	27.67	27.05	26.64	26.26	31.86	32.9
R&D 人员（万人年）	22.72	20.50	20.63	20.39	20.33	21.53	23.1
科学家工程师	14.95	14.80	15.22	15.55	15.81	16.88	17.7
科技经费筹集额（亿元）	559.39	626.00	702.66	750.63	789.09	950.44	1020.3
政府资金	377.42	434.90	498.00	535.02	596.04	763.40	835.5
企业资金	37.65	25.40	36.27	47.06	49.79	56.17	52.7
银行贷款	10.68	8.60	11.88	11.30	9.06	12.69	11.5
科技经费内部支出额（亿元）	495.70	557.90	620.21	681.29	706.31	829.66	914.8
劳务费	120.41	142.50	159.76	169.15	172.21	155.17	175.5
业务费	245.12	231.90	298.59	313.41	393.56	504.21	528.0
固定资产购建费	99.66	123.90	122.02	137.97	140.54	170.28	211.4
R&D 经费支出（亿元）	257.98	288.50	351.33	398.99	431.73	513.10	567.3
基础研究	25.30	33.60	40.72	46.90	51.70	58.03	67.9
应用研究	66.70	80.00	121.17	141.06	159.08	176.35	196.2
试验发展	165.98	174.90	189.44	211.03	220.95	278.72	303.2
课题数（万个）	5.74	5.37	5.49	5.66	5.70	5.70	6.42
课题投入人员（万人年）	28.50	20.88	20.73	22.07	21.51	22.84	26.02
科学家与工程师	19.05	16.15	15.71	16.50	15.84	16.89	19.80
课题投入经费（亿元）	289.15	220.85	254.34	337.40	341.44	441.93	451.72
自然科学与技术领域							
机构数（个）	4330	3911	3658	3482	3293	3226	3135
从业人员（万人）	66.54	58.60	55.66	53.59	52.56	52.80	53.12
科技活动人员（万人）	44.58	39.84	38.84	37.93	36.91	42.50	43.04
科学家工程师	27.66	25.41	24.99	24.55	24.09	29.43	30.44
R&D 人员（万人年）	22.04	19.86	19.87	19.57	19.49	20.63	22.27
科学家工程师	14.31	14.22	14.54	14.85	15.09	16.11	16.94
科技经费筹集额（亿元）	541.75	595.66	672.29	715.44	748.63	907.61	972.57
政府资金	359.98	412.47	474.53	507.97	564.39	729.04	795.22
企业资金	37.70	24.22	35.83	46.54	48.24	55.35	51.30
银行贷款	11.52	8.59	11.85	11.22	9.06	12.68	11.52
科技经费内部支出额（亿元）	490.73	529.13	590.96	648.70	668.46	790.23	872.32
劳务费	116.21	131.59	148.33	156.64	158.23	144.02	163.18
业务费	239.11	225.23	291.69	305.68	376.20	482.73	504.24
固定资产购建费	93.91	117.55	115.42	131.47	134.03	163.48	204.90

[续表 3-1]

	2000 年	2001 年	2002 年	2003 年	2004 年	2005 年	2006 年
R&D 经费支出（亿元）	253.93	284.89	345.90	392.38	423.75	504.04	557.67
基础研究	24.33	33.58	39.15	45.19	49.20	55.64	64.93
应用研究	65.21	77.19	118.93	138.36	156.04	173.30	192.50
试验发展	164.39	174.12	187.82	208.83	218.52	275.10	300.25
课题数（万个）	5.36	4.97	4.95	5.09	5.10	5.34	5.72
课题投入人员（万人年）	27.73	20.10	19.57	20.81	20.20	21.49	24.59
科学家工程师	18.35	15.45	14.69	15.48	14.80	15.83	18.65
课题投入经费（亿元）	287.22	218.26	249.85	331.09	336.61	433.19	442.56
社会与人文科学领域							
机构数（个）	333	329	323	325	324	322	320
从业人员（万人）	1.83	1.82	1.82	1.87	1.95	1.94	1.97
科技活动人员（万人）	1.52	1.52	1.51	1.56	1.63	1.81	1.86
科学家工程师	1.26	1.25	1.24	1.26	1.30	1.52	1.54
R&D 人员（万人年）	0.60	0.59	0.70	0.73	0.75	0.80	0.84
科学家工程师	0.54	0.53	0.63	0.63	0.65	0.69	0.73
科技经费筹集额（亿元）	11.0	13.85	14.87	17.65	19.75	21.68	25.68
政府资金	8.84	10.83	12.02	14.63	16.38	18.44	22.66
企业资金	0.07	0.20	0.05	0.12	0.39	0.16	0.29
银行贷款	0.01	0.01	0.01	0.07	–	–	–
科技经费内部支出额（亿元）	10.31	13.18	14.03	16.47	18.08	19.89	22.80
劳务费	4.37	5.80	6.54	7.35	7.94	6.70	7.31
业务费	2.45	3.28	3.29	3.82	8.81	11.65	14.19
固定资产购建费	1.57	1.90	1.93	2.17	1.32	1.53	1.30
R&D 经费支出（亿元）	3.04	3.35	4.77	5.70	6.77	7.57	8.45
基础研究	0.86	1.02	1.44	1.70	2.42	2.23	2.78
应用研究	1.15	1.64	2.05	2.48	2.60	2.69	3.45
试验发展	1.03	0.69	1.28	1.52	1.75	2.65	2.22
课题数（万个）	0.38	0.39	0.40	0.43	0.46	0.50	0.55
课题投入人员（万人年）	0.77	0.78	0.84	0.88	0.92	0.94	1.04
科学家工程师	0.70	0.70	0.75	0.73	0.76	0.77	0.87
课题投入经费（亿元）	1.93	2.58	2.92	3.77	5.02	5.90	6.64

注：政府研究机构是指县以上政府部门所属独立研究与开发机构及科技信息与文献机构，且不含已实行转制的研究机构。

资料来源：国家统计局、科学技术部《中国科技统计年鉴》2001—2007，科学技术部“全国科学技术机构统计调查”2001—2007 年。

表 3-2 政府研究机构的人员情况（2000—2006 年）

	2000 年	2001 年	2002 年	2003 年	2004 年	2005 年	2006 年
研究机构合计							
机构数（个）	5064	4635	4347	4169	3979	3901	3803
从业人员（万人）	70.26	62.27	58.91	56.89	56.15	56.32	56.6
科技活动人员（万人）	47.25	42.70	41.48	40.64	39.75	45.59	46.2
科学家工程师	29.65	27.67	27.05	26.64	26.26	31.86	32.9
R&D 人员（万人年）	22.72	20.5	20.63	20.39	20.33	21.53	23.1
科学家工程师	14.95	14.80	15.22	15.55	15.81	16.88	17.7
中央属							
机构数（个）	908	820	744	733	685	679	673
从业人员（万人）	39.72	36.26	34.56	34.32	34.34	34.82	35.38
科技活动人员（万人）	28.03	25.95	25.29	25.41	24.87	30.10	30.51
科学家工程师	17.29	16.73	16.40	16.59	16.39	21.39	22.19
R&D（万人年）	18.51	16.57	16.59	16.48	16.42	17.42	18.81
地方属							
机构数（个）	4156	3815	3603	3436	3294	3222	3130
从业人员（万人）	30.54	26.01	24.35	22.57	21.81	21.50	21.27
科技活动人员（万人）	19.22	16.75	16.19	15.23	14.88	15.49	15.67
科学家工程师	12.36	10.94	10.65	10.05	9.87	10.47	10.71
R&D 人员（万人年）	4.21	3.93	4.04	3.91	3.91	3.58	4.38

资料来源：国家统计局、科学技术部《中国科技统计年鉴》2001—2007。

表 3-3 政府研究机构的经费情况（2000—2006 年）

单位：亿元

	2000 年	2001 年	2002 年	2003 年	2004 年	2005 年	2006 年
研究机构合计							
科技经费筹集额	559.39	626.00	702.66	750.63	789.09	950.44	1020.3
政府资金	377.42	434.90	498.00	535.02	596.04	763.40	835.5
企业资金	37.65	25.40	36.27	47.06	49.79	56.17	52.7
银行贷款	10.68	8.60	11.88	11.30	9.06	12.69	11.5
科技经费内部支出额	495.70	557.90	620.21	681.29	706.31	829.66	914.8
劳务费	120.41	142.50	159.76	169.15	172.21	155.17	175.5
业务费	245.12	231.90	298.59	313.41	393.56	504.21	528.0
固定资产购建费	99.66	123.90	122.02	137.97	140.54	170.28	211.4
R&D 经费支出	257.98	288.50	351.33	398.99	431.73	513.10	567.3
基础研究	25.30	33.60	40.72	46.90	51.70	58.03	67.9
应用研究	66.70	80.00	121.17	141.06	159.08	176.35	196.2
试验发展	165.98	174.90	189.44	211.03	220.95	278.72	303.2
中央属							
科技经费筹集额	406.90	476.99	541.95	582.76	621.01	771.30	822.20
政府资金	303.52	354.99	409.36	435.39	487.15	633.01	691.74
企业资金	27.22	16.99	25.76	36.68	37.45	44.58	40.41
银行贷款	5.16	5.05	9.16	8.68	8.53	12.52	11.39
科技经费内部支出额	348.96	413.04	468.07	521.33	548.65	664.50	734.57
劳务费	64.19	82.33	94.78	102.09	107.63	104.50	118.30
业务费	211.19	195.16	256.67	273.51	322.66	417.84	430.00
固定资产购建费	78.48	103.26	101.96	118.03	118.36	142.16	186.27
R&D 经费支出	231.32	265.42	325.33	371.11	399.09	476.02	523.09
基础研究	24.13	32.21	38.93	44.90	49.73	55.55	64.33
应用研究	60.52	73.56	113.16	132.57	149.13	165.62	183.30
试验发展	146.67	159.65	173.24	193.64	200.23	254.85	275.45
地方属							
科技经费筹集额	152.49	149.01	160.70	167.87	168.08	179.13	198.12
政府资金	73.90	79.91	88.64	99.63	108.87	130.39	143.77
企业资金	10.43	8.41	10.51	10.37	12.35	11.59	12.32
银行贷款	5.52	3.55	2.72	2.62	0.53	0.17	0.14
科技经费内部支出额	146.74	144.86	152.14	159.95	157.66	165.15	180.30
劳务费	56.22	60.17	64.98	67.05	65.59	50.67	57.19
业务费	33.93	36.74	41.92	39.89	70.89	86.37	98.02
固定资产购建费	21.18	20.64	20.06	19.94	22.18	28.12	25.10
R&D 经费支出	26.66	23.08	26.01	27.88	32.64	37.08	44.18
基础研究	1.17	1.39	1.79	2.00	1.97	2.49	3.51
应用研究	6.18	6.44	8.02	8.49	9.95	10.72	12.90
试验发展	19.31	15.25	16.20	17.39	20.72	23.87	27.77

资料来源：国家统计局、科学技术部《中国科技统计年鉴》2001—2007。

四、高等学校的科技活动

表 4-1　高等学校科技活动概况（2000—2006 年）

	2000 年	2001 年	2002 年	2003 年	2004 年	2005 年	2006 年
学校数（个）	1041	1225	1396	1552	1731	1792	1867
从业人员（万人）	111	121	130	145	161	174	223
科技活动人员（万人）	35.22	36.64	38.30	41.10	43.68	47.09	50.87
科学家工程师	31.51	35.88	37.61	40.38	36.38	39.51	42.93
R&D 人员（万人年）	15.9	17.1	18.1	18.9	21.2	22.7	24.2
科学家工程师	14.70	16.80	17.80	18.60	20.6	22.2	23.7
基础研究	5.1	5.1	5.6	5.8	7.4	7.8	9.0
应用研究	8.7	9.2	9.5	10.0	10.4	11.1	11.3
试验发展	2.1	2.8	3.1	3.1	3.4	3.9	3.9
科技经费筹集额（亿元）	166.78	200.00	247.70	307.79	391.63	460.92	528.0
政府拨款	97.47	109.83	137.29	164.76	210.60	251.55	287.8
企业资金	55.45	72.46	89.58	112.59	148.62	172.89	197.4
银行贷款	1.38	0.97	1.30	1.46	1.30	0.30	0.13
科技经费内部支出额（亿元）	137.15	165.92	204.17	253.88	318.17	387.46	440.9
劳务费	28.54	29.81	38.22	49.15	58.28	71.48	78.9
业务费	81.18	—	—	—	—	—	—
固定资产购建费	27.43	51.26	38.34	45.06	81.37	93.85	113.0
R&D 经费（亿元）	76.7	102.4	130.5	162.3	200.9	242.3	276.8
基础研究	17.8	19.0	27.8	32.9	47.9	56.7	71.4
应用研究	40.0	56.6	67.1	89.7	108.8	125.0	137.3
试验发展	18.9	26.8	35.6	39.7	44.2	60.6	68.2

资料来源：国家统计局、科学技术部《中国科技统计年鉴 2007》。

表 4-2　高等学校分学科科技活动概况（2006 年）

	单位	自然科学与工程技术领域	社会与人文科学领域
科技活动人员	人	348996	159715
科学家工程师	人	270306	159034
R&D 人员	人年	181830	60660
科学家工程师	人年	176111	60467
科技经费筹集额	万元	4919774	359879
政府拨款	万元	2665307	212198
企业资金	万元	1894940	79040
科技经费内部支出额	万元	4083148	326190
劳务费	万元	685660	103520
固定资产购建费	万元	1063526	66565
R&D 经费	万元	2441923	326190
基础研究	万元	625261	88362
应用研究	万元	1295985	76630
试验发展	万元	520677	161198
R&D 课题数	项	241710	123584
R&D 课题人员投入	人年	209430	58643
R&D 课题经费支出	万元	2726878	143301

资料来源：国家统计局、科学技术部《中国科技统计年鉴 2007》。

表 4-3　部分国家高等学校 R&D 经费按活动类型分布

单位：亿美元

	中国 (2006)	美国 (2004)	法国 (2003)	瑞士 (2002)	丹麦 (2003)	澳大利亚 (2002)	挪威 (2003)	西班牙 (2003)	韩国 (2003)
R&D 经费	34.72	424.31	75.54	17.71	12.70	18.63	9.41	22.34	16.22
基础研究	8.95	317.35	65.25	14.26	6.98	9.66	4.61	10.71	5.84
应用研究	17.22	92.23	8.63	2.50	4.32	7.56	3.36	8.55	5.32
试验发展	8.55	14.74	1.65	0.95	1.40	1.42	1.43	3.07	5.06

资料来源：国家统计局、科学技术部《中国科技统计年鉴 2007》，OECD, R&D Statistics-2005。

五、大中型工业企业的科技活动

表5-1　大中型工业企业的基本情况（2000—2006年）

	2000年	2001年	2002年	2003年	2004年	2005年	2006年
企业数（个）	21776	22904	23096	22276	27692	28567	32647
有科技机构的企业数（个）	6187	6000	5836	5545	6468	6775	7579
有科技活动的企业数（个）	11008	10461	10346	9509	10620	11060	12068
科技机构数（个）	7601	7400	7192	6841	9083	9352	10464
年末从业人员（万人）	2902	2804	2710	3103	3508	3742	4373
工程技术人员	303	306	304	313	296	322	349
产品销售收入（亿元）	49847	58511	67452	96497	133929	164974	214659
新产品	7641	8794	10838	14098	20421	24097	31233
新产品出口	1271	1393	1772	2590	4854	5539	7335
工业增加值（亿元）	15747	18133	20841	29073	—	48074	58794
科技活动人员（万人）	138.7	136.8	136.7	141.1	144.9	167.9	189.2
科学家工程师	76.9	79.1	81.3	87.3	84.2	103.1	117.6
科技经费筹集额（亿元）	922.8	1046.7	1213.0	1588.6	2090.7	2665.8	3300.8
政府资金	43.2	41.1	53.7	51.8	64.8	81.9	105.4
企业资金	744.4	880.4	1020.3	1339.6	1832.5	2358.6	2892.4
银行贷款	97.3	95.6	99.9	156.5	155.3	169.4	253.7
科技经费内部支出额（亿元）	823.7	977.9	1164.1	1467.8	2002.0	2543.3	3175.8
劳务费	177.4	218.5	258.9	324.4	446.1	501.4	609.7
新产品开发经费支出	388.9	422.0	509.2	639.0	821.0	1457.2	1862.9
R&D人员（万人年）	32.9	37.9	42.4	47.8	43.8	60.6	69.6
R&D经费支出（亿元）	353.6	442.3	560.2	720.8	954.4	1250.3	1630.2
技术改造经费支出（亿元）	1132.6	1264.8	1492.1	1896.4	2588.5	2792.9	3019.6
技术引进经费支出（亿元）	245.4	285.9	372.5	405.4	367.9	296.8	320.4
消化吸收经费支出（亿元）	18.2	19.6	25.7	27.1	54.0	69.4	81.9
购买国内技术支出（亿元）	26.4	36.3	42.9	54.3	69.9	83.4	87.4

资料来源：国家统计局、科学技术部《中国科技统计年鉴2007》，国家统计局《中国统计年鉴2007》。

表 5-2　各行业不同登记注册类型大中型工业企业 R&D 经费（2006 年）

行　业	R&D 经费（万元）		
		内资企业	三资企业
大中型工业企业合计	16301909	11857649	4444261
煤炭开采和洗选业	368961	368961	0
石油和天然气开采业	227269	227269	0
黑色金属矿采选业	4205	3887	318
有色金属矿采选业	14645	14645	0
非金属矿采选业	12538	12538	0
农副食品加工业	134042	109188	24854
食品制造业	117691	77945	39745
饮料制造业	187854	143219	44636
烟草制品业	63083	63078	5
纺织业	342865	262272	80593
纺织服装、鞋、帽制造业	88208	69512	18696
皮革、毛皮、羽毛(绒)及其制品业	29397	11421	17976
木材加工及木、竹、藤、棕、草制品业	31943	28466	3477
家具制造业	24877	4809	20068
造纸及纸制品业	151021	99365	51656
印刷业和记录媒介的复制	23733	18706	5027
文教体育用品制造业	32264	11990	20274
石油加工、炼焦及核燃料加工业	160539	150825	9714
化学原料及化学制品制造业	978548	885586	92962
医药制造业	525856	385870	139986
化学纤维制造业	196216	159040	37176
橡胶制品业	209353	160393	48960
塑料制品业	142340	102367	39973
非金属矿物制品业	256951	199238	57713
黑色金属冶炼及压延加工业	1621326	1540890	80436
有色金属冶炼及压延加工业	553921	510219	43702
金属制品业	209652	151591	58061
通用设备制造业	1034914	727613	307301
专用设备制造业	759041	638800	120242
交通运输设备制造业	2239728	1441801	797927
电气机械及器材制造业	1669087	1252647	416441
通信设备、计算机及其他电子设备制造业	3483945	1686113	1797832
仪器仪表及文化、办公用机械制造业	187741	132378	55363
工艺品及其他制造业	57750	49583	8167
电力、热力的生产和供应业	154254	149278	4976
燃气生产和供应业	1269	1262	7
水的生产和供应业	4885	4885	0

资料来源：国家统计局、科学技术部《中国科技统计年鉴 2007》。

六、科技活动产出

表 6-1 国内科技论文按学科及机构类型的分布（2000—2005 年）

单位：篇

	2000 年	2001 年	2002 年	2003 年	2004 年	2005 年
总计	180848	203229	238833	274604	311737	355070
按学科分布						
基础学科	37024	38190	44110	47633	54883	58573
医药卫生	50516	61312	70339	99063	112294	139884
农林牧渔	11309	12109	15357	17771	20748	24304
工业技术	81282	89463	103927	104347	114941	127234
其他	717	2155	5100	5790	8871	5075
按机构类型分布						
高等学校	115626	132608	157984	181902	214710	234609
研究机构	29580	29085	28779	30123	34043	38101
企业	12931	14452	16307	15489	13673	14034
医疗机构	15816	19736	25612	33242	35691	52331
其他	6895	7348	10151	13848	13620	15995

资料来源：中国科学技术信息研究所《中国科技论文统计与分析（年度研究报告）》2000—2005 年。

表 6-2 SCI、EI 和 ISTP 收录的我国科技论文（2000—2005 年）

年份	SCI、EI 和 ISTP 收录我国			SCI 论文数			EI 论文数			ISTP 论文数		
	论文数（篇）	占总收录的比重 %	位次	（篇）	占总收录的比重 %	位次	（篇）	占总收录的比重 %	位次	（篇）	占总收录的比重 %	位次
2000	49678	3.55	8	30499	3.15	8	13163	5.78	3	6016	2.94	8
2001	64526	4.38	6	35685	3.57	8	18578	7.66	3	10263	4.47	6
2002	77395	5.37	5	40758	4.18	6	23224	10.12	2	13413	5.66	5
2003	93352	5.09	5	49788	4.48	6	24997	8.04	3	18567	4.50	6
2004	111356	6.32	5	57377	5.43	5	33500	10.49	2	20479	5.33	5
2005	153374	6.87	4	68226	5.3	5	54362	12.6	2	30786	6.2	5

注：SCI、EI 和 ISTP 分别为美国《科学引文索引》、《工程索引》和《科学技术会议录索引》的缩写。

资料来源：中国科学技术信息研究所《中国科技论文统计与分析（年度研究报告）》2000—2005 年。

表 6-3　中国专利局专利申请受理量和授权量（2000—2006 年）

单位：件

	年 份	申请量				授权量			
		小 计	发 明	实用新型	外观设计	小 计	发 明	实用新型	外观设计
合计	2000	170682	51747	68815	50120	105345	12683	54743	37919
	2001	203573	63204	79722	60647	114251	16296	54359	43596
	2002	252631	80232	93139	79260	132399	21473	57484	53442
	2003	308487	105318	109115	94054	182226	37154	68906	76166
	2004	353807	130133	112825	110849	190238	49360	70623	70255
	2005	476264	173327	139566	163371	214003	53305	79349	81349
	2006	573178	210490	161366	201322	268002	57786	107655	102561
国内	2000	140339	25346	68461	46532	95236	6177	54407	34652
	2001	165773	30038	79275	56460	99278	5395	54018	39865
	2002	205544	39806	92166	73572	112103	5868	57092	49143
	2003	251238	56769	107842	86627	149588	11404	68291	69893
	2004	278943	65786	111578	101579	151328	18241	70019	63068
	2005	383157	93485	138085	151587	171619	20705	78137	72777
	2006	470342	122318	159997	188027	223860	25077	106312	92471
国外	2000	30343	26401	354	3588	10109	6506	336	3267
	2001	37800	33166	447	4187	14973	10901	341	3731
	2002	47087	40426	973	5688	20296	15605	392	4299
	2003	57249	48549	1273	7427	32638	25750	615	6273
	2004	74864	64347	1247	9270	38910	31119	604	7187
	2005	93107	79842	1481	11784	42384	32600	1212	8572
	2006	102836	88172	1369	13295	44142	32709	1343	10090

资料来源：国家知识产权局《专利统计年报》2000—2006 年。

表6-4 国内职务发明专利申请量和授权量按地区与机构类型分布（2006年）

单位：件

地区	职务发明专利申请				职务发明专利授权			
	高等学校	研究机构	企业	机关团体	高等学校	研究机构	企业	机关团体
全国	17312	6845	56455	873	6198	2553	9433	216
北京	2411	2207	6064	93	1006	739	1472	35
天津	892	199	3230	26	306	56	460	7
河北	152	45	339	6	35	19	100	2
山西	194	94	191	2	87	43	70	1
内蒙古	23	4	107	1	6	2	20	1
辽宁	636	541	1138	12	189	185	191	29
吉林	203	238	219	3	84	118	88	7
黑龙江	623	59	201	5	232	19	80	3
上海	2568	1027	6431	381	1197	465	774	20
江苏	1750	230	4494	43	551	83	558	13
浙江	1758	97	1942	21	496	50	324	9
安徽	202	135	339	3	78	36	59	0
福建	301	81	365	12	103	33	62	0
江西	90	15	185	2	15	7	39	0
山东	615	171	1993	50	199	77	291	10
河南	342	103	579	9	37	26	97	1
湖北	880	100	661	13	426	71	159	13
湖南	398	36	470	4	105	11	112	2
广东	1188	292	15455	83	283	178	1366	25
广西	81	20	136	1	26	8	55	2
海南	5	31	71	1	0	2	19	0
重庆	329	19	387	21	85	11	59	6
四川	524	195	911	30	212	59	181	7
贵州	51	157	387	2	10	3	92	5
云南	158	132	280	16	51	67	94	9
西藏	1	1	12	0	0	0	2	0
陕西	700	121	391	14	294	42	118	7
甘肃	130	93	134	5	47	20	20	1
青海	2	8	11	0	0	16	1	1
宁夏	11	5	56	2	8	4	13	0
新疆	18	38	79	4	5	21	33	0
香港	46	1	392	0	20	0	91	0
澳门	0	0	0	0	0	0	0	0
台湾	30	350	8805	8	5	82	2333	0

资料来源：国家知识产权局《专利统计年报2006》。

七、高技术产业发展

表 7-1　高技术产业基本情况（2000—2006 年）

	2000 年	2001 年	2002 年	2003 年	2004 年	2005 年	2006 年
全部制造业							
企业数（个）	148279	156816	166868	181186	259374	251499	279282
工业总产值（亿元）	75108	84421	98326	127352	175287	217836	274572
增加值（亿元）	19701	22312	26313	34089	45778	57232	72437
从业人员年平均人数（万人）	4606	4529	4617	4884	5667.34	5935.25	6346.89
产品销售收入（亿元）	71698	80272	94114	124035	171837	213844	270478
利税总额（亿元）	6700	7522	9091	12119	10969	18441	23665
高技术产业							
企业数（个）	9758	10479	11333	12322	17898	17527	19161
工业总产值（亿元）	10411	12263	15099	20556	27769	34367	41996
增加值（亿元）	2759	3095	3769	5034	6341	8128	10056
从业人员年平均人数（万人）	390	398	424	477	587	663	744
产品销售收入（亿元）	10034	12015	14614	20412	27846	33922	41585
利税总额（亿元）	1033	1108	1166	1465	1784	2090	2611
航空航天制造业							
企业数（个）	176	169	173	148	177	167	173
工业总产值（亿元）	388	469	535	551	502	797	828
增加值（亿元）	106	124	149	141	149	209	241
从业人员年平均人数（万人）	46	42	39	34	27	30	30
产品销售收入（亿元）	378	444	500	547	498	781	799
利税总额（亿元）	17	21	28	28	26	44	61
计算机及办公设备制造业							
企业数（个）	494	543	630	810	1374	1267	1293
工业总产值（亿元）	1677	2200	3479	5987	8692	10667	12511
增加值（亿元）	374	432	604	1022	1226	1824	2111
从业人员年平均人数（万人）	24	30	39	59	83	101	122
产品销售收入（亿元）	1599	2296	3442	6306	9193	10722	12634
利税总额（亿元）	104	107	148	210	270	331	359

[续表 7-1]

	2000 年	2001 年	2002 年	2003 年	2004 年	2005 年	2006 年
电子及通信设备制造业							
企业数（个）	3977	4294	4709	5166	8044	7781	8606
工业总产值（亿元）	5981	6900	7948	10217	14007	16867	21218
增加值（亿元）	1471	1623	1939	2572	3366	4016	5118
从业人员年平均人数（万人）	174	177	193	223	304	347	393
产品销售收入（亿元）	5871	6724	7659	9927	13819	16646	21069
利税总额（亿元）	592	593	537	675	861	927	1270
医疗设备及仪器仪表制造业							
企业数（个）	1810	1985	2140	2135	3538	3341	3721
工业总产值（亿元）	584	653	759	911	1327	1785	2421
增加值（亿元）	174	193	242	275	427	549	777
从业人员年平均人数（万人）	47	47	48	45	58	62	70
产品销售收入（亿元）	558	628	734	880	1303	1752	2364
利税总额（亿元）	58	74	87	105	148	202	279
医药制造业							
企业数（个）	3301	3488	3681	4063	4765	4971	5368
工业总产值（亿元）	1781	2041	2378	2890	3241	4250	5019
增加值（亿元）	634	722	835	1025	1173	1530	1808
从业人员年平均人数（万人）	100	103	106	115	114	123	130
产品销售收入（亿元）	1627	1924	2280	2751	3033	4020	4719
利税总额（亿元）	263	313	366	447	480	584	643

注：数据为全部国有及年销售收入在 500 万元以上的非国有工业企业。

资料来源：国家统计局、国家发展和改革委员会、科学技术部《中国高技术产业统计年鉴 2007》。

表 7-2　高技术产业的主要科技指标（2000—2006 年）

	2000 年	2001 年	2002 年	2003 年	2004 年	2005 年	2006 年
全部制造业							
R&D 人员（万人年）	29.67	33.93	37.99	43.02	38.65	54.50	62.20
R&D 经费（亿元）	323.05	412.37	526.31	678.42	892.48	1184.52	1551.39
技术引进经费（亿元）	235.54	274.05	362.98	394.74	354.48	288.49	302.46
新产品销售收入（亿元）	7607.67	8763.42	10806.72	14021.36	20259.95	23804.21	30876.90
拥有发明专利数（件）	6054	7729	8838	14654	17101	21870	28168
高技术产业							
R&D 人员（万人年）	9.16	11.16	11.84	12.78	12.08	17.32	18.90
R&D 经费（亿元）	111.04	157.01	186.97	222.45	292.13	362.50	456.44
技术引进经费（亿元）	47.05	75.95	93.71	93.54	111.90	84.80	78.58
新产品销售收入（亿元）	2483.82	2875.86	3416.11	4515.04	6099.00	6914.70	8248.86
拥有发明专利数（件）	1443	1553	1851	3356	4535	6658	8141
航空航天制造业							
R&D 人员（万人年）	3.08	3.21	3.61	2.82	2.40	2.99	2.74
R&D 经费（亿元）	13.79	16.52	22.29	22.26	25.25	27.80	33.34
技术引进经费（亿元）	2.98	4.70	7.40	7.58	3.35	3.04	3.68
新产品销售收入（亿元）	81.33	96.08	143.16	215.11	212.48	337.35	305.04
拥有发明专利数（件）	139	105	126	141	73	192	228
计算机及办公设备制造业							
R&D 人员（万人年）	0.39	0.67	0.66	1.24	1.36	1.75	2.46
R&D 经费（亿元）	11.55	10.71	24.84	25.75	39.60	43.45	72.93
技术引进经费（亿元）	7.78	11.72	19.29	17.43	2.20	11.47	9.89
新产品销售收入（亿元）	537.00	629.36	752.75	954.96	1342.01	2070.09	2963.11
拥有发明专利数（件）	131	115	38	271	711	473	1174

[续表 7-2]

	2000年	2001年	2002年	2003年	2004年	2005年	2006年
电子及通信设备制造业							
R&D人员（万人年）	3.66	4.93	4.97	6.16	6.05	9.51	9.78
R&D经费内部支出（亿元）	67.94	105.39	112.16	138.50	188.55	234.72	276.89
技术引进经费（亿元）	30.56	53.64	58.48	59.53	100.01	66.50	60.54
新产品销售收入（亿元）	1630.81	1878.06	2206.06	2926.19	4026.43	3852.04	4173.48
拥有发明专利数（件）	589	828	1068	2100	2453	4268	3807
医疗设备及仪器仪表制造业							
R&D人员（万人年）	0.80	0.83	0.79	0.81	0.88	1.11	1.38
R&D经费（亿元）	4.28	5.14	6.04	8.27	10.55	16.59	20.70
技术引进经费（亿元）	1.21	1.00	1.96	1.62	0.55	0.23	1.25
新产品销售收入（亿元）	64.42	70.25	65.28	115.00	129.31	185.82	237.31
拥有发明专利数（件）	170	197	135	385	396	591	967
医药制造业							
R&D人员（万人年）	1.21	1.52	1.82	1.75	1.39	1.96	2.54
R&D经费（亿元）	13.47	19.25	21.64	27.67	28.18	39.95	52.59
技术引进经费（亿元）	4.51	4.89	6.58	7.38	5.75	3.58	3.21
新产品销售收入（亿元）	170.26	202.11	248.86	303.79	388.72	469.36	569.92
拥有发明专利数（件）	414	308	484	459	902	1134	1965

注：数据为大中型工业企业。

资料来源：国家统计局、国家发展和改革委员会、科学技术部《中国高技术产业统计年鉴2006》。

表 7-3　高技术产品的进出口贸易（2000—2006 年）

	2000 年	2001 年	2002 年	2003 年	2004 年	2005 年	2006 年
商品出口总额(亿美元)	2492	2662	3256	4384	5934	7620	9691
工业制成品(亿美元)	2238	2398	2971	4036	5528	7130	9161
占商品出口总额的比重(%)	89.8	90.1	91.3	92.1	93.2	93.6	94.5
高技术产品(亿美元)	370	465	679	1103	1654	2182	2815
占商品出口总额的比重(%)	14.9	17.5	20.8	25.2	27.9	28.6	29.0
占工业制成品出口额的比重(%)	16.6	19.4	22.8	27.3	29.9	30.6	30.7
商品进口总额(亿美元)	2251	2436	2952	4128	5614	6601	7916
工业制成品(亿美元)	1784	1978	2459	3401	4441	5124	6045
占商品进口总额的比重(%)	79.2	81.2	83.3	82.4	79.1	77.6	76.4
高技术产品(亿美元)	525	641	828	1193	1613	1977	2473
占商品进口总额的比重(%)	23.3	26.3	28.1	28.9	28.7	30.0	31.2
占工业制成品进口额的比重(%)	29.4	32.4	33.7	35.1	36.3	38.6	40.9
贸易差额(亿美元)	241	225	304	256	319	1019	1775
工业制成品(亿美元)	454	420	512	635	1087	2006	3116
高技术产品(亿美元)	-155	-177	-150	-90	41	205	342

资料来源：国家统计局、科学技术部《中国科技统计年鉴 2007》。

表 7-4　高新技术产业开发区企业概况（2000—2006 年）

	2000 年	2001 年	2002 年	2003 年	2004 年	2005 年	2006 年
企业数（家）	20796	24293	28338	32857	38565	41990	45828
年末从业人员数（万人）	251	294	349	395	448	521	574
工业总产值（亿元）	7942	10117	12937	17257	22639	28958	35899
工业增加值（亿元）	1979	2621	3286	4361	5542	6821	8521
总收入（亿元）	9209	11928	15326	20939	27446	34416	43320
净利润（亿元）	597	645	801	1129	1423	1603	2129
实际上缴税费（亿元）	460	640	766	990	1240	1616	1977
出口额（亿美元）	186	227	329	510	824	1117	1361

资料来源：科学技术部《中国火炬计划统计资料》2000—2006 年。

图书在版编目(CIP)数据

中国科学技术发展报告2006/中华人民共和国科学技术部编．北京：科学技术文献出版社，2008.1

ISBN 978-7-5023-5872-3

Ⅰ.中… Ⅱ.中… Ⅲ.科学技术－技术发展－研究报告－中国－2006 Ⅳ.N120.1

中国版本图书馆CIP数据核字(2007)第176930号

出　版　者　科学技术文献出版社
地　　　址　北京复兴路15号/100038
图书编务部电话　(010) 51501739
图书发行部电话　(010) 51501720，(010) 68514035（传真）
邮购部电话　(010) 51501729
网　　　址　http://www.stdph.com
E-mail: stdph@istic.ac.cn
责任编辑　鲁　毅
责任校对　赵文珍
责任出版　王杰馨
装帧设计　北京博雅思企划有限公司
发　行　者　科学技术文献出版社发行　全国各地新华书店经销
印　刷　者　北京地大彩印厂
版（印）次　2008年1月第1版第1次印刷
开　　　本　889 × 1194　16开
字　　　数　412千
印　　　张　20
印　　　数　1～10000册
定　　　价　198.00元